新疆天气年鉴
（2020年）

李如琦　李　娜　万　瑜　◎主编
李桉孛　张　俊　孙鸣婧

内 容 简 介

本书是新疆维吾尔自治区气象台适应气象业务新发展的创新业务产品之一。全书共分 4 章:第 1 章概述了 2020 年新疆天气、气候特点,并绘制了 2020 年年降水、气温、大风、沙尘、冰雹、大雾等灾害天气统计分布图;第 2 章按天气过程出现时间先后顺序给出了 2020 年 84 次天气过程索引表,包括时间、类型、强度及有无灾情等信息;第 3 章对 2020 年 27 次中度及以上强度天气过程(含暴雪、寒潮、暴雨、强对流、大风、沙尘暴、高温等)的天气实况以及灾害天气分别详细描述,给出了过程累计降水量、最大日降水量、最大小时雨强、过程最大日降温和极大风速分布等实况图。绘制了 100～700 hPa、地面气压场重要等压面的环流形势、卫星云图及 $T-\ln p$ 图,着重分析了高低空环流形势、主要影响系统、$T-\ln p$ 图等主要特征;第 4 章对 2020 年 28 次中弱和 29 次弱天气过程进行实况描述,给出降水实况及环流形势图。

本书较为全面地梳理了 2020 年新疆天气过程特点及其影响,可供从事气象、水利、自然资源、生态、环境、人文、经济、社会其他行业等方面的业务、科研、培训和管理决策人员参考。

图书在版编目（CIP）数据

新疆天气年鉴. 2020年 / 李如琦等主编. -- 北京：气象出版社，2022.7
 ISBN 978-7-5029-7747-4

Ⅰ. ①新… Ⅱ. ①李… Ⅲ. ①天气－新疆－2020－年鉴 Ⅳ. ①P44-54

中国版本图书馆CIP数据核字(2022)第118258号

新疆天气年鉴(2020 年)

Xinjiang Tianqi Nianjian(2020 Nian)

出版发行：气象出版社
地　　址：北京市海淀区中关村南大街 46 号　　邮政编码：100081
电　　话：010-68407112(总编室)　 010-68408042(发行部)
网　　址：http://www.qxcbs.com　　E-mail：qxcbs@cma.gov.cn
责任编辑：杨泽彬　　　　　　　　　　　　 终　　审：吴晓鹏
责任校对：张硕杰　　　　　　　　　　　　 责任技编：赵相宁
封面设计：楠竹文化
印　　刷：北京建宏印刷有限公司
开　　本：889 mm×1194 mm　1/16　　 印　　张：8.5
字　　数：270 千字
版　　次：2022 年 7 月第 1 版　　　　　　　印　　次：2022 年 7 月第 1 次印刷
定　　价：150.00 元

本书如存在文字不清、漏印以及缺页、倒页、脱页等,请与本社发行部联系调换。

新疆天气年鉴(2020年)编审委员会

主 任：何 清

副主任：江远安　李如琦

委 员（按姓氏拼音字母排序）：

陈春艳　吕新生　秦 贺　汤 浩　唐 冶　万 瑜
杨 霞　曾晓青　张俊兰　张云惠　赵克明

主 编：李如琦　李 娜　万 瑜　李桉孛　张 俊　孙鸣婧

编写人员：

安大维	安雅涵	巴哈古丽·瓦哈甫	曾晓青
陈春艳	窦 刚	杜 宁	洪 月
蒋 军	李海花	栾亚睿	刘成武
吕新生	马 超	芒苏尔·艾热提	美丽巴奴·艾则孜
闵 月	年 欢	潘 宁	秦 贺
肉孜·阿基	施俊杰	唐 震	吐莉尼沙
王 江	魏娟娟	许婷婷	杨 霞
伊尔潘江·牙生		于碧馨	张 萌
张云惠	赵克明	郑育琳	周雅蔓

序

新疆维吾尔自治区位于亚欧大陆腹地、祖国西北边陲,地处我国天气系统的上游,总面积166万 km²;北部是阿尔泰山、中部是天山山脉、南部是昆仑山山脉,横贯东西的天山山脉将新疆分割成南疆、北疆,北疆是由阿尔泰山、天山和西部沿国境线的阿拉套山、巴尔鲁克山等与其围成的准噶尔盆地组成,其间是古尔班通古特沙漠;南疆北有天山、西部西天山余脉与昆仑山西段接壤、南有海拔超过5000 m的喀喇昆仑山,东南部是阿尔金山,高山环绕下的南疆塔里木盆地中有世界第二大沙漠——塔克拉玛干沙漠。新疆境内山脉、戈壁、绿洲、盆地相间,地势高低悬殊;雪山、草原、河流错落,自然环境迥异;湖泊、绿洲星罗棋布,生态环境多样。"三山夹两盆"的自然地貌对形成新疆独特的天气、气候起到了重要作用。一方面,新疆属于典型的大陆性温带干旱气候区,具有丰富的光热、风能等气候资源;另一方面,气象灾害频发、降水稀少干旱,人类赖以生存的自然环境恶劣、生态环境脆弱。因此,新疆气象工作在当地经济社会发展中具有十分重要的地位。

天气过程图自20世纪50年代以来一直是新疆气象档案馆藏的重要资料之一,主要包含新疆天气过程综合图、过程强度、天气过程实况描述、环流特征和影响系统及其演变分析等内容,天气过程数据主要是以新疆境内105个国家级气象站观测资料为主,是新疆气象工作者们查阅、评估、考证历史天气过程的重要参考和依据。2012年起,新疆区域自动气象站网建设发展迅速,至2020年已建成自动气象站1900多个,基于1900多个加密自动气象站观测数据集和105个国家级气象站的降水、气温、风等气象要素的实况分布差异十分明显,尤其是降水、大风和气温,增加了中高山区观测后,山区和沿山一带暴雨和短时强降水、大风、气温等极端气象记录经常刷新气象工作者对新疆天气的认知。目前开展新疆天气过程分析,需在前辈工作基础上和加密观测条件下,不断地发展、补充与完善,此书就是这方面工作的有益尝试,希望能成为新疆天气预报业务及气象服务的重要支撑材料之一。

《新疆天气年鉴(2020年)》是新疆维吾尔自治区气象台适应气象业务高质量发展的新型业务产品,在编制过程中参照新疆暴雨、暴雪、寒潮、高温、大风、沙尘暴等业务标准,还针对新疆天气特点增加了强对流天气过程的遴选标准。为了方便广大读者充分了解2020年新疆天气、气候特点,在本书第1章概述了2020年新疆天气、气候特点及其影响,给出了2020年年降水、气温、主要气候事件和主要灾害天气分布图。第2章为2020年天气过程索引表,列出了2020年84次天气过程的过程编号、起止时间、天气类型、过程强度、有无灾情等信息。第3章重点对2020年27次中等及以上强度的天气过程进行了专门梳理,对每次过程的高空、地面主要影响系统及其演变特征进行分析,结合自动气象站逐时观测数据对寒潮、暴雨、短时强降水、冰雹、暴雪、大风、沙尘暴、高温等灾害天气落区及强中心进行描述。本书较为详细地梳理了2020年新疆天气过程的基础信息、天气特点及其影响,为气象业务科技创新发展趋势下传统天气预报业务发展模式进行了有益的探索。

《新疆天气年鉴(2020年)》的出版不仅为气象系统的年轻预报员培养预报思路提供重要参考,也是新疆大气过程信息标准化存储和天气预报业务标准化的基础产品之一。同时,也可供从事气象、水利、自然资源、生态、环境、人文、经济、社会其他行业等方面的业务、科研、教学和管理决策人员参考。

中国工程院院士 李泽椿

2021 年 12 月 20 日

前 言

20世纪60年代以来，新疆天气过程分析及重大灾害性天气过程总结一直是新疆维吾尔自治区气象台（以下简称新疆气象台）的一项重要业务工作，早期由于分析制图多为手绘纸质保存，查阅起来十分不便。随着气象信息化和天气预报业务平台的不断发展，2011年以来实现了天气过程图制作人机交互、天气过程实况、环流演变特征等文字描述计算机录入、后台出图，大幅度提高了工作效率。

2012年以来，新疆自动气象站网建设发展迅猛，局地暴雨、短时强降水、大风、极端气温等经常刷新历史纪录。鉴于此，时任新疆气象台台长何清研究员倡议从2017年起每年出版一册《新疆天气年鉴》，尽可能完整地保存天气过程信息，为后期预报业务及科研提供便利。同时，新疆气象台技术委员会审议了新疆天气过程强度补充标准。

本书主要包括年鉴编制说明和正文两大部分。编制说明在以往天气过程强度划分标准的基础上补充了暴雨、暴雪、大风、寒潮、高温等强天气过程标准。正文共分4章：第1章为2020年新疆天气、气候概况，主要包括2020年气候背景、十大气候事件、天气过程概况等，并给出年降水、气温、大风、沙尘、冰雹、大雾等灾害天气统计分布图；第2章为2020年天气过程索引表，给出了2020年84次天气过程的过程编号、起止时间、天气类型、过程强度、有无灾情等信息；第3章为2020年中等及以上强度天气过程分析，包括2020年26次中等及以上强度冷空气天气过程和1次中等强度高温过程；第4章为2020年中等偏弱和弱天气过程，给出了28次中弱、29次弱过程天气过程起止时间、天气类型、过程强度、有无灾情等信息，并给出天气实况及环流形势图。

本书收录的每一次天气过程都是新疆气象台值班预报员辛勤劳动的成果。在新疆维吾尔自治区气象局领导的大力支持下，新疆气象台领导高度重视、积极推进完成本书的编制和出版。新疆气象台承担的国家重点研发计划重点专项（2019YFC1510501）、第二次青藏高原综合考察研究国家专项（2019QZKK010206）给予了技术支持。由于天气年鉴编写涉及面广、编写人员水平有限，不一定能完全体现年鉴编制的所有初衷，希望读者不吝赐教，以便今后改进。另外，在第1章编写过程中，新疆维吾尔自治区气候中心正研级高级工程师陈颖给予了热情的支持和帮助；封面帕米尔高原图由中国科学技术大学傅云飞教授提供，在此一并深表感谢。

本书编委会
2021年8月

编写说明

一、天气过程标准

为了适应新疆天气预报服务业务的新需要,本年鉴天气过程强度在延续新疆气象台以往业务标准(附录 A)的基础上,做了部分修订和补充完善。原强天气过程根据灾害天气发生的范围和强度分别增加备注寒潮、暴雨、暴雪、大风、沙尘暴、强对流天气过程;增加了高温过程和强对流天气过程,高温天气过程标准执行新疆气象台 2020 年依据高温行业标准、结合新疆高温天气实况制定的业务标准;原中等偏强强度(以下简称"中强")天气过程保留,但备注了以降温、降水、风沙等何种灾害天气为主或者是综合性中强天气过程;原中等强度(以下简称"中度")、中等偏弱强度(以下简称"中弱")、弱天气过程继续保留。

寒潮天气过程:在同一次天气过程中,北疆或南疆范围内有 70% 的国家级气象站达到寒潮标准,定义为一次寒潮天气过程。

暴雨天气过程:在同一次天气过程中,同一天或连续两天有两个地(州)5 站(国家级气象站)或以上出现暴雨(24 h 累计降雨量≥24.1 mm),定义为一次暴雨天气过程。

暴雪天气过程:在同一次天气过程中,同一天或连续两天有两个地(州)5 站(国家级气象站)或以上出现暴雪(24 h 降雪量≥12.1 mm),定义为一次暴雪天气过程。

大风天气过程:在同一次天气过程中,新疆区域 50% 的国家级气象站观测到平均风速≥10.8 m/s(6 级)或瞬时极大风速≥17.2 m/s(8 级)的天气,定义为一次大风天气过程。

沙尘暴天气过程:在同一次天气过程中,新疆区域 10 站(国家级气象站)或以上观测到沙尘暴天气,定义为一次沙尘暴天气过程。

强对流天气过程:一个地区大部分区域(不少于70%区域)或两个以上地区不少于50%区域监测到短时强降水(小时雨量≥10 mm)、冰雹(冰雹直径≥5 mm)、雷暴大风(瞬时极大风速≥17.2 m/s),定义为一次强对流天气过程。

高温天气过程标准详见附录 B。

二、资料与统计方法

天气过程实况资料来自新疆气象信息中心提供的 2020 年全疆国家站、区域站逐时、逐日地面观测资料,高、低空环流形势图均来自 NCEP 2.5°×2.5°再分析资料,云图来自 FY-2G 红外云图数据。日观测数据的界定为:前一日 20:00—当日 20:00(北京时,下同),如 2 日降水量为 1 日 20:00—2 日 20:00 降水量的累计值。

第 1 章天气气候概况中,2020 年气温、年降水量和大风、沙尘暴、扬沙、大雾、冰雹、高温、低温灾害天气日数等气候统计数据均来自新疆维吾尔自治区气候中心。

三、灾情

新疆气象台依据中国气象局灾情直报系统、各地(州、市)气象台上报灾情,结合本年鉴的天气过程,系统整理了 2020 年新疆暴雨、暴雪、大风、沙尘暴、冰雹、寒潮等气象灾害,形成了 2020 年年鉴的灾情数据。

四、天气图及新疆地图边界说明

文中有关新疆地图边界的图通过了新疆维吾尔自治区测绘地理信息局审核,审图号:新 S(2022)020 号。

目 录

序
前言
编写说明

第1章　2020年天气、气候概况 ·· 1
  1.1　气候背景 ·· 1
  1.2　十大天气、气候事件 ·· 3
  1.3　天气过程概况 ·· 4
  1.4　主要气候特征分布 ·· 4

第2章　2020年天气过程索引表 ·· 7

第3章　2020年中度及以上强度天气过程 ··· 10
  3.1　1月13日08时至15日23时全疆大部分地区降雪、降温，北疆、东疆大风 ············· 10
  3.2　2月27日11时至29日02时北疆、东疆大风，南疆东部沙尘暴 ··························· 12
  3.3　3月6日05时至8日20时北疆、东疆寒潮、暴雪，南疆东部大风、沙尘暴 ············· 14
  3.4　3月22日08时至26日20时天山北坡暴雪，北疆寒潮、大风 ································ 16
  3.5　4月9日08时至4月11日08时北疆北部寒潮、大风，南疆东部沙尘暴 ···················· 19
  3.6　4月14日20时至4月17日20时阿克苏局地暴雨，南疆大风、沙尘暴 ···················· 21
  3.7　4月17日20时至4月24日20时南疆西部暴雨，北疆东疆风口大风 ························ 23
  3.8　5月2日20时至5月6日08时北疆西部暴雨、全疆大风 ······································· 26
  3.9　5月6日08时至5月8日05时南疆暴雨、巴州冰雹、全疆大风 ······························ 28
  3.10　5月9日14时至5月11日20时南北疆西部局地暴雨 ·· 31
  3.11　5月17日20时至5月22日20时全疆分散性暴雨、风口大风 ································ 33
  3.12　6月4日20时至6月7日20时北疆暴雨，北疆、东疆大风 ·································· 36
  3.13　6月27日14时至6月30日20时伊犁州、中天山两侧暴雨，全疆大风 ···················· 38
  3.14　7月9日02时至7月13日20时北疆暴雨，阿克苏冰雹、全疆大风 ························ 41
  3.15　7月17日08时至7月24日20时南北疆西部、天山北坡暴雨 ································ 43
  3.16　7月27日02时至7月28日20时伊犁州、天山北坡暴雨和大风 ···························· 46
  3.17　8月5日08时至8月9日20时全疆持续高温过程 ·· 48
  3.18　8月12日08时至8月16日20时北疆暴雨、风口大风 ·· 50
  3.19　8月25日14时至8月29日08时北疆、阿克苏暴雨，全疆大风 ···························· 52
  3.20　9月3日17时至9月5日23时北疆西部和北部暴雨、大风 ·································· 54
  3.21　9月6日17时至9月8日14时北疆暴雨，北疆、南疆东部大风 ···························· 57
  3.22　9月18日05时至9月21日20时南疆西部暴雨、全疆大风 ·································· 59
  3.23　10月6日08时至10月8日08时中天山暴雪，北疆和东疆寒潮、大风 ···················· 61
  3.24　11月14日20时至18日20时南北疆降雪、大风、局地寒潮 ································ 64

3.25　11月20日14时至11月23日20时南北疆西部降雪、东疆寒潮、风口大风 …… 66
3.26　11月28日17时至12月1日20时北疆东疆降雪，天山北坡寒潮、大风 …… 69
3.27　12月20日17时至12月22日08时北疆西部与北部寒潮、大风 …… 71

第4章　2020年中弱和弱天气过程 …… 74

4.1　1月6日02时至1月9日14时南疆西部降雪、风口大风 …… 74
4.2　1月16日02时至1月17日17时北疆大部分地区和南疆东部降雪、降温、大风 …… 74
4.3　1月20日14时至1月23日20时北疆北部及东疆降雪、降温、大风 …… 75
4.4　1月25日14时至1月27日08时北疆北部降雪、风口大风 …… 76
4.5　1月28日05时至1月30日08时北疆北部降雪、降温、大风 …… 77
4.6　2月10日08时至2月12日12时北疆大部分地区及东疆降雪、降温、大风 …… 77
4.7　2月13日20时至2月15日08时伊犁州阿克苏地区降雪、大风、降温 …… 78
4.8　2月16日08时至2月17日11时伊犁州塔城地区北部降雪、大风 …… 79
4.9　2月18日11时至2月20日10时北疆与东疆降雪、大风、降温 …… 80
4.10　2月23日02时至2月24日08时北疆北部降雪、大风 …… 80
4.11　3月3日23时至3月5日14时东疆降雪、大风、降温 …… 81
4.12　3月8日23时至3月9日20时天山山区及南疆西部降雪、大风、降温 …… 82
4.13　3月10日20时至3月12日08时东疆雨雪、大风 …… 82
4.14　3月19日11时至3月21日11时北疆大部分区域雨雪、大风 …… 83
4.15　3月28日20时至3月30日08时北疆大部分区域雨雪、大风 …… 84
4.16　4月1日20时至4月4日22时南北疆西部雨雪、大风 …… 84
4.17　4月13日17时至4月14日20时北疆西部雨雪、风口大风 …… 85
4.18　4月23日08时至4月27日08时南疆西部降雨、大风 …… 86
4.19　4月29日14时至5月2日08时北疆大部分地区及南疆西部降雨、风口大风 …… 86
4.20　5月11日20时至5月14日20时北疆大部分地区降雨、大风 …… 87
4.21　5月14日20时至5月17日20时南疆西部降雨、大风、沙尘暴 …… 88
4.22　5月22日20时至5月25日20时北疆大部分地区及南疆东部降雨、大风 …… 88
4.23　5月27日11时至5月30日02时北疆东部及东疆降雨、大风、沙尘暴 …… 89
4.24　6月7日20时至6月10日08时南疆西部降雨、大风 …… 90
4.25　6月10日08时至6月14日20时北疆西部和北部及南疆西部降雨、大风 …… 90
4.26　6月17日08时至6月20日14时南、北疆局地暴雨 …… 91
4.27　6月20日14时至6月21日20时北疆大部分地区及南疆西部降雨、大风 …… 92
4.28　6月22日08时至6月24日20时南疆、东疆高温 …… 92
4.29　6月23日14时至6月26日18时南、北疆大部分地区分散性降雨、大风 …… 93
4.30　7月4日10时至7月8日20时南、北疆大部分地区分散性降雨、大风 …… 94
4.31　7月13日20时至7月17日02时北疆大部分地区、南疆西部及东疆降雨、大风 …… 94
4.32　7月24日08时至7月31日20时天山北坡、南疆和东疆高温 …… 95
4.33　7月29日14时至7月30日20时北疆北部、昌吉州东部局地暴雨 …… 96
4.34　8月1日08时至8月5日20时南北疆西部局地暴雨、大风、冰雹 …… 96
4.35　8月9日08时至8月12日08时南北疆降雨，博州冰雹、风口大风 …… 97
4.36　8月16日08时至8月19日20时天山北坡、南疆和东疆高温 …… 98
4.37　8月18日08时至8月20日14时北疆、南疆西部和东疆降雨、风口大风 …… 99
4.38　8月20日17时至8月22日20时天山两侧局地暴雨、风口大风 …… 99

4.39	8月23日08时至8月26日20时天山北坡、南疆和东疆高温	100
4.40	9月10日08时至9月11日15时哈密市局地暴雨、巴州冰雹	101
4.41	9月12日08时至9月14日08时南北疆西部及东疆降雨、大风	101
4.42	9月14日14时至9月16日14时南疆西部降雨、大风	102
4.43	9月23日11时至9月27日14时北疆北部雨雪、大风、降温	103
4.44	9月27日14时至9月30日20时北疆大部分地区雨雪、大风、降温	103
4.45	10月9日2时至10月10日14时北疆雨雪、大风、降温	104
4.46	10月10日20时至10月14日17时北疆北部及南疆西部雨雪、大风、降温	105
4.47	10月18日20时至10月20日08时阿勒泰局地雨雪、降温、大风	106
4.48	10月23日20时至10月25日05时北疆西部雨雪、大风、局地寒潮	106
4.49	10月28日11时至10月30日17时天山山区雨雪、大风,喀什局地寒潮	107
4.50	11月4日08时至11月5日20时北疆与东疆雨雪、大风、降温	108
4.51	11月12日20时至11月14日20时北疆西部和北部雨雪、大风	109
4.52	11月18日20时至11月20日20时天山北坡、南疆西部和东疆降雪、大风	109
4.53	11月25日20时至11月27日14时南疆西部降雪	110
4.54	12月4日08时至12月6日05时北疆西部及东疆北部降雪、大风	111
4.55	12月9日12时至12月12日05时北疆北部降雪、大风、降温	111
4.56	12月12日18时至12月17日05时南疆西部降雪、降温	112
4.57	12月26日20时至12月28日20时北疆西部、天山北坡及东疆降雪、降温	113

附录 A 新疆天气过程强度业务标准 ………………………………………………… 114

附录 B 新疆气象台高温天气过程标准 ………………………………………………… 115

附录 C 新疆气象台天气过程档案制作规范(试行) ………………………………………………… 117

第 1 章 2020 年天气、气候概况

1.1 气候背景

1.1.1 综述

2020 年新疆天气、气候异常,气温总体偏高、干旱少雨,极端事件多发。全疆平均气温 8.8 ℃,较常年高 0.6 ℃;北疆、天山山区、南疆分别偏高 0.9 ℃、0.2 ℃、0.4 ℃,1—8 月气温总体偏高,春季为有记录以来最暖,9—12 月气温转为偏低。全疆平均降水量 139.4 mm,较常年少 18%。北疆、天山山区、南疆分别偏少 24%、6%、22%;年内全疆降水除 8 月偏多 1 成外,其余 11 个月均偏少。

上半年温高少雨致北疆出现严重春夏连旱,天山北坡、塔-额盆地、阿勒泰大部分区域及伊犁州等地出现重旱及特旱。1 月中旬吐鲁番市出现极端降雪,春季南疆西部极端降雨频现,夏季北疆阶段性低温,后秋及初冬气温明显偏低。全年新疆共出现 25 次冷空气过程和强降雨过程,5 次区域高温过程。

年内主要气象灾害依次为冰雹、风沙和暴雨洪涝,其中冰雹灾害损失最重,占全年总灾害损失的 51%。上述气象灾害对新疆维吾尔自治区生态植被、农牧业、林果业、交通运输、人民生命及财产安全等造成不利影响。

2020 年全疆农牧业气象年景为丰年。全年热量条件总体对新疆大部分地区粮棉作物、特色林果的生长及牧事活动的开展较为有利,但春夏连旱对北疆牧草长势和天山北坡旱作地农作物生长影响较大。

1.1.2 气候特点

(1)气温

2020 年全疆平均气温 8.8 ℃,较常年高 0.6 ℃,为 1961 年以来第六位。北疆 7.9 ℃、天山山区 3.6 ℃、南疆 11.6 ℃,分别偏高 0.9 ℃、0.2 ℃和 0.4 ℃。空间分布来看,全疆大部分地区较常年偏高或略偏高,巴音郭楞蒙古自治州(简称巴州)北部和南部、克孜勒苏柯尔克孜自治州(简称克州)山区、阿克苏东部等 16 站气温偏低。年平均气温偏高 1 ℃以上的地区集中在阿勒泰、天山北坡、哈密市北部和阿克苏、喀什、和田等的局部地区(图 1.1a)。其中阿拉尔站气温偏高 1.6 ℃居历史第一位,呼图壁、蔡家湖居第二位,富蕴、哈巴河、奇台等 5 站居第三位。

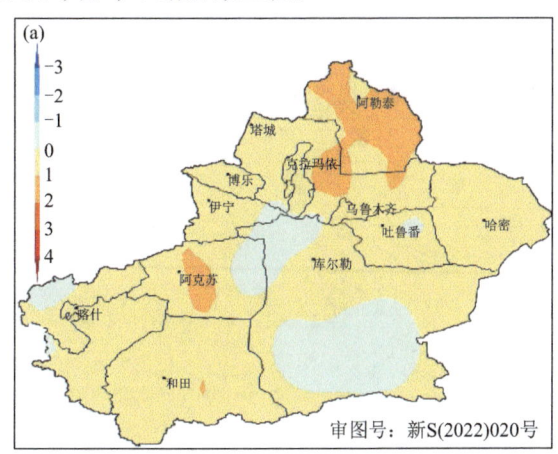 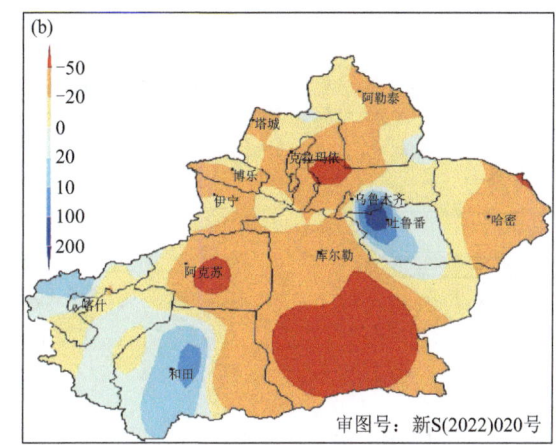

图 1.1 2020 年新疆年平均气温距平(a,单位:℃)和降水距平百分率(b,单位:%)分布

(2) 降水

2020 年全疆平均年降水量 139.4 mm,较常年少 18%。北疆 157.3 mm、天山山区 333.0 mm、南疆 51.2 mm,分别偏少 24%、6%、22%(图 1.1b)。空间分布来看,全疆大部分地区降水偏少 1～8 成,仅吐鲁番市、乌鲁木齐市局地和南疆西部等偏多。石河子市、昌吉州、哈密市伊州区、阿克苏地区的新和、阿瓦提以及巴州南部等偏少 5 成以上,其中石河子、玛纳斯、呼图壁等 6 站偏少幅度居历史第一位;沙湾、若羌居第二位;阿拉尔居第三位。托克逊、策勒及克州山区偏多 5 成以上,其中托克逊偏多 5.2 倍,居历史第一位。

(3) 积雪

2019/2020 年冬季,全疆最大积雪深度不超过 43 cm。小渠子、吉木乃、天池、伊宁县、塔城、木垒、富蕴等 7 站最大积雪深度超过 30 cm。北疆大部分地区和天山山区最大雪深 10～30 cm,南疆大部分地区最大雪深小于 8 cm,阿克苏、和田、巴州南部等地无积雪。

与常年相比,全疆大部分地区最大积雪深度偏薄。博尔塔拉蒙古自治州(简称博州)西部、巴州北部、吐鲁番市、哈密市北部和乌鲁木齐市偏厚(图 1.2a)。偏厚 5 cm 的区域主要是吐鲁番市各站和阿勒泰的吉木乃,其中托克逊偏厚 5 cm 居历史第一位;鄯善、吐鲁番、东坎 3 站偏厚居历史第二位。

12 月下旬卫星遥感积雪监测结果表明:雪深大于 20 cm 的积雪面积全疆大部分区域均偏少。与历年同期相比:北疆阿勒泰地区、乌鲁木齐市偏少 6 成,塔城地区、伊犁偏少 3～4 成,昌吉州偏少 2 成,博州接近常年略偏少;东疆的吐鲁番市偏少 4 成,哈密市无晴空,缺少资料;南疆克州、喀什地区偏多近 1 成,巴州、和田地区、阿克苏地区偏少 3～4 成(图 1.2b)。

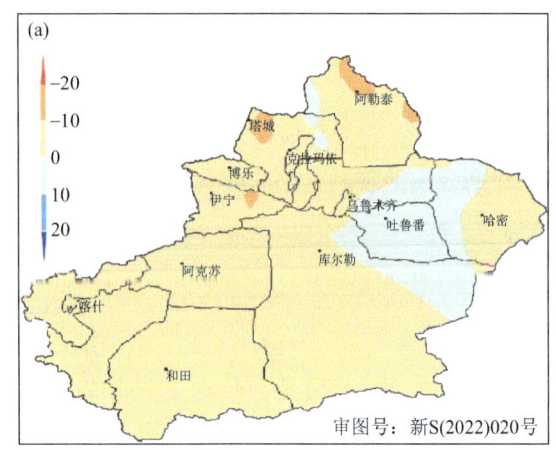 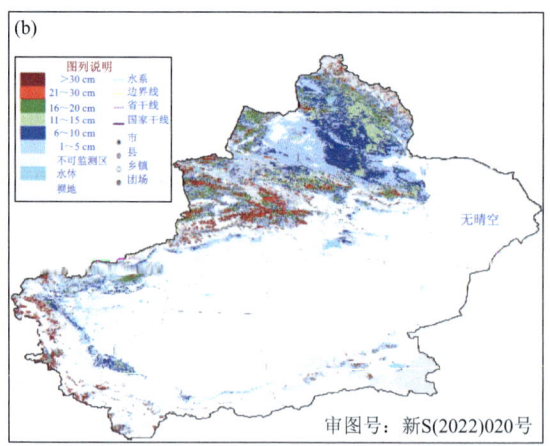

图 1.2 2019/2020 年冬季最大积雪深度距平(a,单位:cm)和
2020 年 12 月下旬新疆 EOS/MODIS 卫星积雪监测图(b,单位:cm)

(4) 年极端气候值

2020 年,新疆气象台站年极端气候值详见表 1.1;

表 1.1 2020 年新疆国家级气象站极端气候值出现时间

	站号	站名	数值	出现时间
日最高气温	51573	吐鲁番	45.1 ℃	8 月 8 日
日最低气温	51542	巴音布鲁克	−41.4 ℃	12 月 19 日
年最大降水量	51437	昭苏	543.8 mm	—
日最大降水量	51436	新源	49.8 mm	6 月 29 日
最多降水日数	51437	昭苏	116 d	—
最长连续降水日数	51468	大西沟	13 d	7 月 18—30 日
最长连续无降水日数	51855	且末	171 d	1 月 1 日—6 月 19 日
最早开春日	51334	精河	早 20 d	2 月 23 日

续表

	站号	站名	数值	出现时间
最早终霜期	51076	阿勒泰	早 34 d	3 月 31 日
最晚初霜期	51828	和田	晚 14 d	11 月 21 日
最早入冬期	51059	吉木乃	早 8 d	10 月 29 日
最大积雪深度	51465	小渠子	43 cm	3 月 8 日
最大风速	51232	阿拉山口	25.6 m/s	6 月 5 日

注:年极端气候值是指某一气象要素在一年中的最大和最小值。这里挑选的年极端气候值,是全年单站气象要素在全疆 100 个国家级气象站中的最大或最小值;农事关键期山区站不统计在内。

1.2 十大天气、气候事件

(1)2020 年春季为有气象记录以来最暖

春季全疆平均气温 13 ℃,较常年高 2.6 ℃,为有气象记录以来最高。北疆、天山山区、南疆分别偏高 3.6 ℃、2.8 ℃、1.4 ℃,其中北疆和天山山区异常偏高,居历史第一位;伊犁州、博州、塔城地区、乌鲁木齐市以西的天山北坡等 37 站偏高幅度居春季历史第一位,19 站居第二位,9 站居第三位。季内全疆各月气温分别偏高 2.3 ℃、3.6 ℃、2.4 ℃,其中 4 月、5 月偏高幅度分别居历史第一位和第二位。

(2)北疆发生近 35 年来最强春夏连旱

2019 年 11 月至 2020 年 8 月,全疆积雪明显偏少,北疆连续 7 个月气温偏高、降水偏少,特别是 4 月下旬多地日最高气温攀升至 30 ℃以上,旱象显露并逐渐加剧,6 月中旬达到峰值,天山北坡和塔-额盆地、阿勒泰地区大部分区域等 23 万 km² 发生重度气象干旱,其中博州精河县至昌吉州木垒县的天山北坡 11 万 km² 发生特旱。4—8 月春夏连旱累计持续 129 d,为 1985 年以来最强干旱事件,造成北疆生态植被长势为近 5 年最差,部分旱作地农作物减产或绝收。

(3)晚春南疆西部多极端强降雨

4 月中下旬至 5 月上旬,南疆西部频频遭遇短时强降雨、冰雹等强对流天气,具有发生早、频次多、极端性强等特点。4 月 18—23 日强降雨过程较常年(5 月 20 日前后)偏早近一个月;强降雨过程 6 次,较常年同期多 2 倍。喀什市日降雨量 4 月 20 日 27.1 mm、4 月 23 日 28.3 mm,两度刷新当月最大降雨量历史纪录;5 月 6 日傍晚至 7 日凌晨和田地区策勒县出现短时强降水,累计降水量 64.5 mm,9 h 降水量相当于该站年平均降水量的 1.5 倍。

(4)"1·15"吐鲁番市出现罕见极端降雪

1 月 14—15 日极干旱区吐鲁番市及其周边出现中到大雪,积雪深度 4~10 cm。15 日鄯善县、托克逊县、东坎日降雪量突破冬季历史极值,库米什、高昌区居当月历史第二位。最大降雪出现在鄯善县,降雪量 10.5 mm,积雪深度达 10 cm,是有观测记录以来极端降雪事件。鄯善县库木塔格沙漠出现"沙海变雪海"的奇观。

(5)"6·29"强冷空气横扫全疆,天山独库公路出现少有暴雨雪天气

6 月 27—30 日新疆出现大范围风雨、强降温天气,暴雨中心集中在伊犁州、天山山区及其两侧,6 月 29 日新源县降雨量 49.8 mm,破当月历史极值。29 日独库公路沿线高山草原出现暴雪,积雪深度超过 30 cm,属 1987 年以来 6 月下旬少有。全疆普遍降温 8~10 ℃,尤其是巩留县、乌鲁木齐市、伽师县等地降温 12~14 ℃,北疆西部、北部最低气温降至 5 ℃以下,山区降至 −4 ℃,南北疆偏西地区和天山北坡 14 站低温破历史同期纪录。

(6)4 月下旬乌鲁木齐市东南大风持续 97 h

4 月 23—27 日北疆及东疆出现大范围偏东大风,北疆风口风力达 10~11 级,偏东大风持续超过 65 h;尤其乌鲁木齐市东南大风 6 级以上持续 97 h,8 级以上持续 80 h,为近十年之最。东南大风进入主城区及米东区一带,4 月 24 日主城区达 19.8 m/s(8 级)、米东区 16.2 m/s(7 级)。持续多日的东南大风致乌鲁木

齐地窝堡机场多架次航班返航和备降。

(7) 2020年夏季高温天气近十年最少

夏季全疆≥35 ℃的高温日数平均12.2 d，较常年少1.1 d，比2019年少5.3 d，较近十年最炎热的夏季(2015年)少8.4 d，偏少幅度居2000年来第三位，仅次于2003年和2009年。高温日数全疆67%的地区偏少或无高温日，北疆大部分地区偏少3～10 d，克拉玛依、炮台、莫索湾、沙湾、阿拉山口及阿图什6站偏少10～17 d。

(8) "3·08"强寒潮侵袭北疆、东疆，南疆盆地南缘出现强沙尘暴

3月6—8日受强寒潮影响，新疆出现大范围雨雪、强降温及风沙天气。北疆、东疆70%的台站出现寒潮天气，24 h最低气温降幅大于8 ℃，伊犁州、天山北坡局地降温15～19 ℃。北疆、东疆、巴州北部等地风口西北风超过10级，哈密市伊州区十三间房、吐鲁番市托克逊县山洪克尔碱等站达13级。8日南疆大部分地区出现不同程度的沙尘天气，62%地区出现浮尘，38%地区出现扬沙，巴州南部4站出现沙尘暴，最低能见度低于300 m。

(9) 2019/2020年冬季为历史上第三暖冬

2019/2020年冬季全疆平均气温−6.6 ℃，较常年高1.7 ℃，是1961年以来冬季历史第三高。北疆、天山山区、南疆分别偏高2.6 ℃、1.9 ℃和0.9 ℃，列历史同期第三、第二及第八位。冬季各月全疆气温持续偏高，偏高幅度分别为1.0 ℃、1.5 ℃、2.6 ℃，2月气温偏高居历史第三位。

(10) "9·10"库尉轮强风雹致香梨、棉花受灾

9月10日傍晚，天山南麓巴州轮台县、库尔勒市、尉犁县自西向东先后遭遇短时强降雨、大风、冰雹等强对流天气。正值特色林果香梨、红枣、棉花等的成熟期和采摘期，风雹天气对上述三县、市的31乡(镇)等造成较大损失，其中农业、林果业受灾约6300 hm²，约2700人受灾，直接经济损失4400多万元。

1.3 天气过程概况

2020年共有84次天气过程，包括79次冷空气天气过程和5次高温天气过程。其中，冷空气过程强过程3次、中等偏强过程9次、中等强度14次、中等偏弱28次、弱过程25次；高温过程中等强度过程1次、弱过程4次。

1.4 主要气候特征分布

1.4.1 气温

如图1.3所示。

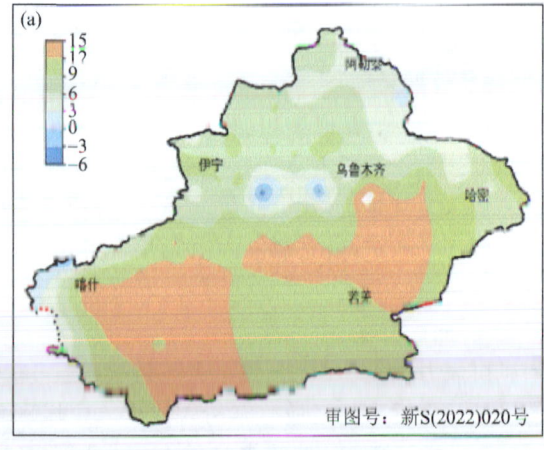
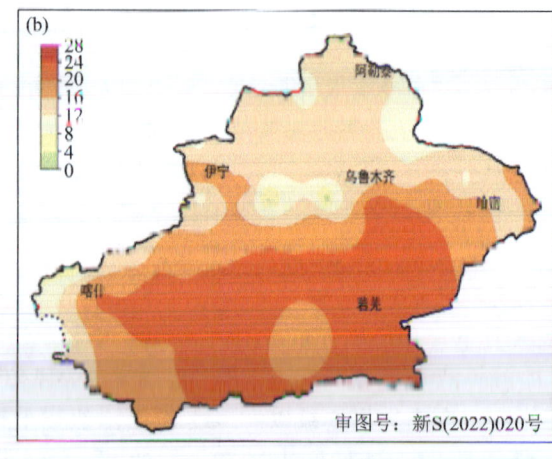

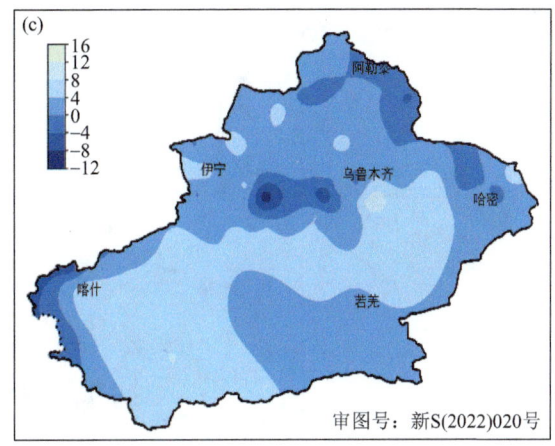

图 1.3 2020 年平均气温、平均最高气温和平均最低气温

(a)平均气温(单位:℃);(b)平均最高气温(单位:℃);(c)平均最低气温(单位:℃)

1.4.2 降水量

如图 1.4 所示。

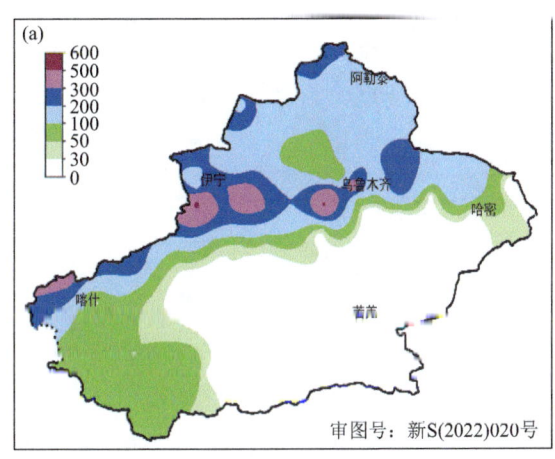
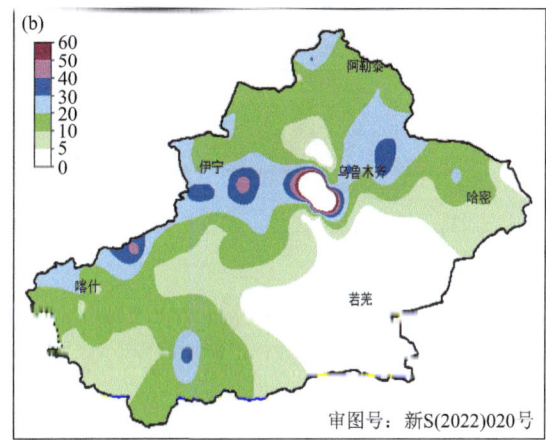

图 1.4 2020 年累计降水量和最大日降水

(a)累计降水量(单位:mm);(b)最大日降水量(单位:mm)

1.4.3 灾害性天气日数

如图 1.5 所示。

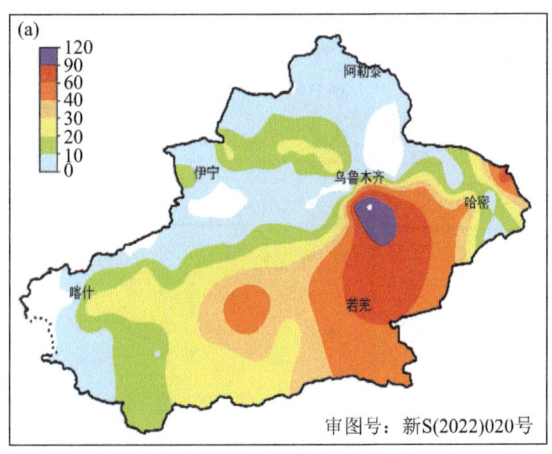
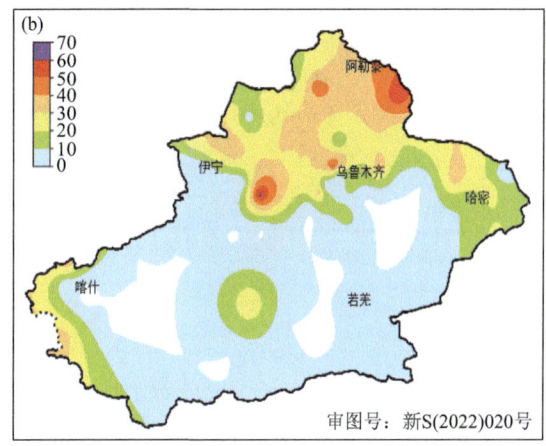

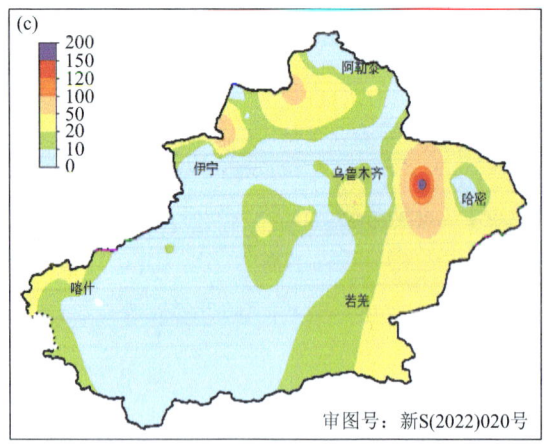
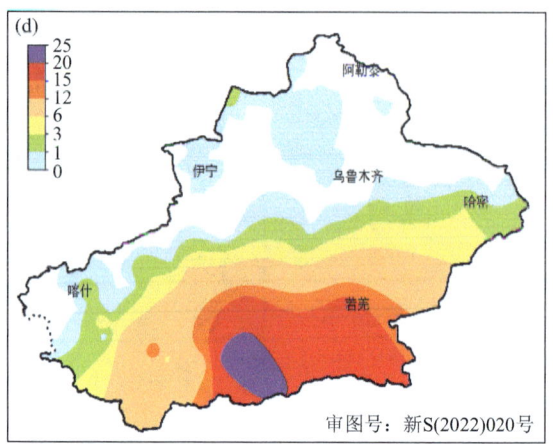
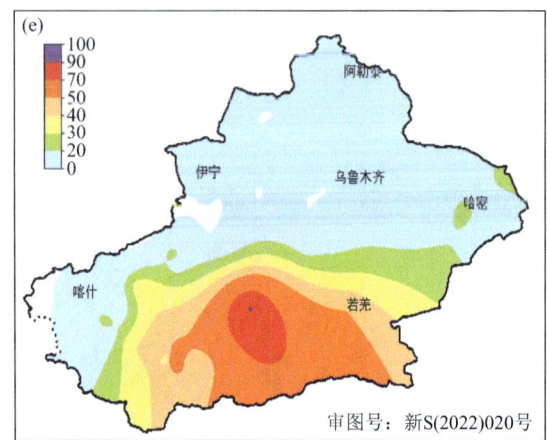
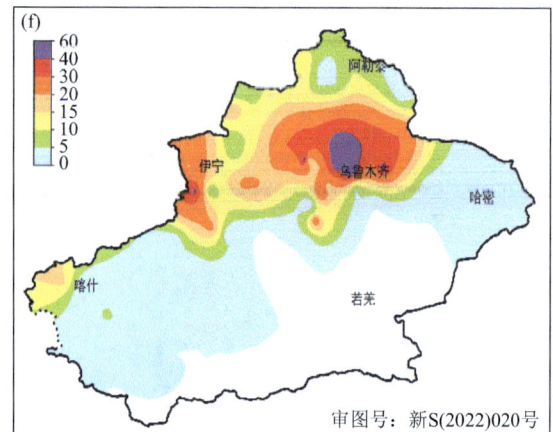
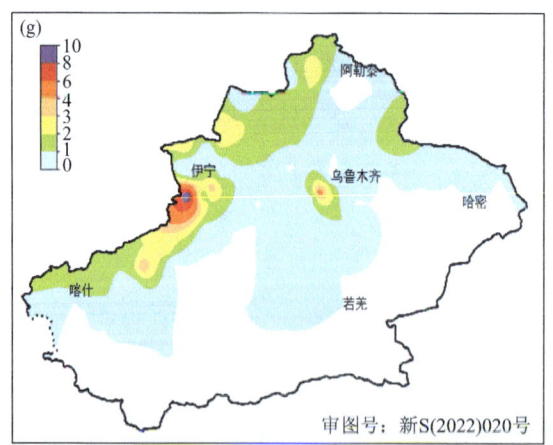

图 1.5 2020 年新疆灾害性天气日数分布

(a)日最高气温≥35 ℃的日数(单位:d);(b)日最低气温≤-20 ℃的日数(单位:d)
(c)大风日数(单位:d);(d)沙尘暴日数(单位:d);(e)扬沙日数(单位:d);
(f)大雾日数(单位:d);(g)冰雹日数(单位:d)

第 2 章 2020 年天气过程索引表

序号	起止时间 (××月××日××时)	天气类型	过程强度	灾情
01	010602—010914	降雪、大风	弱	
02	011308—011523	降雪、大风、局地寒潮	中度	有灾
03	011602—011717	降雪、大风、寒潮	中弱	
04	012014—012320	降雪、大风、局地寒潮	弱	
05	012514—012708	降雪、风口大风	弱	
06	012805—013008	降雪、大风、寒潮	中弱	
07	021008—021212	降雪、大风、寒潮	中弱	
08	021320—021508	降雪、大风、寒潮	弱	
09	021608—021711	降雪、大风	弱	
10	021811—022010	降雪、大风、寒潮	弱	
11	022302—022408	降雪、大风	中弱	
12	022711—022902	降雪、降温、大风、沙尘暴	中度	
13	030323—030514	降雪、大风、寒潮	弱	
14	030605—030820	降雪、寒潮、大风、沙尘暴	强	
15	030823—030920	降雪、大风、寒潮	弱	
16	031020—031208	雨雪、大风	弱	
17	031911—032111	雨雪、大风、局地寒潮	中弱	
18	032208—032620	雨雪、寒潮、大风、沙尘暴	中强	
19	032820—033008	雨雪、大风	弱	
20	040120—040422	雨雪、大风	弱	
21	040908—041108	寒潮、雨雪、大风、沙尘暴	中强	有灾
22	041317—041420	雨雪、大风	弱	
23	041420—041720	雨雪、大风、沙尘暴	中度	
24	041720—042420	雨雪、短时强降水、大风	中强	有灾
25	042308—042708	降雨、短时强降水、大风	中弱	
26	042914—050208	降雨、大风	中强	有灾
27	050220—050608	降雨、短时强降水、大风	中度	有灾
28	050608—050805	降雨、短时强降水、大风	中强	有灾
29	050914—051120	降雨、短时强降水	中强	
30	051120—051420	降雨、大风	弱	
31	051420—051720	降雨、短时强降水、大风、沙尘暴	中弱	
32	051720—052220	降雨、短时强降水、大风、扬沙	中度	有灾
33	052220—052520	降雨、大风、扬沙	弱	

续表

序号	起止时间 （××月××日××时）	天气类型	过程强度	灾情
34	052711—053002	降雨、大风、沙尘暴	中弱	有灾
35	060420—060720	降雨、短时强降水、大风、局地沙尘暴	中度	有灾
36	060720—061008	降雨、大风	弱	
37	061008—061420	降雨、大风	弱	有灾
38	061708—062014	降雨、大风	中弱	有灾
39	062014—062120	降雨、大风、扬沙	中弱	有灾
40	062208—062420	高温	弱	
41	062314—062618	降雨、大风、沙尘暴	弱	
42	062714—063020	降雨、短时强降水、大风、沙尘暴	强	有灾
43	070416—070820	降雨、大风	中弱	
44	070902—071320	降雨、短时强降水、大风、冰雹	中度	有灾
45	071320—071702	降雨、大风、沙尘暴	中弱	有灾
46	071708—072420	降雨、短时强降水、大风、冰雹	中强	有灾
47	072408—073120	高温	弱	
48	072702—072820	降雨、短时强降水、大风	中度	
49	072914—073020	降雨、大风	弱	有灾
50	080108—080520	降雨、大风、冰雹	弱	有灾
51	080508—080920	高温	中度	
52	080908—081208	降雨、大风、冰雹	中弱	
53	081208—081620	降雨、风口大风	中度	
54	081608—081920	高温	弱	
55	081808—082014	降雨、大风	弱	
56	082017—082220	降雨、大风	中弱	
57	082308—082620	高温	弱	
58	082514—082908	降雨、短时强降水、大风	强	有灾
59	090317—090523	降雨、大风	中度	
60	090617—090814	降雨、大风	中度	
61	091008—091115	降雨、大风、冰雹	中弱	
62	091208—091408	降雨、大风	中弱	
63	091414—091614	降雨、大风	弱	
64	091805—092120	降雨、大风	中度	有灾
65	092311—092714	雨雪、大风、局地寒潮	中弱	
66	092714—093020	雨雪、大风、局地寒潮	中弱	
67	100608—100808	雨雪、寒潮、大风	中强	
68	100902—101014	雨雪、大风、局地寒潮	弱	
69	101020—101417	雨雪、大风、局地寒潮	中弱	
70	101820—102008	雨雪、大风、局地寒潮	中弱	
71	102320—102505	雨雪、大风、局地寒潮	中弱	
72	102811—103017	雨雪、大风、局地寒潮、扬沙	中弱	

续表

序号	起止时间 (××月××日××时)	天气类型	过程强度	灾情
73	110408—110520	雨雪、大风、局地寒潮	中弱	
74	111220—111420	雨雪、大风	中弱	
75	111420—111820	降雪、大风、局地寒潮	中度	
76	111820—112020	降雪、大风	弱	
77	112014—112320	寒潮、降雪、风口大风	中强	
78	112520—112714	降雪	弱	
79	112817—120120	寒潮、降雪、大风	中强	有灾
80	120408—120605	降雪、大风	弱	
81	120912—121205	降雪、大风、局地寒潮	中弱	
82	121218—121705	降雪、局地寒潮	中弱	
83	122017—122208	降雪、寒潮、大风	中度	
84	122620—122820	降雪、局地寒潮	中弱	

第 3 章 2020 年中度及以上强度天气过程

3.1 1月13日08时至15日23时全疆大部分地区降雪、降温，北疆、东疆大风

3.1.1 天气实况综述

过程日期	1月13日08时至1月15日23时	过程强度	中度
天气类型	降雪、大风、局地寒潮		
天气实况	①降雪：伊犁州、石河子市、乌鲁木齐市、昌吉州、巴州、吐鲁番市、哈密市和博州西部、塔城地区北部、阿勒泰地区北部、喀什地区、克州山区、阿克苏地区、和田地区西部等地的部分区域出现降雪，其中伊犁州山区、乌鲁木齐市、昌吉州、吐鲁番市、哈密市北部、喀什地区山区、阿克苏地区北部山区、巴州北部山区等地的部分区域累计降雪量 3.1～10.5 mm，最大累计降雪中心为吐鲁番市鄯善站（图 3.1a）。 ②降温：北疆和东疆部分地区降温 3～5 ℃，其中喀什地区部分区域出现寒潮（图 3.1b）。 ③风：北疆、东疆和喀什地区、克州、巴州等地出现 5～6 级西北风，风口风力 8～9 级。		
灾害性天气	大雪	①大雪站数：共计 7 站，14 日 1 站（巴州和静站，6.4 mm）；15 日 6 站（吐鲁番市鄯善站（10.5 mm）、库米什站（8.1 mm）、吐鲁番站（7.6 mm）、吐鲁番东坎站（7.2 mm）、托克逊站（6.1 mm）、哈密市十三间房站（6.3 mm））。 ②单日最大降雪中心：吐鲁番市鄯善站，14 日 10.5 mm。	
	寒潮	①寒潮站数：共计 40 站·次出现寒潮，其中 4 站·次强寒潮、6 站·次特强寒潮。 ②日最大降温中心：喀什地区塔什库尔干站 16.8 ℃（15 日）。 ③过程最低气温：巴州和静县巴音布鲁克站，−30.9 ℃（15 日）（图 3.1b）。	
	大风	①大风站数：8 级以上大风 9 站，其中 9 级大风 1 站。 ②极大风：克拉玛依市金矿站，21.7 m/s（9 级）。	
灾情	1月15日鄯善降雪造成房屋倒塌、大棚损坏。		

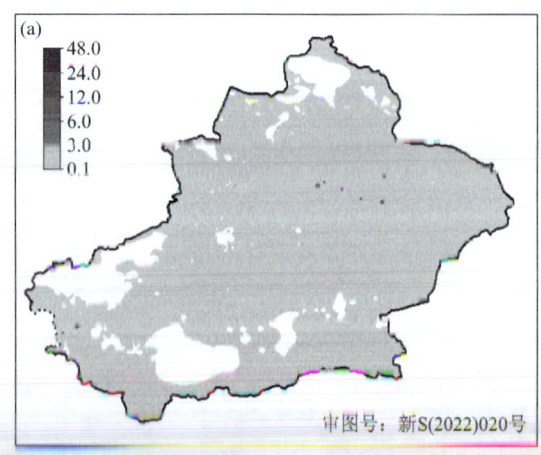 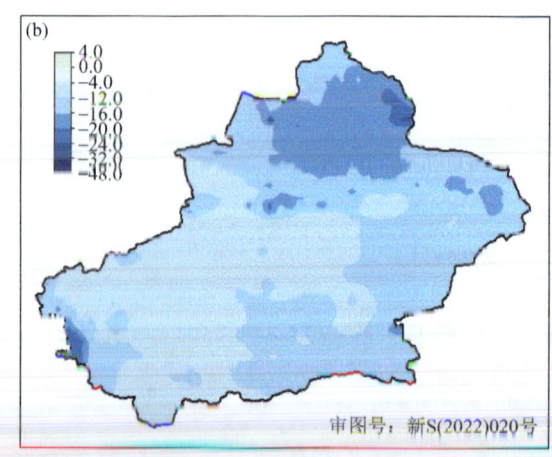

图 3.1 1月13—15日天气实况
(a)1月13日08时至15日23时累计降水量(单位：mm)；(b)最低气温(单位：℃)

3.1.2 环流形势

影响系统:500 hPa 中亚低涡,700 hPa 低空西南急流,地面冷高压、地面冷锋。

100~200 hPa:100 hPa 为绕极型,纬向多波动;200 hPa 极锋锋区南压至 40°N,高空偏西急流轴位于天山上空,中心最大风速达 48 m/s(图 3.2a)。

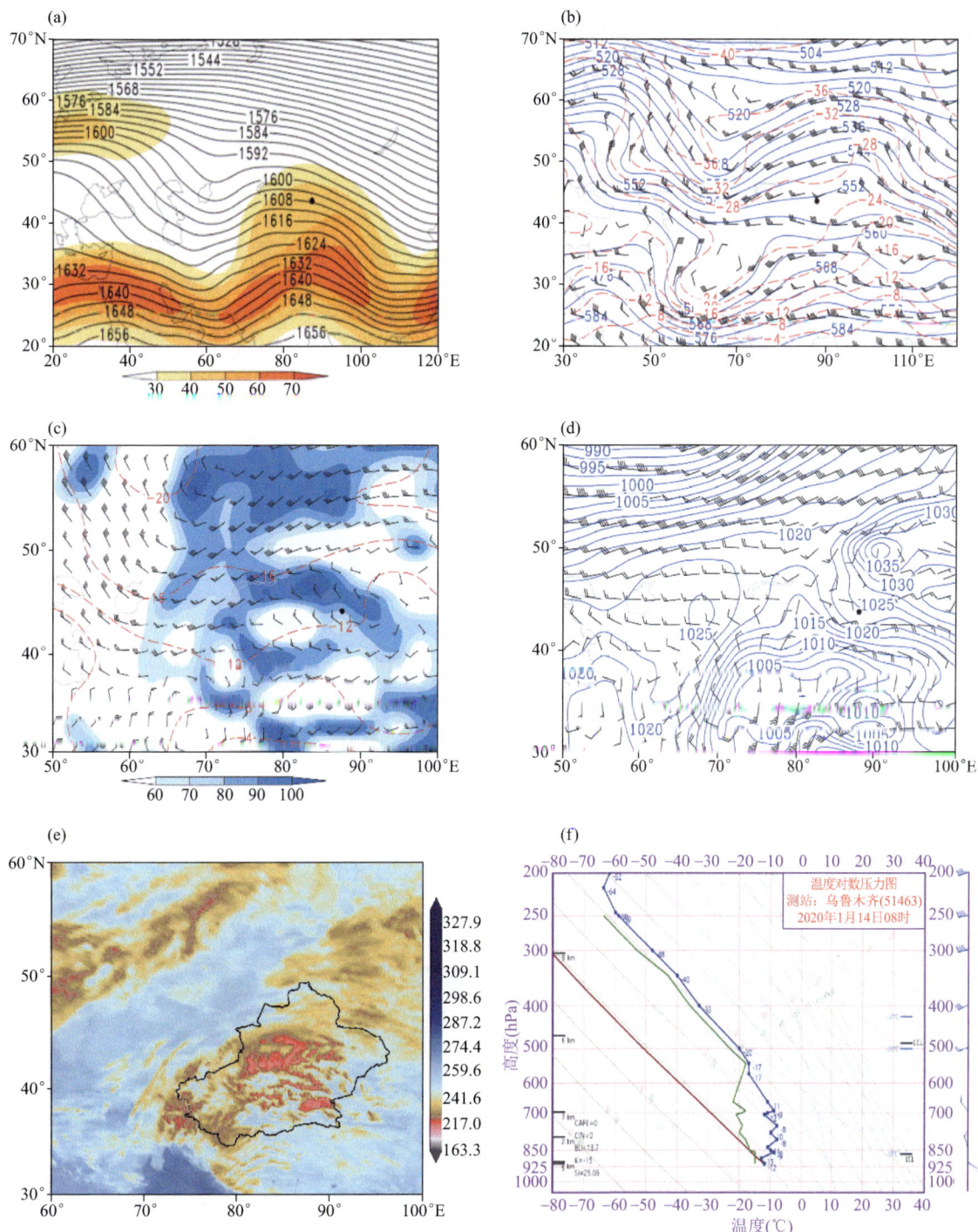

图 3.2 1月13日08时环流形势及 FY-2G 红外云图

(a)100 hPa 高度场(实线,单位:dagpm)和 200 hPa 急流(填色区为风速≥30 m/s);(b)500 hPa 高度场(蓝实线,单位:dagpm)、风场(单位:m/s)和温度场(红虚线,单位:℃);(c)700 hPa 风场(单位:m/s)和相对湿度(填色区,单位:%);
(d)海平面气压(实线,单位:hPa)和 850 hPa 风场(单位:m/s);(e)14日08时 FY-2G 红外云图(单位:K);
(f)14日08时乌鲁木齐站 T-$\ln p$ 图

500 hPa：欧亚范围内为多波动环流形势，西欧为高压脊区，里海、西西伯利亚、中亚地区为低压槽活动区，西西伯利亚冷中心－36 ℃。13 日由于高压西南衰退，西西伯利亚低压槽及中亚低压槽东移造成新疆偏西地区降雪；14 日里海低压槽与中亚低压槽同位相叠加形成低涡，并与加深发展的西西伯利亚低压槽在天山一线有所结合并不断东移，共同造成了此次降雪天气过程（图 3.2b）。

700～850 hPa：强降水时，伊犁至吐鲁番一线偏西风加强，出现低空急流（中心≥20 m/s），配合有利地形，有利于辐合抬升运动（图 3.2c）。

地面：1 月 13 日 08 时中心强度 1040 hPa 的冷高压中心位于蒙古地区，南疆盆地为中心强度 1005 hPa 的低压中心，南、北疆压差大，在沿天山一线形成冷锋，由于巴尔喀什湖冷空气不断补充，地面冷锋稳定维持形成了天山准静止锋（图 3.2d）。

探空 T-$\ln p$：上湿下干（850～600 hPa 相对干，600～300 hPa 相对饱和），低层（925～700 hPa）存在逆温层结，有热力条件积蓄（图 3.2f）。

3.2　2 月 27 日 11 时至 29 日 02 时北疆、东疆大风，南疆东部沙尘暴

3.2.1　天气实况综述

过程日期	2 月 27 日 11 时至 2 月 29 日 02 时		过程强度	中度
天气类型	降雪、降温、大风、沙尘暴			
天气实况	①降雪：北疆大部分区域和克州山区、哈密市北部等地的局部出现降雪，其中伊犁州、塔城地区、阿勒泰地区、克拉玛依市、乌鲁木齐市等地的局部累计降雪量3.1～9.5 mm，最大累计降雪中心为阿勒泰地区布尔津县禾木乡站（图3.3a）。②降温：伊犁州、塔城地区、阿勒泰地区等地部分区域降温5～8 ℃。③风：北疆、东疆大部分区域出现5级左右西北风，风口风力9～10级，阵风11～12级，南疆东部出现6级左右偏东风（图 3.3b）。④沙尘：和田地区东部和巴州南部的部分地区出现扬沙天气，巴州且末站出现短时沙尘暴。			
灾害性天气	大风	①大风站数：193 站 8 级以上西北大风，其中 43 站 10 级大风，2 站 12 级大风。②极大风：哈密市伊州区十三间房站，34.8 m/s（12 级）。		
	大雪	①大雪站数：共计 2 站，27 日 1 站（塔城地区裕民站，6.3 mm），28 日 1 站（阿勒泰地区布尔津县禾木乡站，6.6 mm）。②单日最大降雪中心：阿勒泰地区布尔津县禾木乡站，6.6 mm（28 日）。		

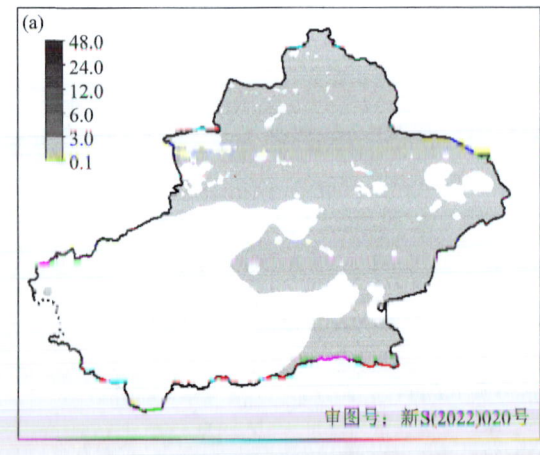 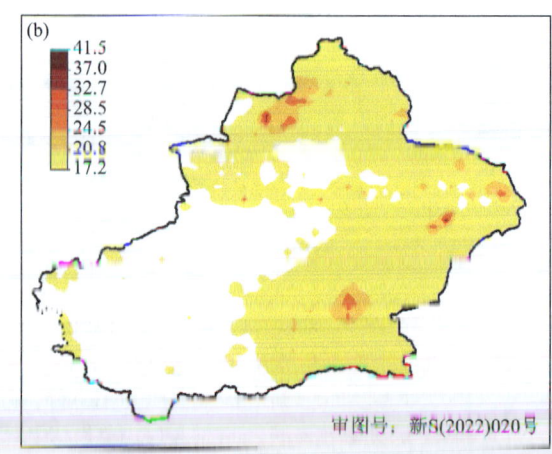

图 3.3　2 月 27—29 日天气实况
(a)2 月 27 日 11 时至 29 日 02 时累计降水量（单位：mm）；(b)过程极大风速（单位：m/s）

3.2.2 环流形势

影响系统:500 hPa 西西伯利亚低压槽;700 hPa 低空西南急流,850 hPa 西北急流;地面冷高压、地面冷锋。

100~200 hPa:100 hPa 为绕极型,新疆位于极锋锋区内;200 hPa 极锋锋区南压至 30°N,高空偏西急流轴位于北疆上空,中心最大风速达 44 m/s(图 3.4a)。

500 hPa:欧亚范围内为两脊一槽的经向环流形势,欧洲为高压脊区,西西伯利亚、中亚地区为低压槽

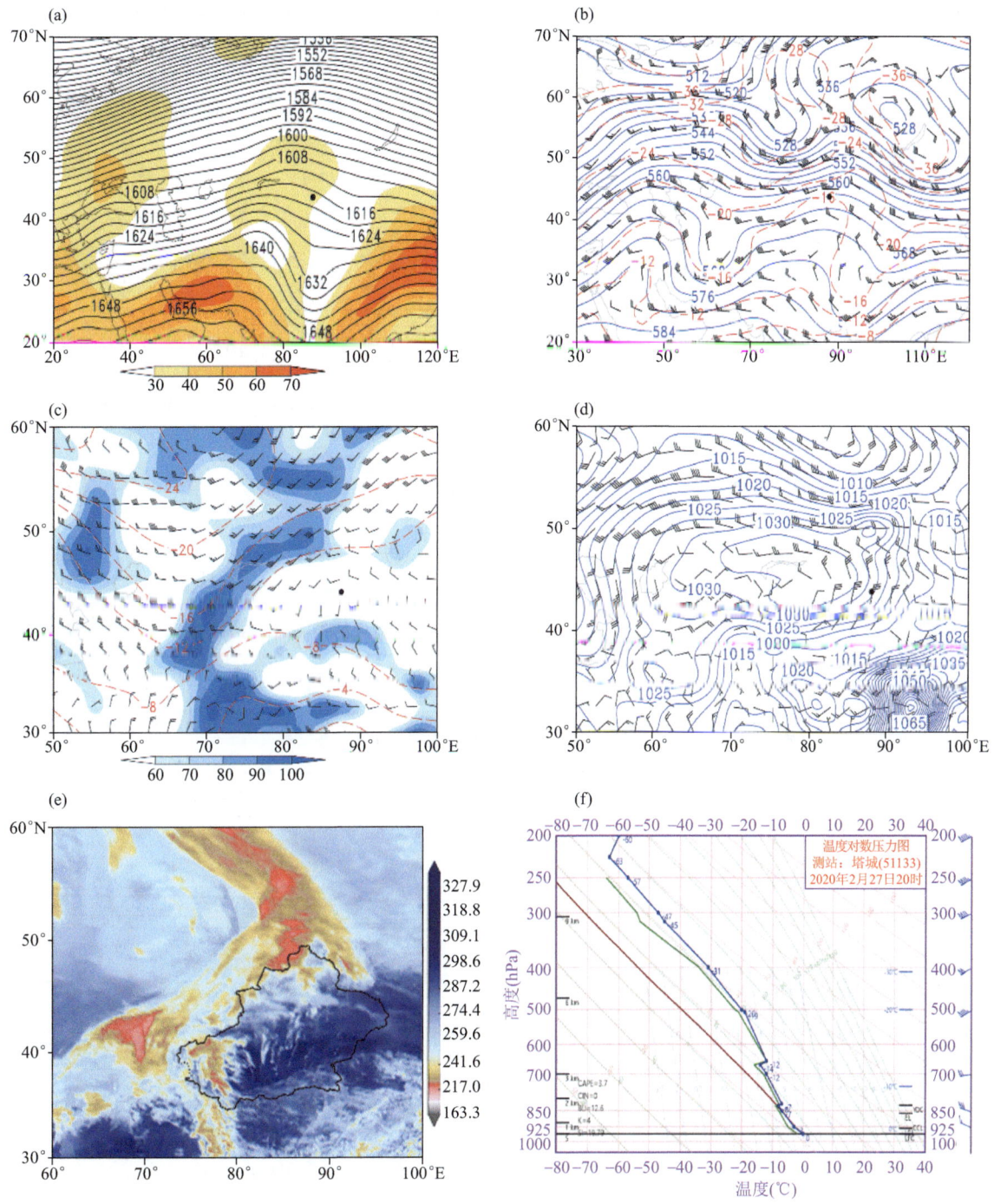

图 3.4　2 月 27 日 08 时环流形势及 FY-2G 红外云图

(a)100 hPa 高度场(实线,单位:dagpm)和 200 hPa 急流(填色区为风速≥30 m/s);(b)500 hPa 高度场(蓝实线,单位:dagpm)、风场(单位:m/s)和温度场(红虚线,单位:℃);(c)700 hPa 风场(单位:m/s)和相对湿度(填色区,单位:%);
(d)海平面气压(实线,单位:hPa)和 850 hPa 风场(单位:m/s);(e)27 日 14 时 FY-2G 红外云图(单位:K);
(f)27 日 20 时塔城站 T-$\ln p$ 图

活动区,西西伯利亚冷中心-40 ℃。27—29日由于欧洲高压不断推动,西西伯利亚低压槽及中亚低压槽东移造成北疆地区和南疆偏西地区降雪(图3.4b)。

700~850 hPa:700 hPa北疆上空有西北风和西南风的切变,西南风中心风速在27日增强至≥20 m/s,850 hPa西北风中心风速增强至≥16 m/s(图3.4c)。

地面:27日地面高压位于里海、咸海地区,由于高空低压槽偏西气流引导作用,地面冷高压以偏西路径不断东移影响北疆,并且高压中心强度由1025 hPa增强至1035 hPa,地面冷高与南疆盆地低压中心形成强气压梯度,并在北疆形成强冷锋,强迫抬升形成降雪(图3.4d)。

探空 T-$\ln p$:300 hPa以下大气整层湿度条件较好,相对饱和,中低层有西南风和偏西风的垂直切变,有利于抬升运动(图3.4f)。

3.3　3月6日05时至8日20时北疆、东疆寒潮、暴雪,南疆东部大风、沙尘暴

3.3.1　天气实况综述

过程日期	3月6日05时至3月8日20时		过程强度	强
天气类型	降雪、寒潮、大风、沙尘暴			
天气实况	①降雪:北疆大部分区域,哈密市和喀什地区局部出现降雪,其中伊犁州、塔城地区南部、阿勒泰地区北部、石河子市、乌鲁木齐市、昌吉州等地的部分区域累计降雪量3.1~25.9 mm,最大累计降雪中心为伊犁州新源站。②降温:北疆、东疆24 h降温幅度8 ℃以上,局地15~19 ℃(图3.5c)。③风沙:北疆、东疆、巴州北部大部分地区出现6级左右西北风,北疆、东疆风口风力10级以上。南疆塔里盆地出现沙尘天气,巴州4站出现沙尘暴,最小能见度不足300 m。			
灾害性天气	大风	①大风站数:300站8级以上西北大风,其中56站10级大风,12站12级以上大风(图3.5d)。②极大风:吐鲁番市托克逊县克尔碱镇站,39.7 m/s(13级)。		
	大雪	①大雪及暴雪站数:共计大雪23站,暴雪2站;6日4站大雪(伊犁州);7日13站大雪,1站暴雪(伊犁州、塔城地区、石河子市、乌鲁木齐市、昌吉州等地局部);8日6站大雪,1站暴雪(乌鲁木齐市南部山区、昌吉州东部、哈密市)。②单日最大降雪中心:石河子站,7日12.2 mm。		
	寒潮	①寒潮站数:共计646站·次,其中341站·次强寒潮,146站·次特强寒潮。②日最大降温中心:阿勒泰地区富蕴县可可托海景区站降温20.2 ℃(8日)。③过程最低气温:阿勒泰地区富蕴县吐尔洪乡拜依格托别村站,-35.8 ℃(8日)(图3.5b)。		
	沙尘暴	①沙尘暴站数:共计4站,巴州(铁十里克站、若羌站、且末站、塔中站)。②最低能见度:巴州铁干里克站,3月8日16时200 m。		

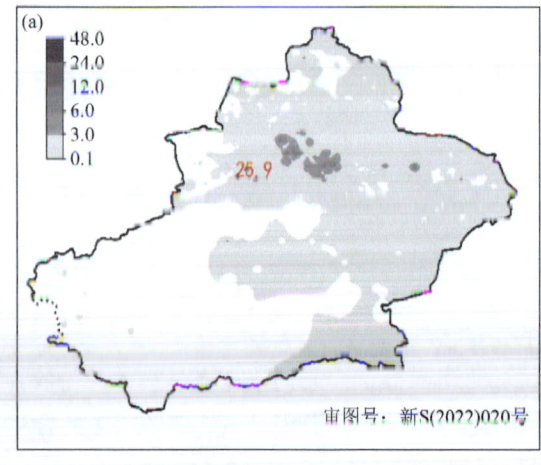

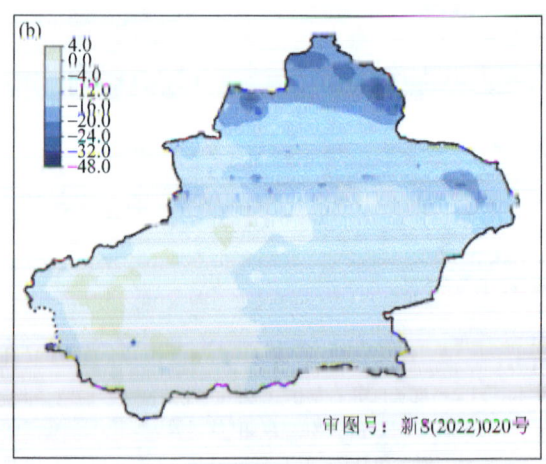

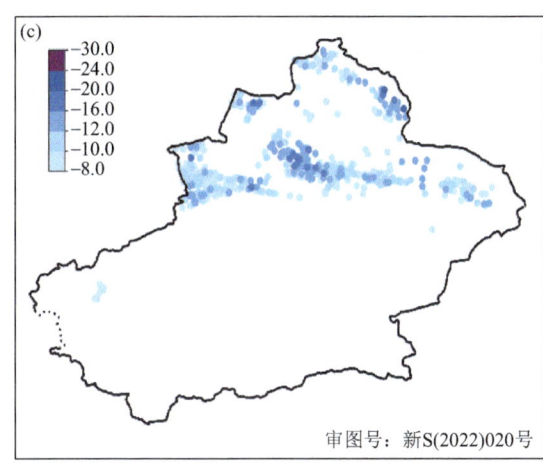 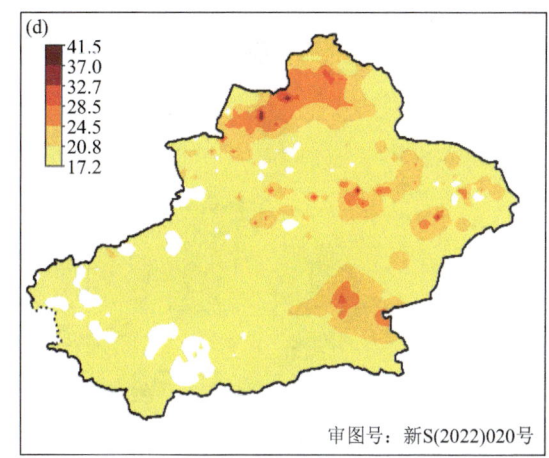

图 3.5　3 月 6—8 日天气实况

(a)3 月 6 日 05 时至 8 日 20 时累计降水量(单位:mm);(b)最低气温(单位:℃);
(c)3 月 8 日最低气温 24 h 降温(单位:℃);(d)过程极大风速(单位:m/s)

3.3.2　环流形势

影响系统:500 hPa 西西伯利亚低压槽;850~700 hPa 西风急流;地面冷高压、地面冷锋。

100~200 hPa:100 hPa 为绕极型,新疆位于极锋锋区内;200 hPa 极锋锋区南压至 30°N,高空偏西急流轴位于北疆上空,中心最大风速达 50 m/s(图 3.6a)。

500 hPa:欧亚范围内为两脊一槽的经向环流形势,欧洲为高压脊区,西西伯利亚平原为宽广的低压槽活动区,冷中心 −47 ℃,锋区底部南压至 30°N。由于欧洲高压北挺东移,推动西西伯利亚低压槽东移造成北疆地区降雪,急流区、风速辐合区位于天山上空,天山北坡出现大到暴雪(图 3.6b)。

700~850 hPa:700 hPa 北疆上空有西北风和偏西风的切变,西风急流中心≥20 m/s,850 hPa 西风急流中心≥14 m/s(图 3.6c)。

地面:7 日地面高压位于巴尔喀什湖地区,地面冷高压以偏西路径不断东移影响北疆,并且高压中心强度由 1012.5 hPa 增强至 1050 hPa,地面冷高压前形成强冷锋,强迫抬升形成降雪(图 3.6d)。

探空 $T\text{-}\ln p$:300 hPa 以下大气整层湿度条件较好,相对饱和,850 hPa 以下对流有效位能(CAPE)为 40.5 J/kg(图 3.6f)。

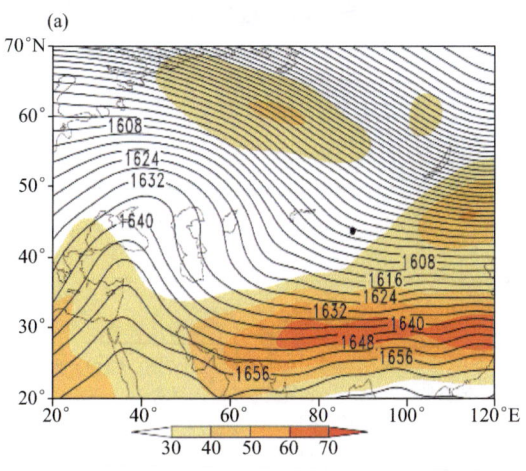 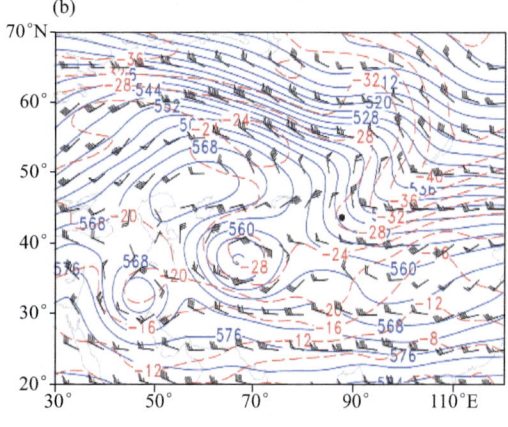

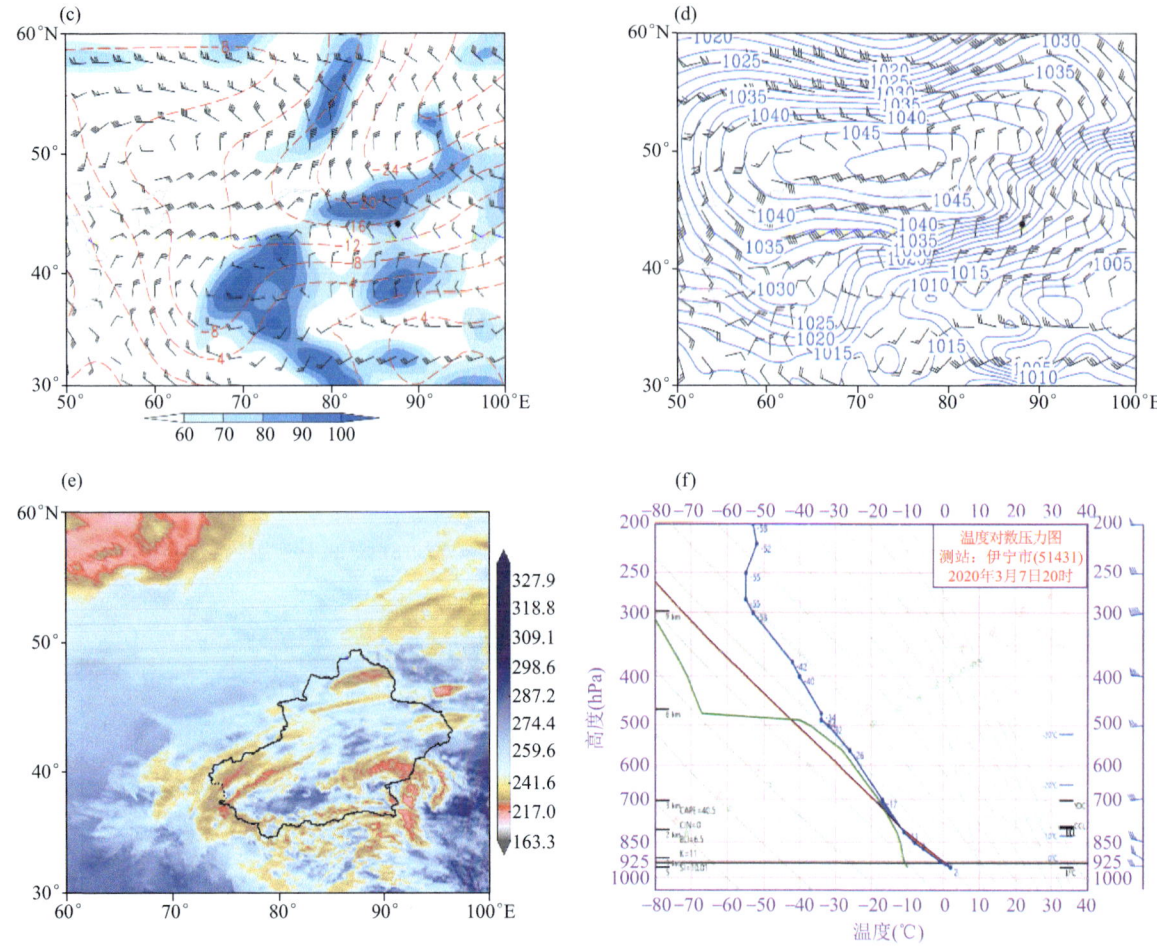

图 3.6　3 月 6 日 08 时环流形势及 FY-2G 红外云图

(a)100 hPa 高度场(实线,单位:dagpm)和 200 hPa 急流(填色区为风速≥30 m/s);(b)500 hPa 高度场(蓝实线,单位:dagpm)、风场(单位:m/s)和温度场(红虚线,单位:℃);(c)700 hPa 风场(单位:m/s)和相对湿度(填色区,单位:%);(d)海平面气压(实线,单位:hPa)和 850 hPa 风场(单位:m/s);(e)7 日 12 时 FY-2G 红外云图(单位:K);(f)7 日 20 时伊宁站 T-$\ln p$ 图

3.4　3 月 22 日 08 时至 26 日 20 时天山北坡暴雪,北疆寒潮、大风

3.4.1　天气实况综述

过程日期	3 月 22 日 08 时至 3 月 26 日 20 时	过程强度	中强
天气类型	雨雪、寒潮、大风、沙尘暴		
天气实况	①降水:北疆大部地区和哈密市、喀什地区北部山区、克州山区、巴州北部山区等地的部分区域降雨或雪,其中伊犁州南部山区、塔城地区北部、阿勒泰地区北部、乌鲁木齐市南部山区、昌吉州东部、喀什地区北部山区等地的部分区域降水量 6.1~16.0 mm,最大累计降水中心为昌吉州阜康市天池站(图 3.7a)。②降温:阿勒泰地区北部、北疆沿天山及山区、和田地区等地的部分区域出现寒潮(图 3.7c)。③风:北疆偏西偏北地区和东疆出现 6 级左右西北风,风口风力 10~11 级;南疆盆地东部有 5 级左右偏东风。④沙尘:南疆盆地大部分地区出现浮尘,阿克苏地区西部、巴州南部出现扬沙暴。		

续表

灾害性天气		
	大雪	①大雪站数：共9站，其中暴雪3站。24日8站（乌鲁木齐市、昌吉州和哈密市山区），暴雪站·次3站·次（乌鲁木齐市及昌吉州山区），26日1站（喀什地区吐尔尕特站）。 ②单日最大降雪中心：昌吉州阜康市天池站，16.0 mm（24日）。 最大小时雪强：乌鲁木齐市小渠子站最大小时雪强6.2 mm/h，出现在3月23日22时。
	寒潮	①寒潮站数：124站·次，其中27站·次强寒潮，9站·次特强寒潮。 ②日最大降温中心：阿勒泰地区布尔津县禾木乡窝尔塔阿什克站，15.0 ℃（24日）。 ③过程最低气温：巴州和静县巴仑台镇察罕努尔大坂站，−22.6 ℃（26日，图3.7b）。
	大风	①大风站数：8级以上大风180站，其中10级以上大风24站（图3.7b）。 ②极大风：塔城地区和布克赛尔县夏孜盖镇站，43.0 m/s（14级）。
	沙尘暴	①沙尘暴站数：25日08时至26日08时，4站出现沙尘暴（阿克苏地区柯坪站、巴州若羌站、且末站、铁干里克站），其中若羌站出现强沙尘暴。 ②最低能见度：巴若羌站，194 m（3月26日00:39）。

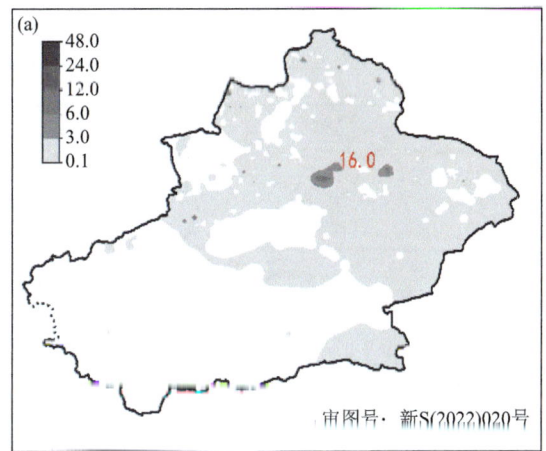
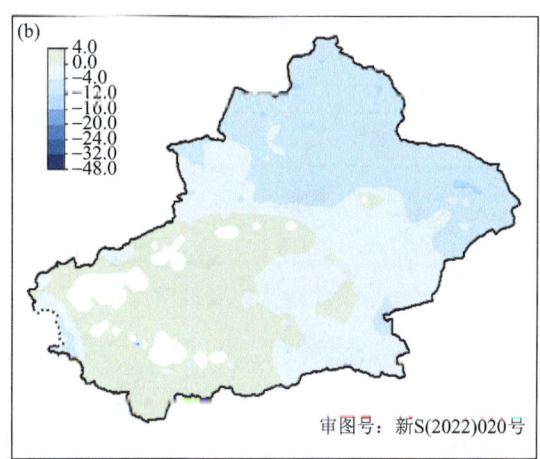
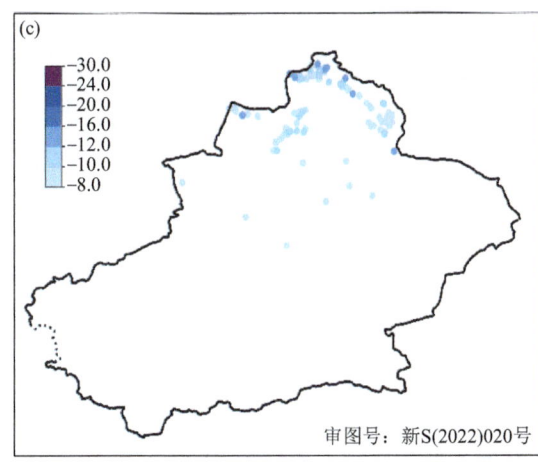
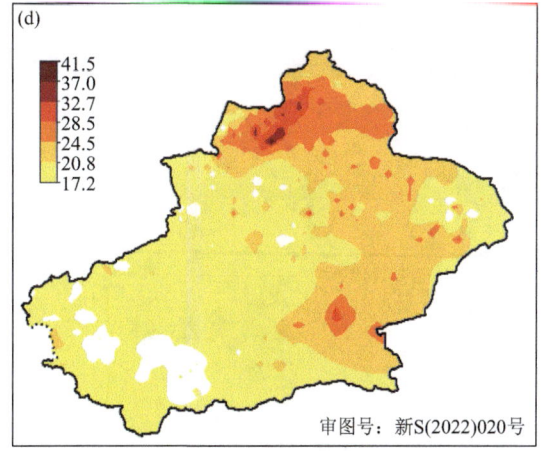

图3.7 3月22—26日天气实况

(a)3月22日08时至26日20时累计降水量(单位：mm)；(b)过程最低气温(单位：℃)；
(c)3月24日最低气温24 h降温幅度(单位：℃)；(d)过程极大风速(单位：m/s)

3.4.2 环流形势

影响系统：500 hPa乌拉尔山低压槽；850 hPa急流；地面冷高压，冷锋。

100~200 hPa：100 hPa 超长波槽位于西西伯利亚，极涡偏向西半球；200 hPa 极锋锋区南压至天山北坡，高空偏西急流轴位于天山上空，中心最大风速 30 m/s 以上（图 3.8a）。

500 hPa：欧亚范围中高纬度为"两槽两脊"，欧洲和贝加尔湖地区为高压脊，乌拉尔山地区为低压槽活动区。欧洲脊东扩，推动乌拉尔山低压槽东移先影响北疆偏西地区。受下游脊的阻挡，低压槽移速较慢，

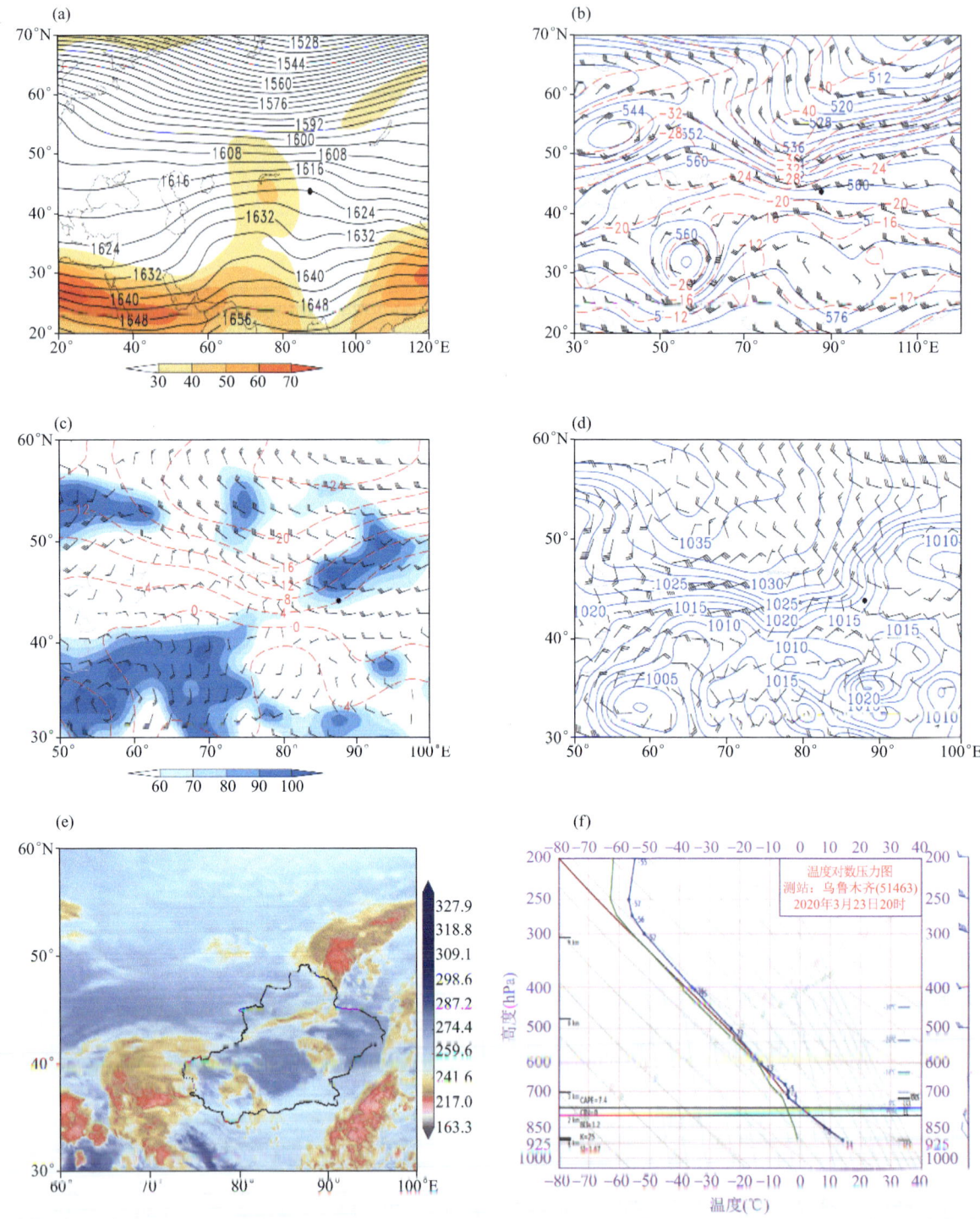

图 3.8　3 月 23 日 20 时环流形势及 FY-2G 红外云图

(a)100 hPa 高度场（实线，单位：dagpm）和 200 hPa 急流（填色区为风速≥30 m/s）；
(b)500 hPa 高度场和温度场（单位：dagpm）、风场（单位：m/s）和温度场（红虚线，单位：℃）；
(c)700 hPa 风场（单位：m/s）和相对湿度（填色区，单位：%）；(d)海平面气压（实线，单位：hPa）和
850 hPa 风场（单位：m/s）；(e)23 日 22 时 FY-2G 红外云图（单位：K）；(f)23 日 20 时乌鲁木齐站 $T\text{-}\ln p$ 图

23日里海地区浅脊快速发展,使乌拉尔低压槽与中纬度短波槽结合进入新疆,产生此次降水过程。低压槽、强锋区的东移造成北疆、东疆的大风降温以及南疆盆地的"东灌"风沙天气(图3.8b)。

700~850 hPa:强降水时,强降雪时天山北坡西北风明显加强,乌鲁木齐市附近出现西北急流,地形强迫抬升(图3.8c)。

地面:冷高压为西北路径,高压中心东移南下过程中不断增强,23日05时高压前沿进入新疆北部,中心强度1040 hPa,冷锋压至天山附近,并稳定少动(图3.8d)。

探空 T-$\ln p$:整层较湿,对流参数中,暴雨点最近探空站资料,K指数为25 ℃、SI指数为1.67 ℃,CAPE值为7.4 J/kg,风向随高度先顺时针旋转再逆时针旋转(图3.8f)。

3.5 4月9日08时至4月11日08时北疆北部寒潮、大风,南疆东部沙尘暴

3.5.1 天气实况综述

过程时间	4月9日08时至4月11日08时	过程强度	中强
天气类型	寒潮、雨雪、大风、沙尘暴		
天气实况	①降水:伊犁州、博州、塔城地区北部、阿勒泰地区西部出现降雨(山区为雪),伊犁州西部累计降水量6.1~19.4 mm,最大降水中心为伊犁州伊宁县吉尔格朗乡喀占奇沟站(图3.9a)。 ②风:北疆、东疆普遍伴有5~6级西北风,风口风力10~11级,最大风力出现在托里县后山金矿站(14级)。 ③沙尘:南疆盆地东部有5~6级偏东风,盆地有浮尘或扬沙,局地沙尘暴。 ④降温:塔城地区北部、阿勒泰地区东部、昌吉州东部、喀什地区西部山区等地降温8 ℃以上,局地超过12 ℃(图3.9c)。		
灾害性天气	大风	①大风站数:8级以上大风528站,10级以上大风104站(图3.9d)。 ②极大风:昌吉州玛纳斯县包家店镇黑梁湾村站,48.0 m/s(15级)。	
	沙尘暴	①沙尘暴站数:10日08时至11日08时,5站出现沙尘暴(民丰站、库尔勒站、轮台站、塔中站、铁干里克站)。 ②最低能见度:巴州轮台站,193 m(4月10日13:29)。	
	寒潮	①寒潮站数:134站·次,其中42站·次强寒潮,3站·次特强寒潮。 ②日最大降温中心:伊犁州尼勒克县乌拉斯台镇克孜勒塔斯村,16.7 ℃(9日)。 ③过程最低气温中心:塔城地区托里县铁厂沟镇,-18.8 ℃(11日)(图3.9b)。	
灾情	4月9日至10日,博州精河县持续出现7级大风,造成150人受灾;棉花受灾136.9 hm²,直接经济损失94.51万元。		

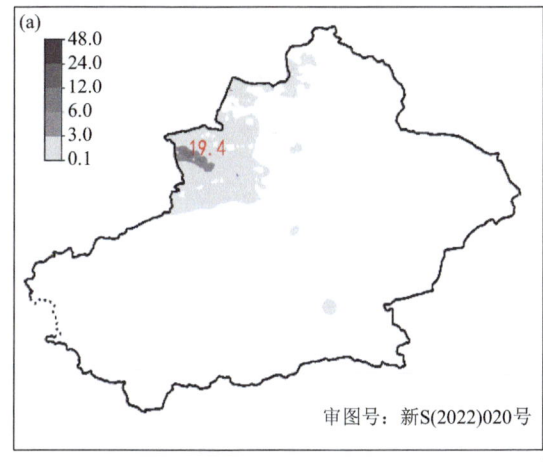

审图号:新S(2022)020号

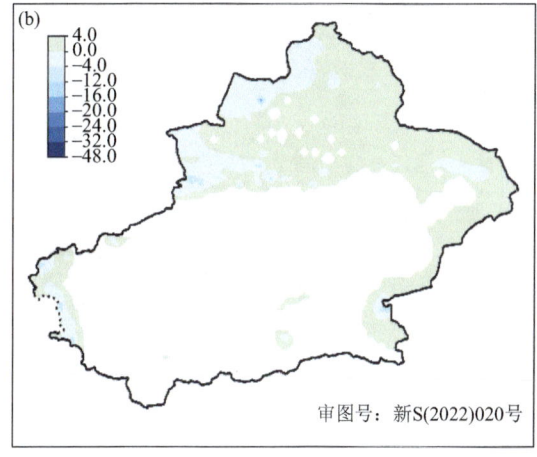

审图号:新S(2022)020号

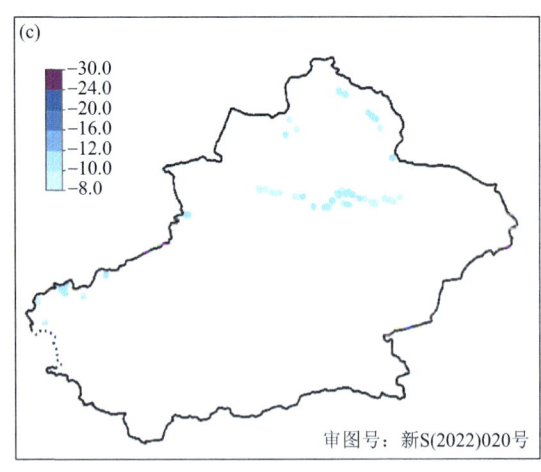
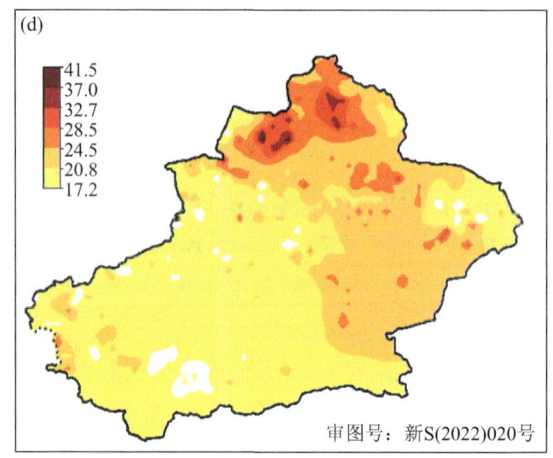

图 3.9　4 月 9—11 日天气实况
(a)4 月 9 日 08 时至 4 月 11 日 08 时累计降水量(单位:mm);(b)过程最低气温(单位:℃);
(c)4 月 10 日最低气温 24 h 降温幅度(单位:℃);(d)过程极大风速(单位:m/s)

3.5.2　环流形势

影响系统:500 hPa 乌拉尔山低涡、700~850 hPa 切变线、急流;地面高压。

100~200 hPa:超长波槽位于西西伯利亚,槽底南伸至 30°N 附近;200 hPa 极锋锋区南压至 30°N 以南(图 3.10a)。

500 hPa:欧亚范围中高纬度为"两槽两脊"经向环流,东欧和新疆至贝加尔湖为高压脊,乌拉尔山低涡深厚且槽底有明显冷空气堆积(−32 ℃)。9 日 20 时,随极地不稳定小槽入侵,东欧脊东南衰退,低涡减弱东移北收过程中分段,南段东移时造成此次天气(图 3.10b)。

700~850 hPa:700 hPa 北疆偏西地区存在气旋性切变,9 日 20 时 850 hPa 伊犁州、塔城地区北部西北风加强为急流,最大达 18 m/s(图 3.10c)。

地面:地面图上有两个高压,西部冷高压沿西方路径 10 日 08 时进入北疆,中心 1037.5 hPa,造成北疆降水和西北大风;10 日 20 时东部蒙古地区 1040 hPa 冷高压与南疆盆地 1010 hPa 形成明显气压差,造成南疆东风和沙尘天气(图 3.10d)。

探空 T-$\ln p$:整层较湿,中层存在浅薄干层,深层风速垂直切变强(图 3.10f)。

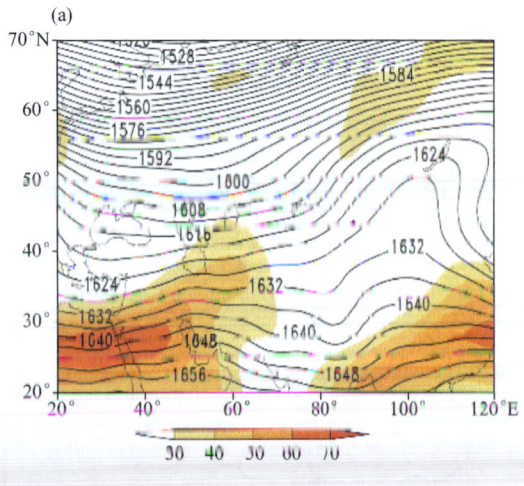
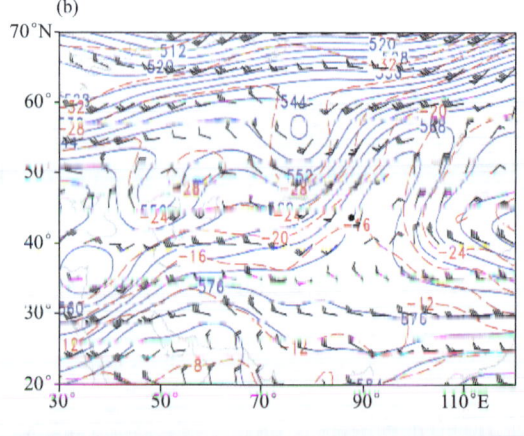

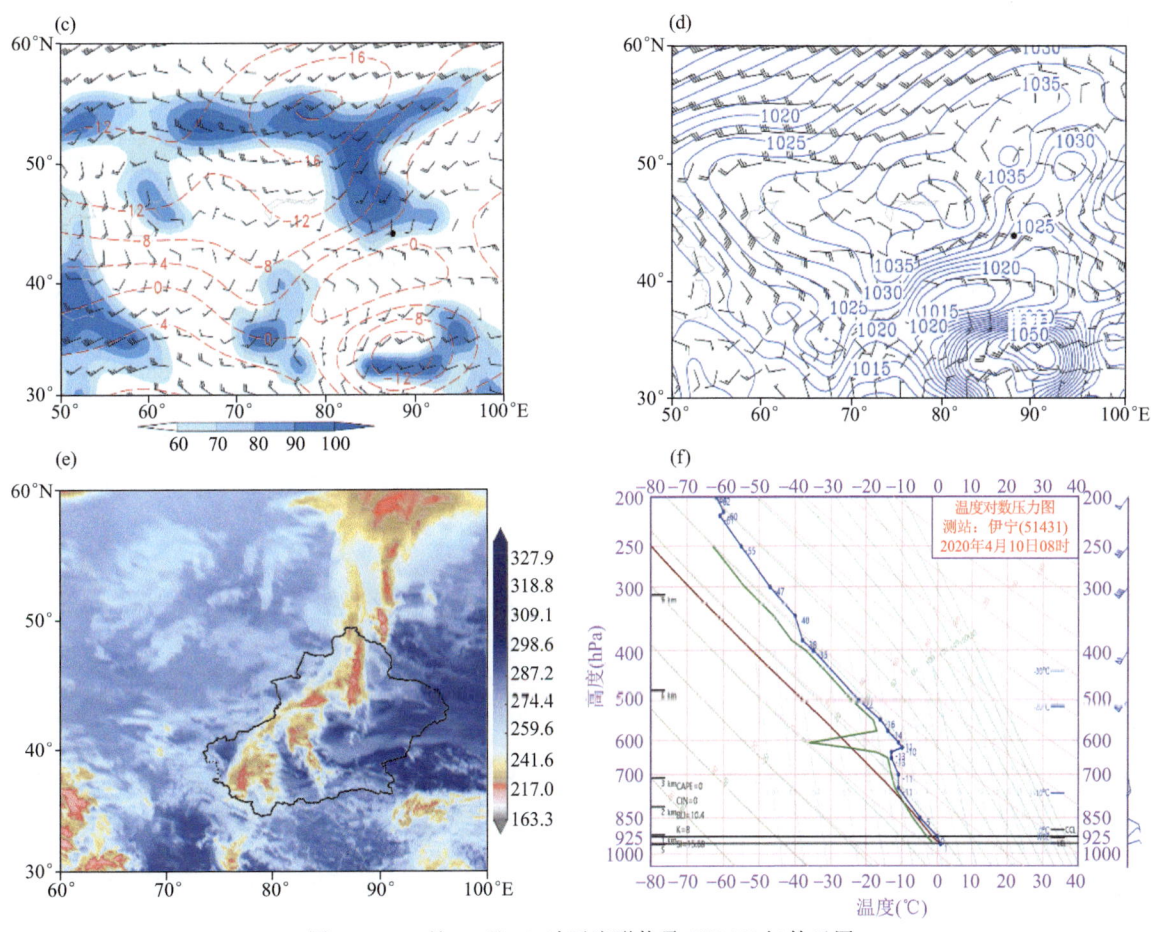

图 3.10　4 月 10 日 08 时环流形势及 FY-2G 红外云图

(a)100 hPa 高度场(实线,单位:dagpm)和 200 hPa 急流(填色区为风速≥30 m/s);(b)500 hPa 高度场(蓝实线,单位:dagpm)、风场(单位:m/s)和温度场(红虚线,单位:℃);(c)700 hPa 风场(单位:m/s)和相对湿度(填色区,单位:%);(d)海平面气压(实线,单位:hPa)和 850 hPa 风场(单位:m/s);(e)10 日 08 时 FY-2G 红外云图(单位:K);(f)10 日 08 时伊宁站 T-lnp 图

3.6　4 月 14 日 20 时至 4 月 17 日 20 时阿克苏局地暴雨,南疆大风、沙尘暴

3.6.1　天气实况综述

过程时间	4 月 14 日 20 时至 4 月 17 日 20 时		过程强度	中度
天气类型	雨雪、大风、沙尘暴			
天气实况	①降水:北疆大部分地区以及喀什地区、吐鲁番市、巴州北部、哈密市等地的局部地区出现微到小雨(山区为雪),伊犁州、博州西部、克州西部山区、阿克苏地区西部累计降雨 6.1~45.3 mm,过程最大降雨中心为阿克苏地区温宿县柯柯牙镇塔格拉克村站(图 3.11a)。②风:北疆、东疆有 5 级西北风,风口风力 10~11 级;南疆盆地东部有 5~6 级偏东风。③沙尘:且末站、民丰站共 2 站沙尘暴。			
灾害性天气	暴雨	①暴雨站次:共 1 站暴雨,17 日 1 站(阿克苏地区温宿县柯柯牙镇塔格拉克村气象观测站)。②单日最大降雨中心:阿克苏地区温宿县柯柯牙镇塔格拉克村站,45.3 mm(17 日)。		
	沙尘暴	①沙尘暴站数:15 日 08 时至 16 日 14 时,2 站出现沙尘暴(且末站、民丰站)。②最低能见度:和田地区民丰站,545 m(4 月 16 日 03:29)。		
	大风	①大风站数:8 级以上大风 221 站,10 级以上 10 站(图 3.11b)。②极大风:哈密市十三间房站,32.3 m/s(11 级)。		

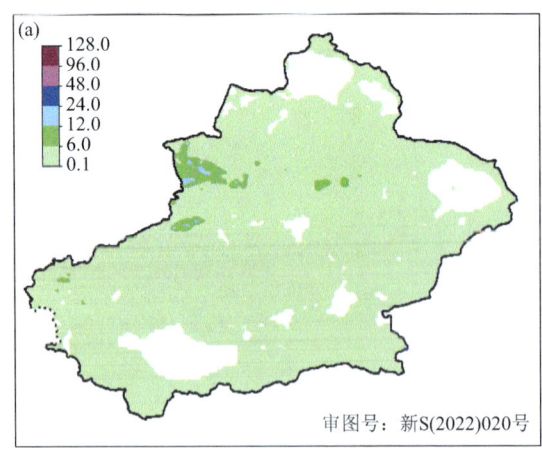
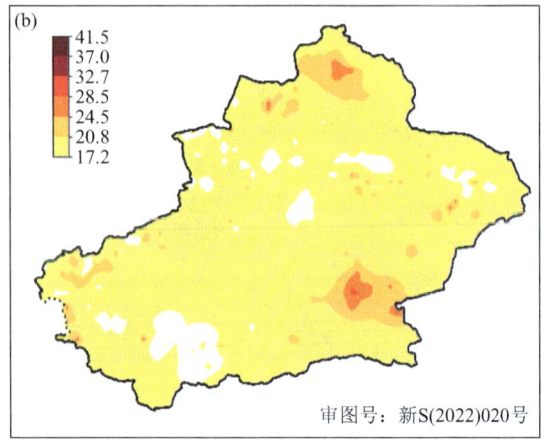

图 3.11　4 月 14—17 日天气实况
(a)4 月 14 日 20 时至 4 月 17 日 20 时累计降水量(单位:mm);(b)过程极大风速(单位:m/s)

3.6.2　环流形势

影响系统:500 hPa 乌拉尔山低涡、700～850 hPa 切变线;冷锋。

100～200 hPa:长波槽位于西西伯利亚至中亚地区;200 hPa 极锋锋区南压至新疆北部,高空偏西风急流轴位于天山上空,中心最大风速达 32 m/s(图 3.12a)。

500 hPa:欧亚范围中高纬度为"两槽一脊"的经向环流,东欧和新疆至贝加尔湖为高压脊,乌拉尔山低涡深厚且槽底有明显冷空气堆积(−36 ℃),在下游脊的阻挡作用下,低涡减弱东移北上,短波槽东移北收造成此次北疆大部降温降水天气。同时,中纬度短波槽东移造成此次南疆西部的天气(图 3.12b)。

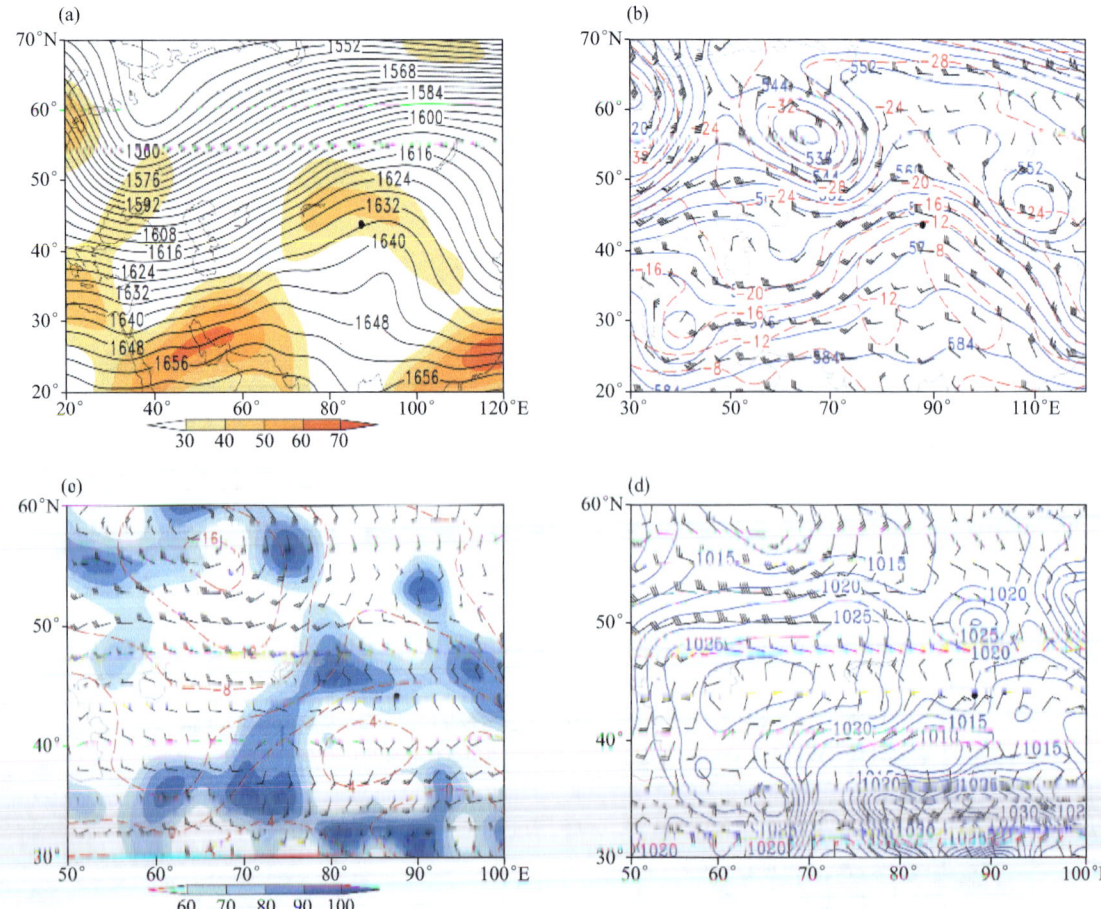

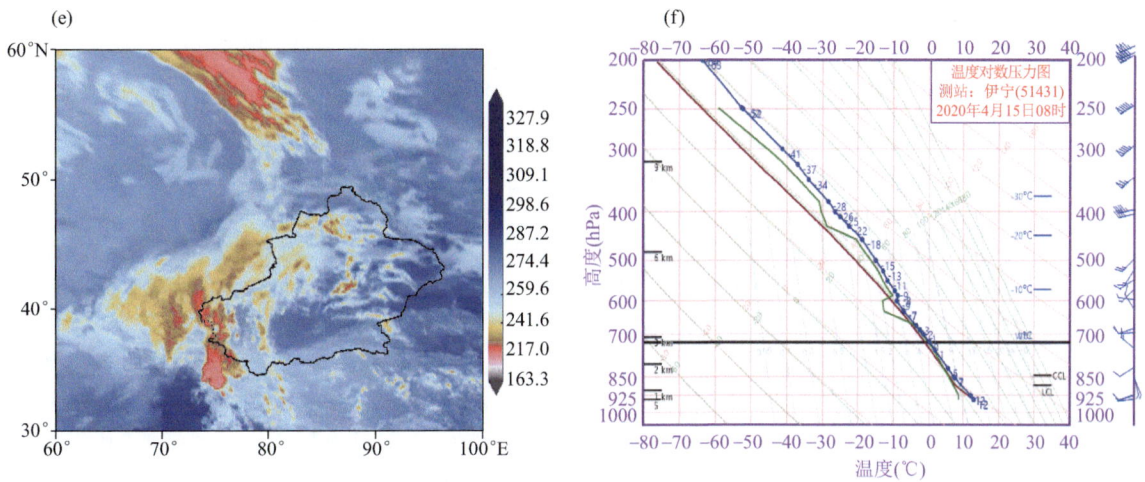

图 3.12　4 月 15 日 08 时环流形势及 FY-2G 红外云图

(a)100 hPa 高度场(实线,单位:dagpm)和 200 hPa 急流(填色区为风速≥30 m/s);(b)500 hPa 高度场(蓝实线,单位:dagpm)、
风场(单位:m/s)和温度场(红虚线,单位:℃);(c)700 hPa 风场(单位:m/s)和相对湿度(填色区,单位:%);
(d)海平面气压(实线,单位:hPa)和 850 hPa 风场(单位:m/s);(e)15 日 01 时 FY-2G 红外云图(单位:K);
(f)15 日 08 时伊宁站 T-$\ln p$ 图

700~850 hPa:强降水时,北疆西部、北疆东部有西北风-东南风切变线(图 3.12c)。

地面:蒙古地区 1030 hPa 冷高压与南疆盆地 1002.5 hPa 低压形成明显气压差,造成南疆东风和沙尘天气(图 3.12d)。

探空 T-$\ln p$:整层较湿,对流参数中,暴雨点最近探空站资料,K 指数为 27.5 ℃、SI 指数为 4.98 ℃、BLI 指数为 −0.1、$T_{850\sim500}$ 为 22 ℃(图 3.12f)。

3.7　4 月 17 日 20 时至 4 月 24 日 20 时南疆西部暴雨、北疆东疆风口大风

3.7.1　天气实况综述

过程时间	4 月 17 日 20 时至 4 月 24 日 20 时	过程强度	中强
天气类型	雨雪、短时强降水、大风		
天气实况	①降雨:喀什地区、克州、和田地区、阿克苏地区和伊犁州、博州、塔城地区、克拉玛依市、石河子市南部山区、乌鲁木齐市南部、昌吉州、巴州北部、吐鲁番市北部山区等地的局部区域出现小到中雨(山区为雪),其中喀什地区、克州、阿克苏地区等地的部分区域和伊犁州东部、塔城地区北部、乌鲁木齐市山区、昌吉州山区、和田地区等地的局部区域累计降水量 6.1~169.5 mm,过程最大降雨中心为喀什地区英吉沙县克孜勒乡 6 村山区站(图 3.13a)。 ②风:全疆大部分区域出现 5~6 级偏北风或偏东风(23~24 日北疆区域性偏东风),北疆风口风力 10~11 级。		
灾害性天气	暴雨	①暴雨站次:共 29 站暴雨。18 日 2 站(喀什地区英吉沙县、克州阿克陶县),19 日 1 站(巴州且末县),20 日 16 站(克州、喀什地区)(图 3.13b),21 日 1 站(阿勒泰地区布尔津县),22 日 5 站(喀什地区、阿克苏地区),23 日 3 站(喀什地区),24 日 1 站(喀什地区莎车县)。 ②单日最大降雨中心:喀什地区英吉沙县克孜勒乡 6 村山区站,106.4 mm(20 日)。 ③短时强降水:喀什地区英吉沙县克孜勒乡 6 村山区站 42.5 mm,出现在 4 月 20 日 08 时;喀什地区喀什站 11.0 mm,出现在 4 月 19 日 20 时(图 3.13c)。	
	大风	①大风站数:8 级以上大风 273 站,10 级以上大风 11 站(图 3.13d)。 ②极大风:和布克赛尔县夏孜盖镇站,35.9 m/s(12 级)。	

灾情	①4月19—21日，强降水造成岳普湖县农作物受灾481.67 hm²，直接经济损失527.98万元。 ②4月21日，降雨并伴有冰雹造成阿拉尔市棉花受灾6260 hm²，香梨105 hm²。直接经济损失2737.10万元。 ③4月23—24日，短时强降水、冰雹等强对流天气造成皮山县桑株镇林果受灾288.5 hm²，直接经济损失1089.14万元。 ④4月18—23日，强降水引发泥石流，造成策勒县受灾1398户3825人，农作物受灾300.9 hm²，经济林受灾40.9 hm²，房屋受损1094间，羊圈受损60座，死亡羊650只、牛3头、马1匹，损坏桥梁3座、水渠3340.0 m、闸门5个，冲毁公路5.54 km，淹没公路15.53 km；受灾公益设施3057 m²，直接经济损失1110.96万元。暴雨和冰雹造成麦盖提县农作物受灾592.0 hm²，羊死亡2只，直接经济损失187.94万元。短时强降水造成皮山县克里阳乡、阔时塔格镇两个乡镇农作物受灾536 hm²，直接经济损失421.82万元。 ⑤4月22日，短时强降水、雷暴等强对流天气造成阿克苏市棉花受灾63.30 hm²，直接经济损失28.50万元。强对流天气造成沙雅县红旗镇、塔里木乡、哈德墩镇、古勒巴格镇、塔河管委会等5个乡（镇）棉花受灾9107.8 hm²，直接经济损失4098.54万元。短时强降水和冰雹造成喀什市1055户5006人受灾，直接经济损失132.30万元。疏勒县良种场13户受灾，农作物受灾93.1 hm²，直接经济损失115.56万元。强降水造成洛浦县山体滑坡和泥石流现象，造成受灾228户719人，紧急转移156户585人，农作物受灾22.95 hm²，房屋受损113间，桥梁损坏2座。直接经济损失758万元。 ⑥4月22—24日，雷暴大风等强对流天气造成阿克苏市受灾1031户4196人，农作物受灾1540.9 hm²，设施农业受灾3.3 hm²，直接经济损失1030.39万元。

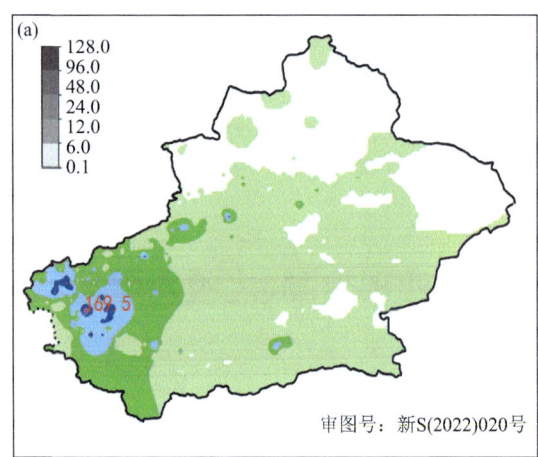 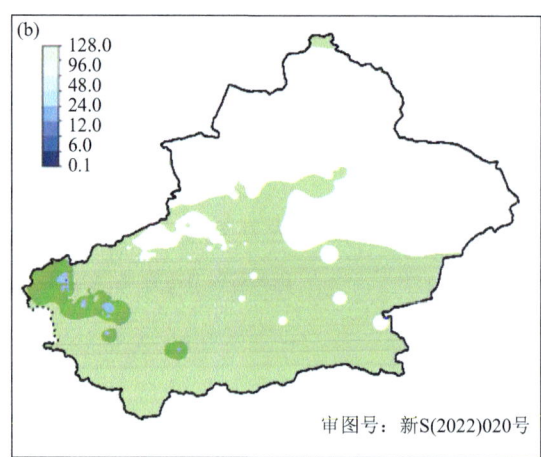

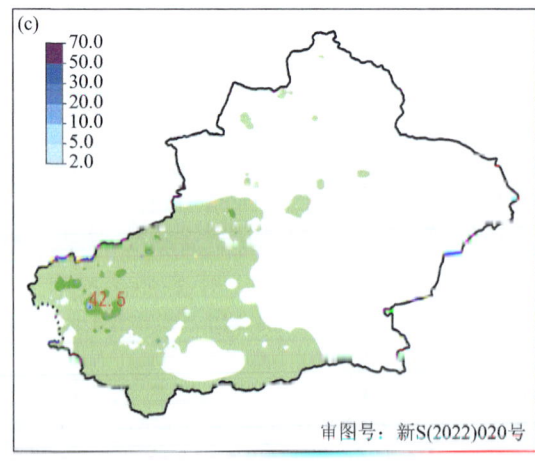 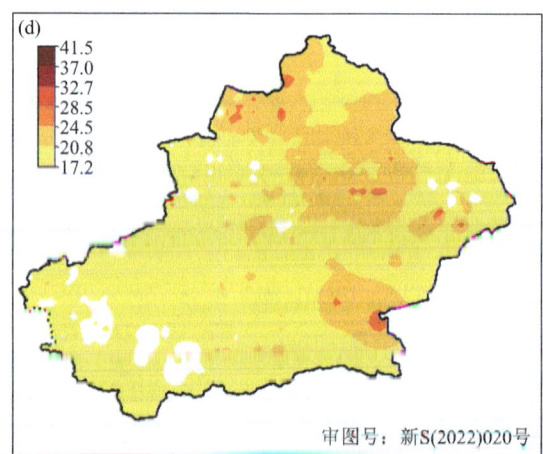

图3.13 4月17—24日天气实况

(a)4月17日20时至4月24日20时累计降水量（单位：mm）；(b)4月20日降水量（单位：mm）；
(c)过程最大小时雨强（单位：mm/h）；(d)过程极大风速（单位：m/s）

3.7.2 环流形势

影响系统：500 hPa 低压槽、700~850 hPa 切变线；冷锋。

100~200 hPa：极涡为多极型，长波槽位于西西伯利亚至中亚地区；200 hPa 极锋锋区南压至南疆西部，高空偏西风急流轴位于南疆上空，中心最大风速 40 m/s 以上（图 3.14a）。

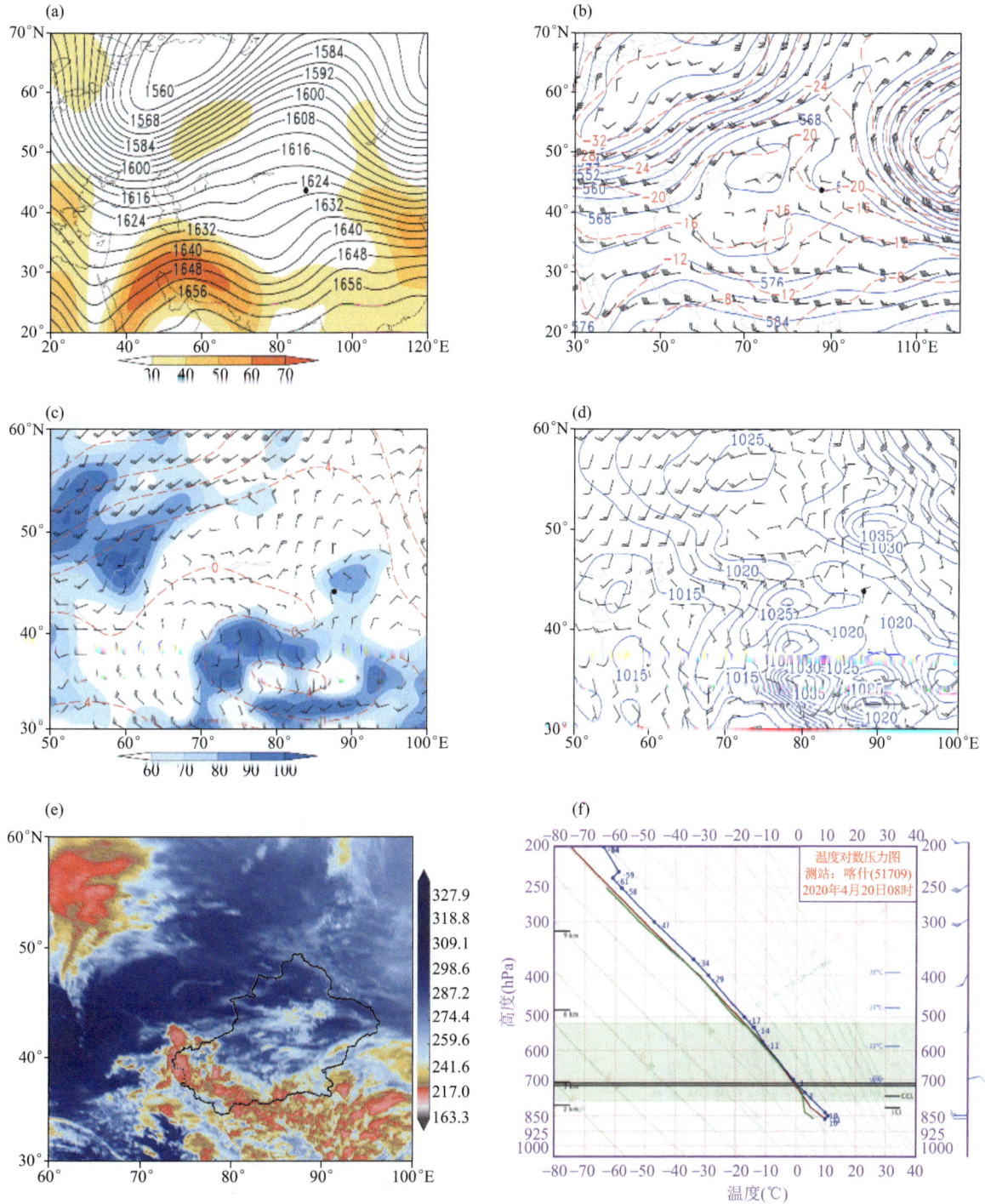

图 3.14　4 月 20 日 08 时环流形势及 FY-2G 红外云图

(a)100 hPa 高度场（实线，单位：dagpm）和 200 hPa 急流（填色区为风速≥30 m/s）；
(b)500 hPa 高度场（蓝实线，单位：dagpm）、风场（单位：m/s）和温度场（红虚线，单位：℃）；
(c)700 hPa 风场（单位：m/s）和相对湿度（填色区，单位：%）；(d)海平面气压（实线，单位：hPa）和
850 hPa 风场（单位：m/s）；(e)20 日 08 时 FY-2G 红外云图（单位：K）；(f)20 日 08 时喀什站 T-lnp 图

500 hPa：欧亚范围中高纬度为"两槽一脊"的经向环流，欧洲和中西伯利亚为低涡，巴尔喀什湖北部至西西伯利亚为高压脊，中低纬度里海、黑海南部至巴尔喀什湖一带为宽广槽区，过程期间中高纬度环流稳定，欧洲低涡底部不断分裂短波槽东移，配合-32℃的冷中心，低压槽南端伸至30°N附近。在下游脊的阻挡作用下，乌拉尔山南部低涡底部不断分裂短波槽时东移北收，造成此次北疆偏西地区的暴雨、大风天气(图3.14b)。

700～850 hPa：塔城至阿勒泰地区有切变线(图3.14d)。

地面：地面气压北高南低、西高东低。

探空 $T\text{-}\ln p$：整层相对较湿，对流参数中，暴雨点最近探空站资料，K指数为33.0 ℃，SI指数为0.87 ℃、CAPE值为0，$T_{850\sim500}$为28 ℃(图3.14f)。

3.8　5月2日20时至5月6日08时北疆西部暴雨、全疆大风

3.8.1　天气实况综述

过程时间	5月2日20时至5月6日08时	过程强度	中度
大气类型	降雨、短时强降水、大风		
天气实况	①降雨：北疆大部分地区和喀什地区、克州、和田地区、阿克苏地区、巴州、吐鲁番市、哈密市等地的部分地区出现降雨(山区为雪)，其中伊犁州东部南部、塔城地区南部、石河子市南部山区、乌鲁木齐市南部山区、昌吉州山区、喀什地区、克州、和田地区南部、阿克苏地区、巴州等地的部分区域累计降水量6.1～48.5 mm，过程最大降雨中心为伊犁州新源县吐尔根站(图3.15a)。②风：全疆大部分地区有5级西北风，风口风力10～12级。		
灾害性天气	暴雨	①暴雨站次：共23站暴雨。3日8站(克州)，4日13站(伊犁州12站，巴州1站和静县巩乃斯乡站)(图3.15b)，5日1站(昌吉州玛纳斯县天利煤矿站)，6日1站(巴州博湖县博斯腾湖乡艾勒逊沟站)。②单日最大降雨中心：伊犁州新源县吐尔根站，44.7 mm(4日)。③短时强降水：昌吉州玛纳斯县天利煤矿站最大小时雨量19.7 mm，出现在5月5日19时(图3.15c)。	
	大风	①大风站数：8级以上大风652站，10级以上71站，12级以上3站(图3.15d)。②极大风：吐鲁番市山洪克碱站，39.5 m/s(13级)。	
灾情	①5月4日大风造成且末县棉花受灾325.6 hm²，蔬菜大棚受灾17座、羊死亡8只，围墙、鸡舍、牧点道路冲坏5处。直接经济损失26.64万元。②5月5日14—16时，大风造成精河县大河沿子镇、八家户、茫丁乡、托托镇棉花受灾共367.7 hm²。直接经济损失265.66万元。		

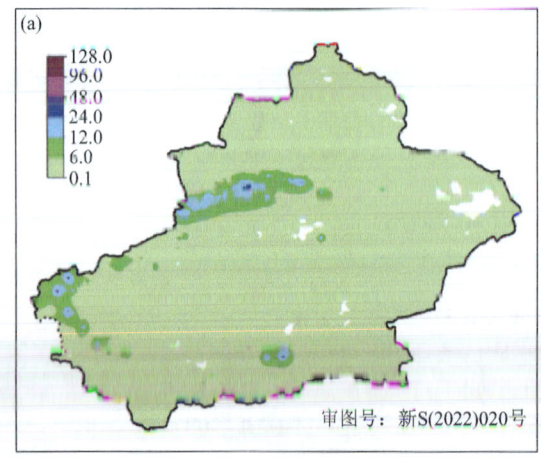

审图号：新S(2022)020号

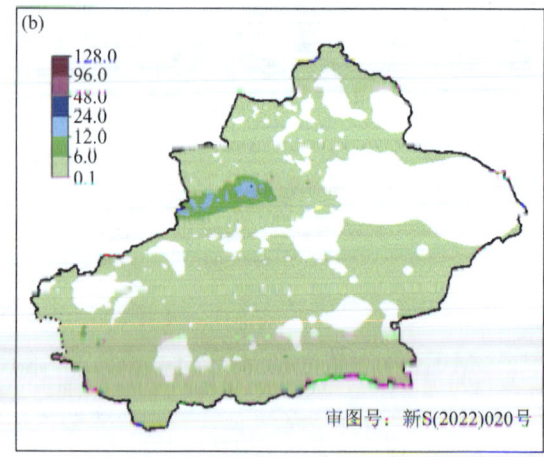

审图号：新S(2022)020号

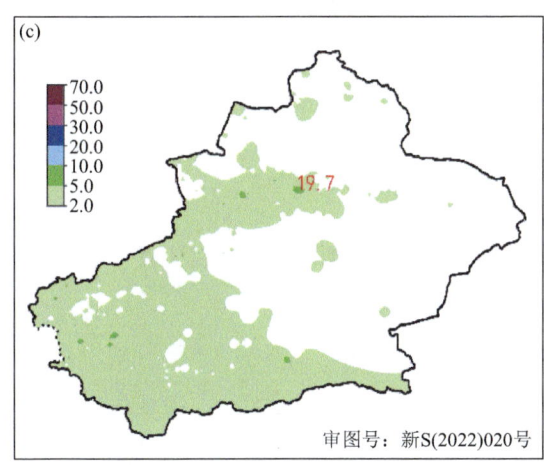
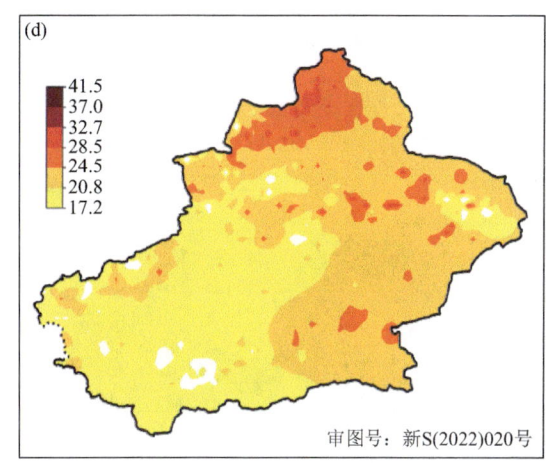

图 3.15　5月 2—6 日天气实况

(a)5月 2日 20 时至 5月 6日 08 时累计降水量(单位:mm);(b)5月 4日降水量(单位:mm);
(c)过程最大小时雨强(单位:mm/h);(d)过程极大风速(单位:m/s)

3.8.2　环流形势

影响系统:500 hPa 西西伯利亚低涡、700~850 hPa 切变线;冷锋。

100~200 hPa:极涡偏向东半球,长波槽位于西西伯利亚至中亚地区;200 hPa 极锋锋区南压至天山北坡,新疆受长波槽前超过 40 m/s 的偏西急流控制(图 3.16a)。

500 hPa:欧亚范围中高纬度为"两槽一脊"的经向环流,2 日至 3 日,乌拉尔山高压脊发展,西西伯利亚低压槽加深,环流经向度加大,西西伯利亚低压槽分裂短波槽东移造成北疆第一波降水;4 日至 6 日,西西伯利亚低压槽主体东移南下,地面高压增强至 1030 hPa,北疆再次降水,由于冷空气移动速度快、势力强,北疆大部分地区风速较大,气温明显下降。南疆地区的降水和大风天气,主要受巴尔喀什湖南部的中亚低压槽东移影响(图 3.16b)。

700~850 hPa:强降水时,塔城地区北部西北风加强(≥20 m/s),同时出现切变线(图 3.16d)。

地面:5月 4日 23 时中心强度 1027.5 hPa 的冷高压南压进北疆地区,5月 4日 23 时博州东部和塔城地区出现了西北风-西南风的冷式切变线。

探空 T-ln$p$:中干下湿(500~700 hPa 干、700~925 hPa 湿),对流参数中,暴雨点最近探空站资料,SI 指数为 1.64 ℃、CAPE 值为 153.7 J/kg、BLI 指数为 -0.2(图 3.16f)。

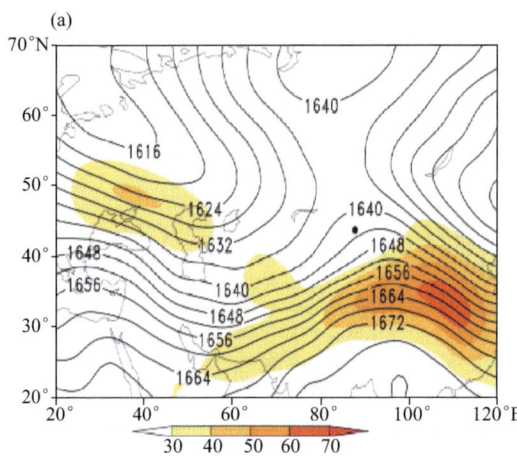
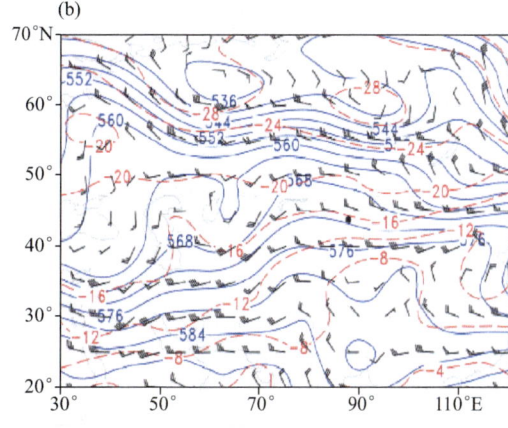

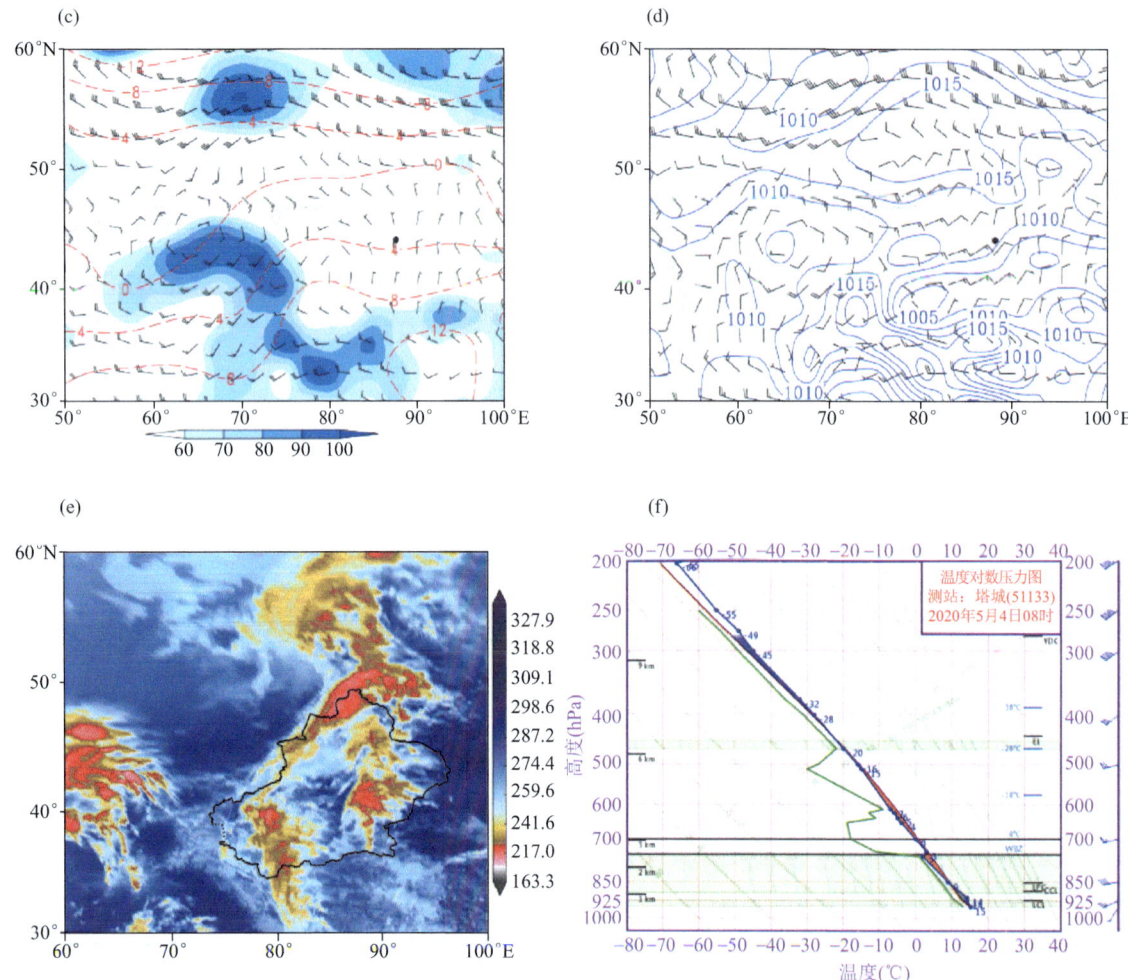

图 3.16　5 月 4 日 08 时环流形势及 FY-2G 红外云图

(a)100 hPa 高度场(实线,单位:dagpm)和 200 hPa 急流(填色区为风速≥30 m/s);(b)500 hPa 高度场(蓝实线,单位:dagpm)、风场(单位:m/s)和温度场(红虚线,单位:℃);(c)700 hPa 风场(单位:m/s)和相对湿度(填色区,单位:%);(d)海平面气压(实线,单位:hPa)和 850 hPa 风场(单位:m/s);(e)4 日 02 时 FY-2G 红外云图(单位:K);(f)4 日 08 时塔城站 T-$\ln p$ 图

3.9　5 月 6 日 08 时至 5 月 8 日 05 时南疆暴雨、巴州冰雹、全疆大风

3.9.1　天气实况综述

过程时间	5 月 6 日 08 时至 5 月 8 日 05 时	过程强度	中强
天气类型	降雨、短时强降水、大风		
天气实况	①降雨:喀什地区、克州、和田地区、阿克苏地区西部、巴州和乌鲁木齐市南部山区、昌吉州、吐鲁番市、哈密市的部分区域降雨,其中喀什地区、克州、和田地区、巴州的部分区域和昌吉州山区、吐鲁番市、哈密市的局部区域累计降雨量 6.1~65.3 mm,过程最大降雨中心为和田地区于田县吐格曼巴什村站(图 3.17a)。②风:北疆、东疆和南疆西部出现 5~6 级西北风,南疆东部为偏东风,风口风力 9~10 级,阵风 12~14 级。③沙尘:巴州塔中站出现扬沙。		

续表

灾害性天气	暴雨	①暴雨站次：共 28 站暴雨，6 日 6 站(喀什地区叶城县、和田地区策勒县、巴州且木县)，7 日 22 站(克州、喀什地区、和田地区、巴州)(图 3.17b)。 ②单日最大降雨中心：和田地区洛浦县生态农业科技示范园站，56.2 mm(7 日)。 ③短时强降水：喀什地区喀群乡阿克霍伊拉村站最大小时雨强 24.3 mm/h，出现在 7 日 18 时(图 3.17c)。
	冰雹	①巴州轮台县：7 日 13：20 左右出现冰雹。 ②巴州库尔勒市：5 月 7 日 14：30—15：10，出现冰雹。
	大风	①大风站数：8 级以上大风 320 站，10 级以上 26 站(图 3.17d)。 ②极大风：伊犁州特克斯琼库什台站 42.6 m/s(14 级)
灾情		①5 月 7—8 日，短时强降水和冰雹，造成阿图什市上阿图什镇、松他克乡、吐古买提乡、哈拉峻乡部分农作物受灾，冲毁公路 0.03 km，桥梁 1 座，涵洞 1 座。直接经济损失 196.37 万元；造成轮台县策大雅乡 787 人受灾，农作物受灾 377.7 hm²，直接经济损失 95.05 万元。 ②5 月 6 日，大风造成库尔勒市上户镇、阿瓦提农场棉花苗受灾 172.7 hm²，直接经济损失 140.57 万元。短时降雨、雷雨大风造成尉犁县团结镇棉花受灾 20.0 hm²，塔里木乡蔬菜大棚损毁 1 座，喀尔曲尕乡菜地受灾 0.2 hm²，直接经济损失 6.18 万元。 ③5 月 7 日，冰雹造成库尔勒市库尔楚园艺场香梨和棉花受灾 1524.3 hm²，直接经济损失 1644.40 万元。 ④5 月 6—7 日，大风造成库车县小麦受灾 254.1 hm²，直接经济损失 76.23 万元。暴雨造成策勒县 8754 户 27136 人受灾，8427 户 18223 间房屋受灾，房屋倒塌 4 间，院墙倒塌 1.5 m，被褥受灾 151 套，地毯受灾 45 块，家具受灾 30 个；农作物受灾 7.5 hm²；家畜(禽)死亡 2250 头(只)，羊圈受灾 2 座，冲毁水渠 30 米，闸门 4 个，公路 0.105 km，受灾变压器 1 台，村委会办公室受灾 835 间，幼儿园受灾 1242 m²，学校受灾 397 m²，服务中心受灾 120 m²，门面房受灾 24 间 260 m²，敬老院受灾 8 间，直接经济损失 666.36 万元。强降水引发山体滑坡和泥石流，造成洛浦 10700 人受灾，紧急转移安置 326 人，农作物受灾 728.8 hm²，牲畜死亡 1937 只(头)，房屋受损 7968 间，直接经济损失 1083.29 万元。 ⑤5 月 7—8 日，短时强降水、冰雹造成阿克陶县巴仁乡、克孜勒陶乡农作物受灾 145.2 hm²，受灾果树 3700 棵，损坏拱棚 3 座，棚圈 1 座，直接经济损失 212.20 万元；暴雨造成乌恰县铁列克乡哈拉铁克村断电，5 户民房积水，冲毁道路 0.1 km，水渠 25 m，引水闸基建 3 座，桥梁 2 座，直接经济损失 120.00 万元。

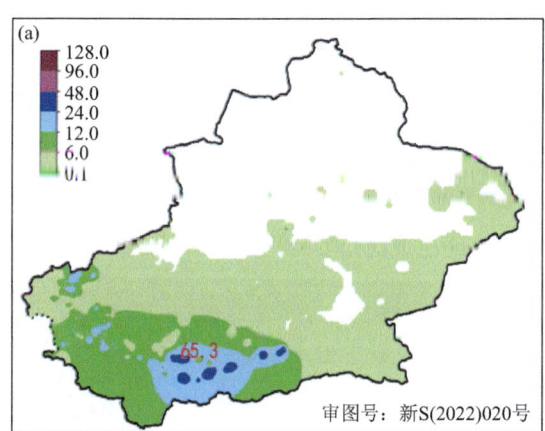
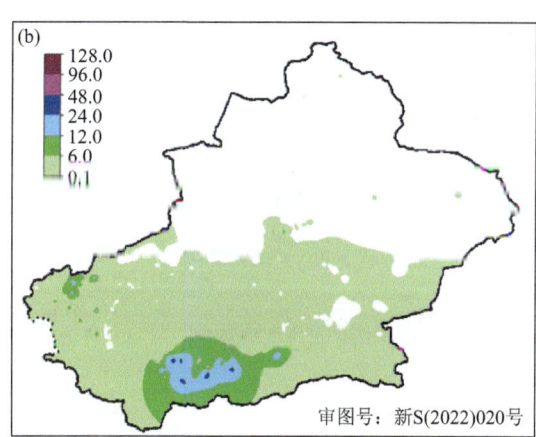
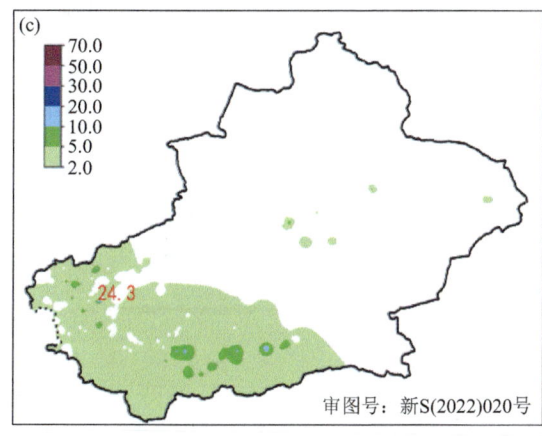
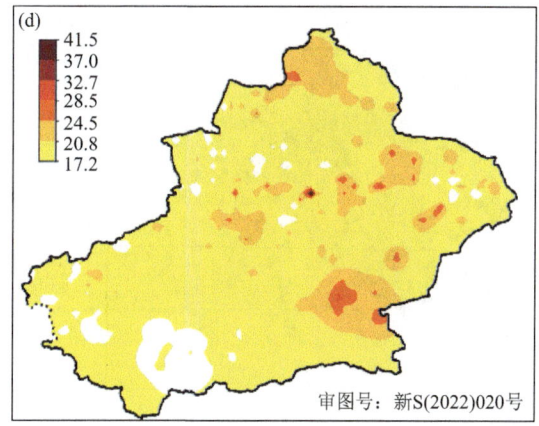

图 3.17　5 月 6—8 日天气实况

(a)5 月 6 日 08 时至 5 月 8 日 05 时累计降水量(单位：mm)；(b)5 月 7 日降水量(单位：mm)；

(c)过程最大小时雨强(单位：mm/h)；(d)过程极大风速(单位：m/s)

3.9.2 环流形势

影响系统:500 hPa乌拉尔山大槽、700~850 hPa低空急流;中尺度高压。

100~200 hPa:极涡偏向东半球,长波槽位于西西伯利亚至中亚地区;200 hPa新疆受长波槽前超过40 m/s的偏西急流控制(图3.18a)。

500 hPa:欧亚范围中高纬度为"两脊两槽"的经向环流,乌拉尔大槽在东移过程中分为南、北两段,6日北段快速东移,南段影响北疆、东疆地区,并与中亚短波槽有所结合,造成和田地区、巴州南部的强降水天气;7日

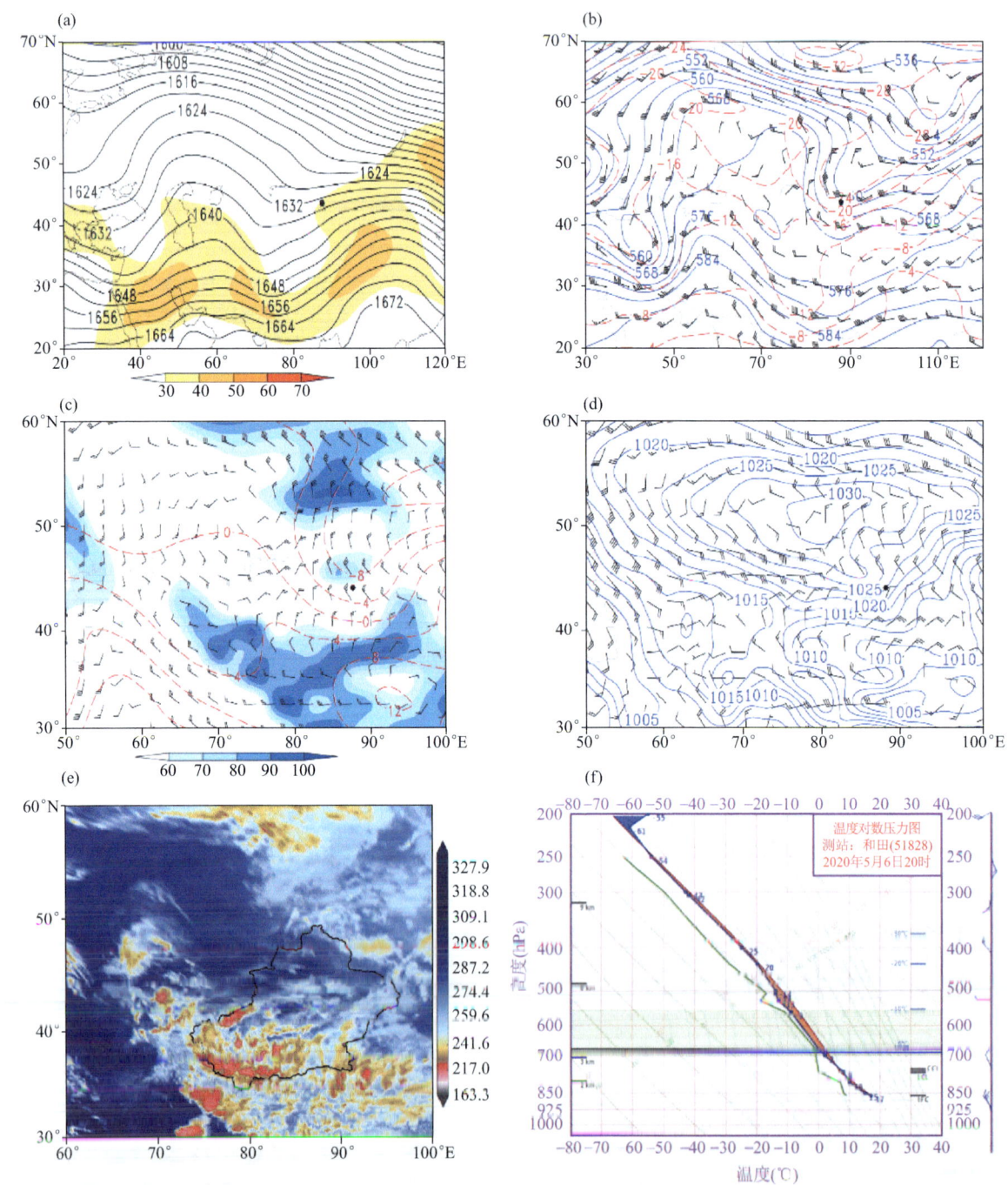

图3.18 5月6日20时环流形势及FY-2G红外云图
(a)100 hPa高度场(实线,单位:dagpm)和200 hPa急流(填色区为风速≥30 m/s);(b)500 hPa高度场(蓝实线,单位:dagpm)、风场(单位:m/s)和温度场(红虚线,单位:℃);(c)700 hPa风场(单位:m/s)和相对湿度(填色区,单位:%);
(d)海平面气压(实线,单位:hPa)和850 hPa风场(单位:m/s);(e)6日20时FY-2G红外云图(单位:K);(f)6日20时和田站 T-$\ln p$ 图

随着波动逐渐东移影响南疆地区,加之南疆多站 $T-T_d<5$ ℃,湿度较大,致使出现强降水天气(图 3.18b)。

700~850 hPa:强降水时,南疆出现偏东风,巴州南部若羌附近出现偏东急流(图 3.18d)。

地面:南疆西部 6 日 20 时出现中尺度高压。

探空 $T\text{-}\ln p$:中湿下干(600~700 hPa 湿、700~850 hPa 干),对流参数中,暴雨点最近探空站资料,K 指数 34 ℃、SI 指数为 -0.93 ℃、CAPE 值为 503 J/kg、$T_{850-500}$ 为 29 ℃(图 3.18f)。

3.10　5月9日14时至5月11日20时南北疆西部局地暴雨

3.10.1　天气实况综述

过程时间	5月9日14时至5月11日20时	过程强度	中强
天气类型	降雨、短时强降水		
天气实况	降雨:伊犁州、喀什地区、克州、和田地区南部、阿克苏地区西部、巴州南部山区等地降雨,其中伊犁州南部山区、喀什地区南部、克州山区、阿克苏地区西部、和田地区南部累计降雨量 6.1~71.8 mm,过程最大降雨中心为伊犁州昭苏县马产业区站(图 3.19a)。		
灾害性天气	暴雨	①暴雨站次,共 7 站暴雨,10 日 2 站(伊犁州 1 站昭苏县马产业区,阿克苏地区 1 站乌什县奥特贝西乡二大队二小队),11 日 5 站(伊犁州 1 站霍尔果斯县中哈合作中心站,和田地区 1 站于田县吐格曼巴什村站,喀什地区 2 站,克州 1 站阿克陶县乌尔都隆窝孜村乌尔都隆库尼盖吉勒尕站)(图 3.19b)。②单日最大降雨中心:伊犁州霍尔果斯县中哈合作中心站,11 日 59.6 mm。③短时强降水:伊犁州昭苏县马产业区站最大小时雨强 43.3 mm/h,出现在 5 月 10 日 19 时(图 3.19c)。		

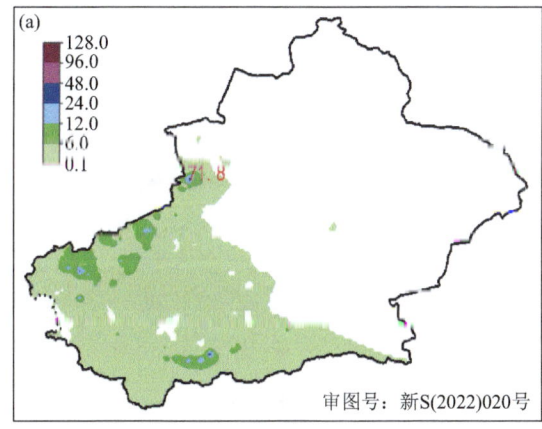
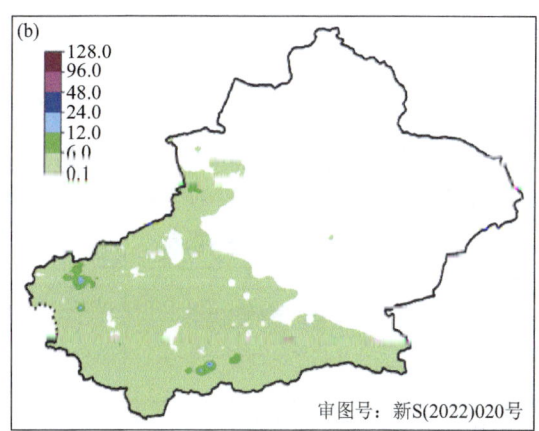
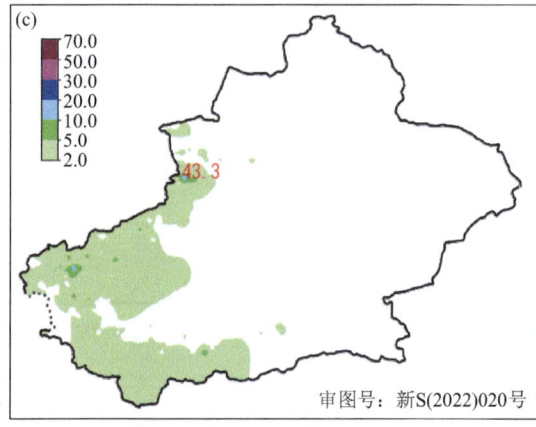
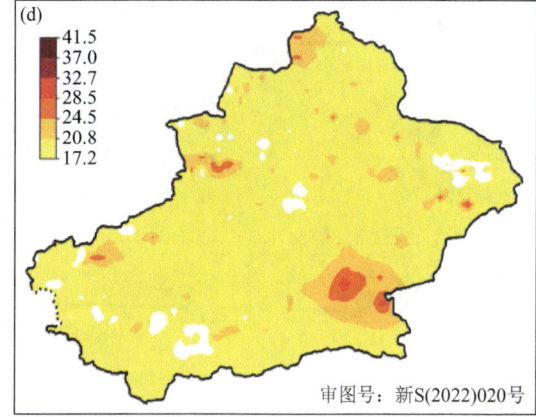

图 3.19　5 月 9—11 日天气实况

(a)5月9日14时至5月11日20时累计降水量(单位:mm);(b)5月11日降水量(单位:mm);
(c)过程最大小时雨强(单位:mm/h);(d)过程极大风速(单位:m/s)

3.10.2 环流形势

影响系统:500 hPa 低压槽、700~850 hPa 低空急流、切变;中尺度高压。

100~200 hPa:极涡偏向东半球,长波槽位于西西伯利亚至中亚地区;200 hPa 新疆受长波槽前超过 30 m/s 的偏西急流控制(图 3.20a)。

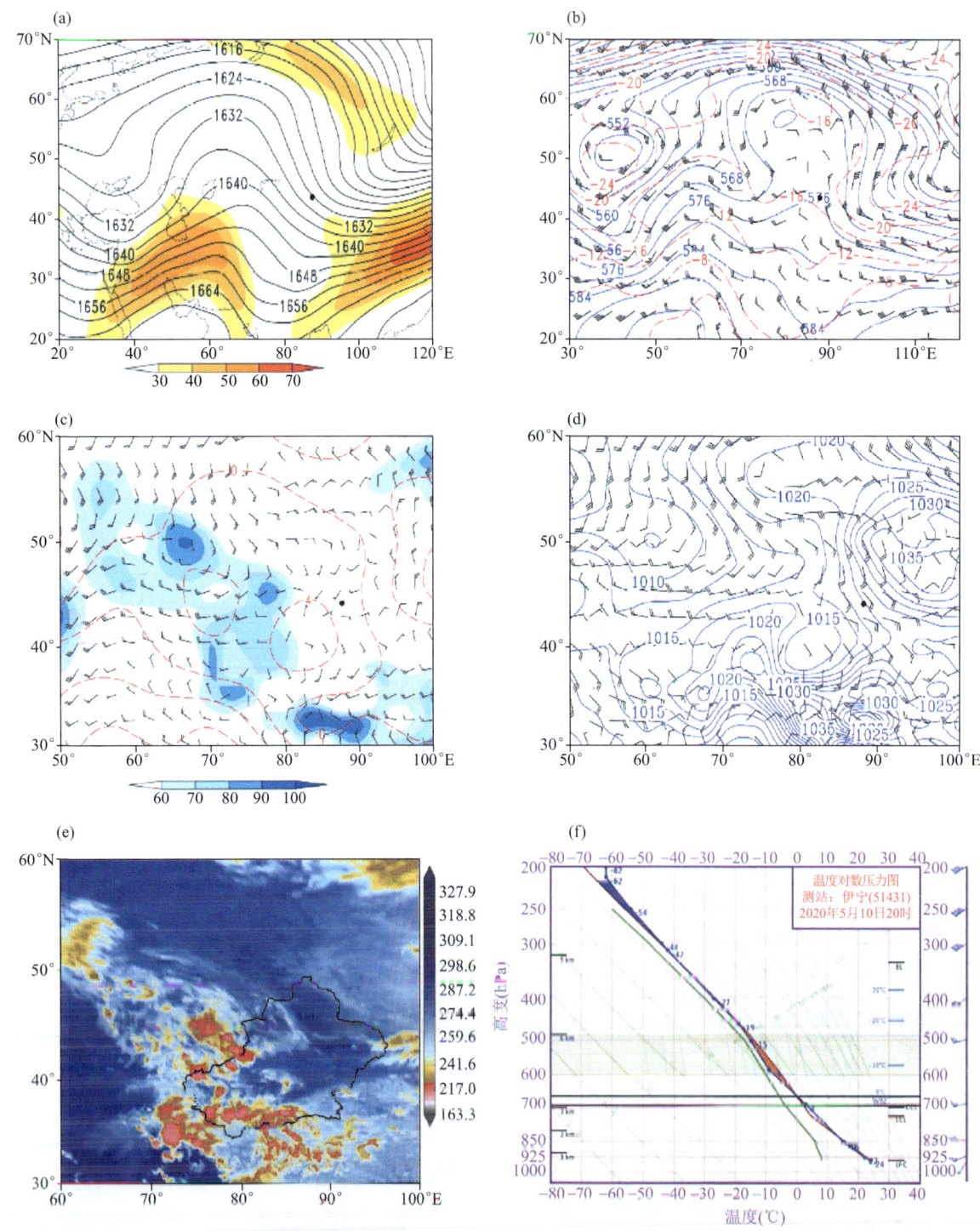

图 3.20　5月10日08时环流形势及 FY-2G 红外云图

(a)100 hPa 高度场(实线,单位:dagpm)和 200 hPa 急流(填色区为风速≥30 m/s);(b)500 hPa 高度场(蓝实线,单位:dagpm)、风场(单位:m/s)和温度场(红虚线,单位:℃);(c)700 hPa 风场(单位:m/s)和相对湿度(填色区,单位:%);
(d)海平面气压(实线,单位:hPa)和 850 hPa 风场(单位:m/s);(e)10 日 00 时 FY-2G 红外云图(单位:K);(f)10 日 20 时伊宁站 T-ln$p$ 图

500 hPa：欧亚范围中高纬度为"两脊两槽"的经向环流，中亚至西西伯利亚为高压脊区，欧洲和贝加尔湖地区各有一低压槽。8 日 08 时，欧洲低压槽底部分裂短波槽东移至里海地区，并加强成涡。9 日 20 时里海、咸海低涡减弱成槽逐渐东移，10 日 20 时—11 日 20 时低压槽位于北疆边境线附近，槽前不断分裂短波槽影响新疆，造成此次降水天气过程（图 3.20b）。

700～850 hPa：700 hPa 和 850 hPa 上 8 日 20 时—11 日 20 时伊塞克湖至伊宁之间断续存在偏西与偏东风切变，700 hPa 伊宁站比湿 3～5 g/kg，850 hPa 伊宁站比湿 3～8 g/kg。9 日 08 时伊宁站出现 12 m/s 偏东急流（图 3.20c）。

地面：黑海以西为高压带区，8 日 20 时后高压带前沿分裂小高压东移，10 日 08 时小高压东移至巴尔喀什湖南部，并维持至 11 日 20 时，10 日 20 时中心强度达 1020 hPa（图 3.20d）。

探空 $T\text{-}\ln p$：中湿下干（500～600 hPa 湿、600 hPa～地面干），对流参数中，暴雨点最近探空站资料，K 指数 29 ℃、SI 指数为 −0.41 ℃、CAPE 值为 159.3 J/kg、$T_{850-500}$ 为 23 ℃（图 3.20f）。

3.11　5 月 17 日 20 时至 5 月 22 日 20 时全疆分散性暴雨、风口大风

3.11.1　天气实况综述

过程时间	5 月 17 日 20 时至 5 月 22 日 20 时		过程强度	中度
天气类型	降雨、短时强降水、大风、扬沙			
天气实况	①降雨：北疆大部分区域和喀什地区、克州、和田地区、阿克苏地区北部、巴州、吐鲁番市、哈密市等地的部分地区出现降雨，其中伊犁州、博州西部、塔城地区北部、阿勒泰地区东部、昌吉州山区、喀什地区南部、克州山区、和田地区南部、阿克苏地区北部、巴州山区等地的部分区域累计降雨量 6.1～61.1 mm，过程最大降雨中心为塔城地区额敏县霍吉尔特蒙古乡也迷里滑雪场站（图 3.21a）。 ②风：全疆大部分区域有 6 级左右西北风，风口风力 10～11 级。 ③沙尘：和田地区东部、阿克苏地区、巴州出现扬沙。			
灾害性天气	暴雨	①暴雨站次：共 20 站暴雨，18 日 1 站（喀什地区叶城县棋盘乡阿托什鲁克站），20 日 8 站（塔城地区 2 站，克州 1 站阿图什市吐古买提乡站，乌鲁木齐市 1 站乌鲁木齐市达坂城区示范园站，伊犁州 3 站，巴州 1 站巴州且末县阿羌乡卡拉米兰河站）（图 3.21b），21 日 9 站（阿克苏地区 8 站，塔城地区 1 站和布克赛尔县查干库勒乡站），22 日 2 站（昌吉州 1 站奇台县北塔山站，阿勒泰地区 1 站青河县青河服务站）。 ②单日最大降雨中心：塔城地区额敏县霍吉尔特蒙古乡也迷里滑雪场气象观测站，51.6 mm（20 日）。 ③短时强降水：克州阿图什市吐古买提乡站最大小时雨强 18.5 mm/h，出现在 5 月 19 日 20 时（图 3.21c）。		
	大风	①大风站数：8 级以上大风 392 站，10 级以上 27 站（图 3.21d）。 ②极大风：吐鲁番市托克逊县山洪克尔碱站 33 m/s（12 级）。		
灾情	①5 月 19—20 日，短时强降水造成岳普湖县农作物受灾 18.3 hm²，直接经济损失 8.64 万元。 ②5 月 21 日，冰雹造成尉犁县 3 个乡镇棉花受灾 2181.3 hm²，西瓜、甜瓜受灾 35 hm²，果园受灾 59.4 hm²，玉米受灾 13.3 hm²，直接经济损失 1466.95 万元；造成库尔勒市包头湖农场、普惠牧场、普惠农场、上户镇、哈拉玉宫乡、阿瓦提农场受灾 375 人，棉花受灾 2547.52 hm²，直接经济损失约 1096.46 万元。 ③5 月 21—22 日，轮台县出现雷阵雨并伴有短时阵性大风、冰雹灾害，24 日出现 8～9 级大风，造成策大雅乡、野云沟乡、铁热克巴扎乡、阳霞镇、草湖乡 5 个镇 1174 人受灾，农作物受灾 1408.3 hm²，直接经济损失 257.29 万元。 ④5 月 18—19 日，大风造成巴楚县阿纳库勒乡、阿尔萨克马热勒乡、琼库尔恰克乡、多来提巴格乡、恰尔巴格乡等 5 乡镇受灾，棉花受灾 4379.0 hm²，直接经济损失 656.90 万元。			

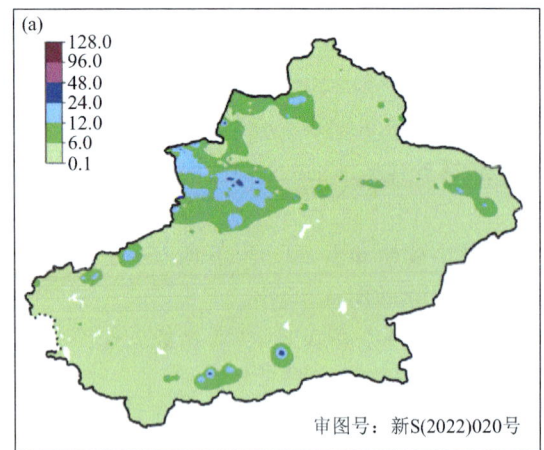
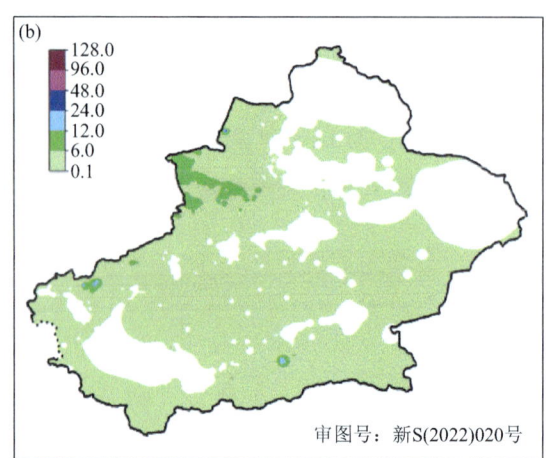
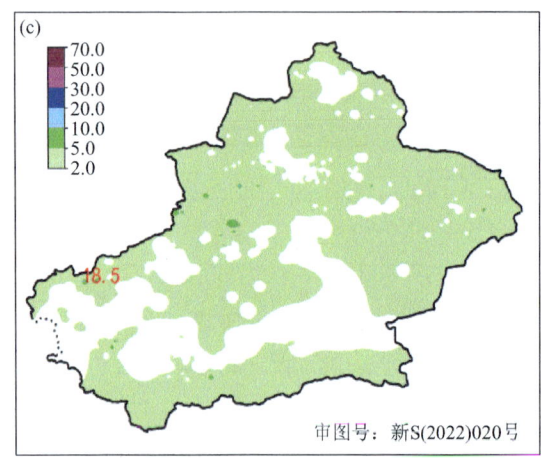
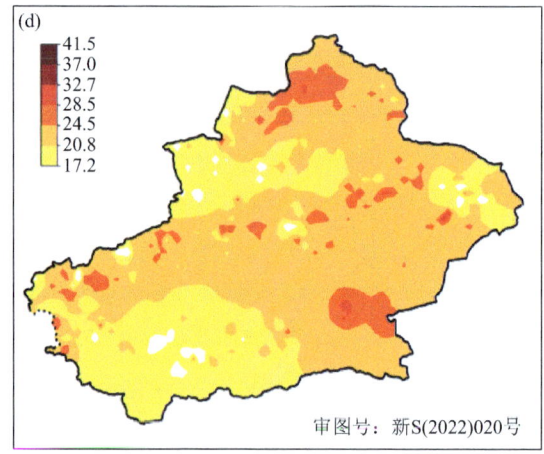

图 3.21　5 月 17—22 日天气实况

(a)5 月 17 日 20 时至 5 月 22 日 20 时累计降水量(单位:mm);(b)5 月 20 日降水量(单位:mm);
(c)过程最大小时雨强(单位:mm/h);(d)过程极大风速(单位:m/s)

3.11.2　环流形势

影响系统:500 hPa 中亚低压槽、700～850 hPa 暖脊;地面高压、低压。

100～200 hPa:极涡呈偶极型分布,长波槽位于西西伯利亚至中亚地区;200 hPa 新疆受长波槽前超过 36 m/s 的偏西急流控制(图 3.22a)。

500 hPa:欧亚范围内为"两槽一脊"的经向环流,欧洲为低压槽活动区,中亚附近有短波槽活动,新疆受高压脊控制。由于西西伯利亚强高压脊维持,中亚低压槽移速缓慢,底部不断分裂短波槽影响南、北疆,加之南、北疆多站 $T-T_d<5$ ℃,湿度较大,致使北疆大部分地区和南疆的部分地区出现降水和大风天气(图 3.22b)。

700～850 hPa:500 hPa 冷槽过境时有低层 850 hPa 暖脊与之配合(图 3.22c)。

地面:短波槽过境前新疆处于干低压控制区,短波槽东移时东、西压差超过 15 hPa,致使南、北疆大部分区域出现大风(图 3.22d)。

探空 $T-\ln p$:整层较湿,对流参数中,暴雨点最近探空站资料,K 指数为 27 ℃、SI 指数为 5.98 ℃、CAPE 值为 65.8 J/kg、$T_{850-500}$ 为 23 ℃(图 3.22f)。

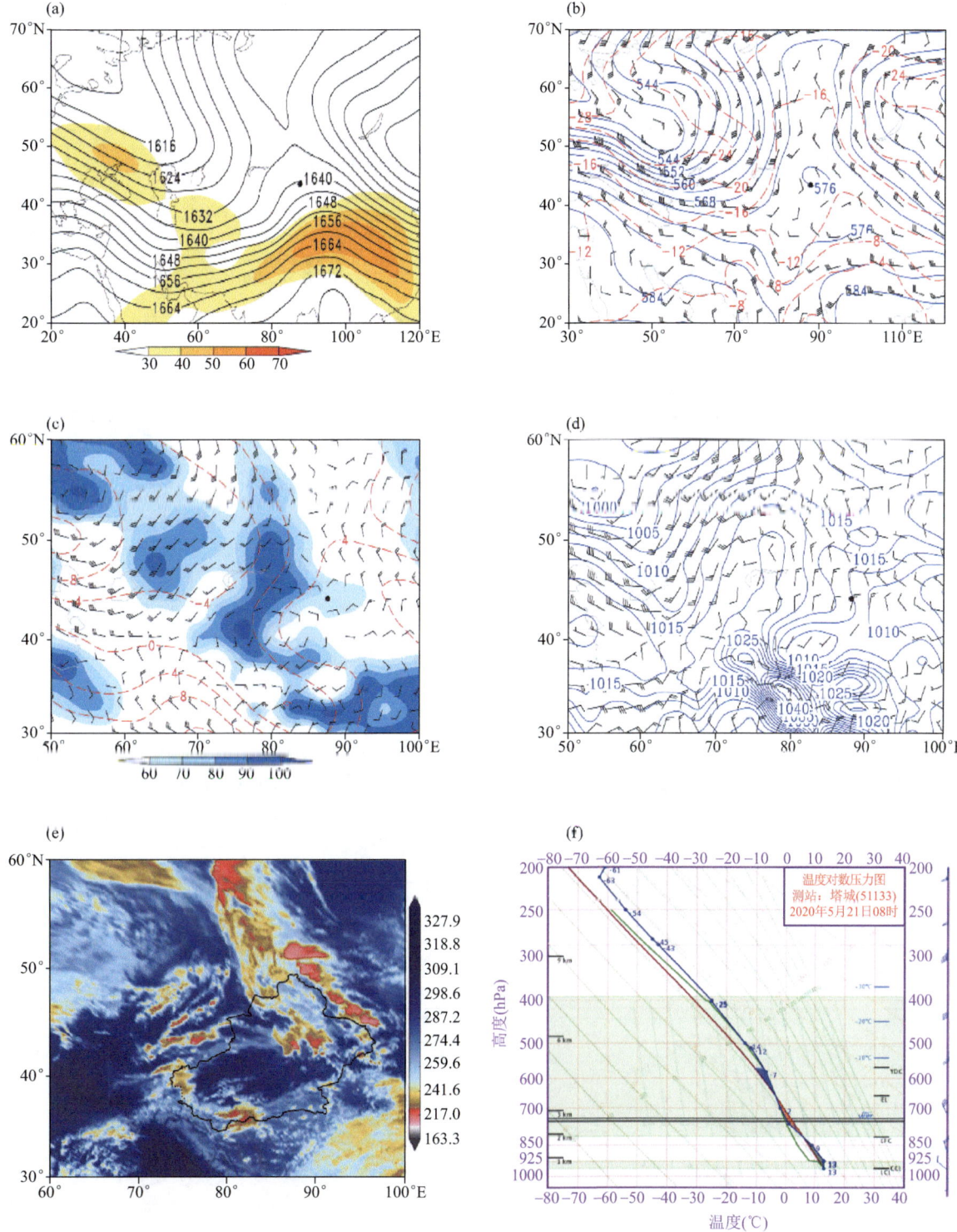

图 3.22 5 月 20 日 08 时环流形势及 FY-2G 红外云图

(a)100 hPa 高度场(实线,单位:dagpm)和 200 hPa 急流(填色区为风速≥30 m/s);(b)500 hPa 高度场(蓝实线,单位:dagpm)、风场(单位:m/s)和温度场(红虚线,单位:℃);(c)700 hPa 风场(单位:m/s)和相对湿度(填色区,单位:%);
(d)海平面气压(实线,单位:hPa)和 850 hPa 风场(单位:m/s);(e)21 日 20 时 FY-2G 红外云图(单位:K);
(f)21 日 08 时塔城站 T-$\ln p$ 图

3.12 6月4日20时至6月7日20时北疆暴雨，北疆、东疆大风

3.12.1 天气实况综述

过程日期	6月4日20时至6月7日20时	过程强度	中度
天气类型	降雨、短时强降水、大风、局地沙尘暴		
天气实况	①降雨：北疆大部分区域、喀什地区山区、克州山区、阿克苏地区北部山区、巴州、哈密市等地的部分区域降雨，其中伊犁州山区、塔城地区北部、阿勒泰地区、克拉玛依市、石河子市、乌鲁木齐市、昌吉州、喀什地区南部山区、哈密市等地的部分区域累计降雨量6.1～55.4 mm，过程最大降雨中心为阿勒泰地区哈巴河县哈龙沟村站（图3.23a）。②风：北疆大部分区域、东疆和喀什地区、克州、阿克苏地区北部、和田地区西部、巴州的部分区域出现6～7级短时大风，北疆、东疆风口风力12～13级。③沙尘：喀什地区、克州、阿克苏地区、和田地区出现不同程度的沙尘天气，14站浮尘，和田地区1站出现沙尘暴。		
灾害性天气	暴雨	①暴雨站次：共48站暴雨，5日19站（伊犁州、阿勒泰地区），6日29站（伊犁州、阿勒泰地区、乌鲁木齐市、昌吉州）（图3.23b）。②单日最大降雨中心：昌吉州木垒县木垒照壁山双湾站，46.8 mm（6日）。③短时强降水：共5站，伊犁州克孜勒塔斯站20.3 mm（5日17—18时），昌吉州木垒县三眼泉水库20.3 mm（5日22—23时），昌吉州昌吉市二道水站20.1 mm（5日18—19时），昌吉州吉木萨尔县天池站11.5 mm（5日21—22时），昌吉州阜康站10.6 mm（5日20—21时）（图3.23c）。	
	大风	①大风站数：8级以上大风1091站，10级以上354站，12级以上36站（图3.23d）。②极大风：吐鲁番市山洪克尔碱站34.5 m/s（12级）。	
	沙尘暴	和田地区策勒站出现沙尘暴。	
灾情	受暴雨大风影响，阿勒泰市汗德尕特乡农作物、草场受灾。精河县大河沿子镇、阿合其农场、八家户、茫丁乡棉花受灾。富蕴县库尔特乡、喀拉布勒根乡、杜热镇及福海县农作物受灾。阿拉山口市公共设施、企业厂房、商铺损坏。鄯善县七克台镇、东巴扎乡、辟展乡、鄯善镇大棚受损，农作物受灾。察布查尔县、若羌县、且末县大棚受损，农作物受灾。		

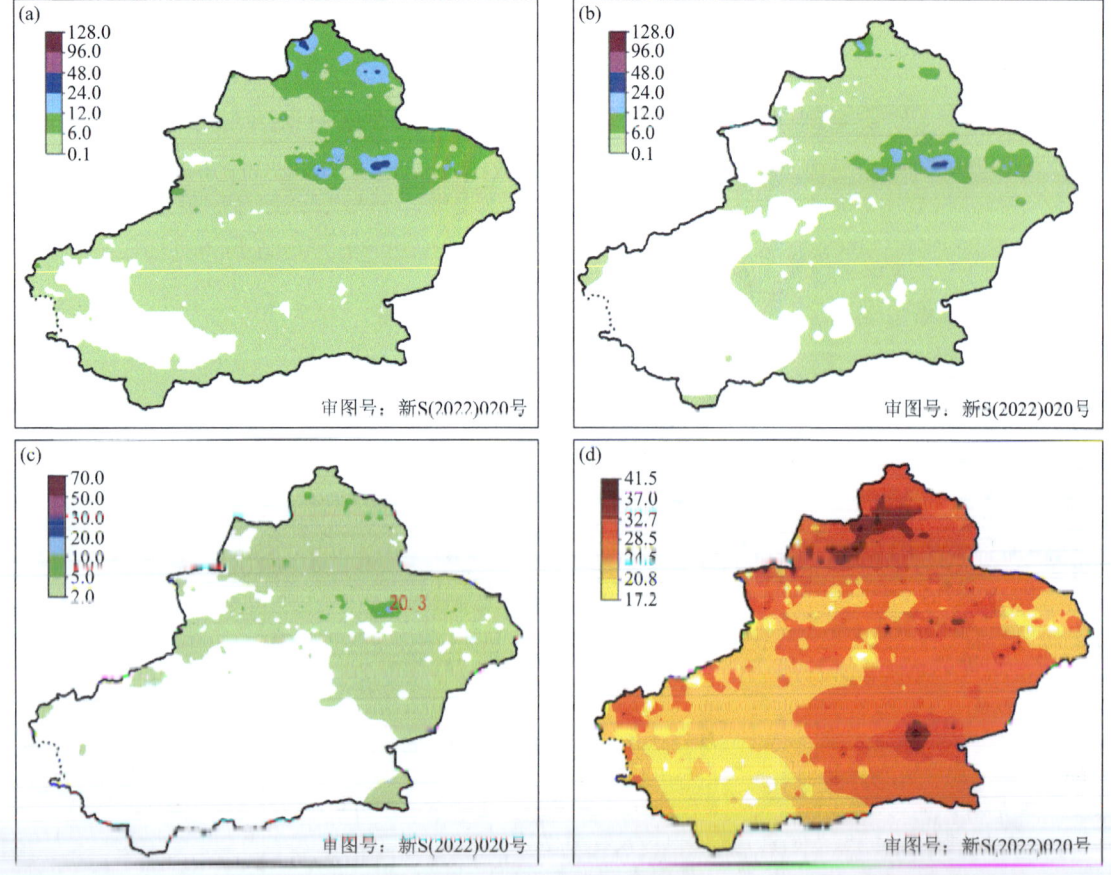

图3.23 6月4—7日天气实况

(a)6月4日20时至7日20时累计降水量(单位：mm)；(b)6月6日降水量(单位：mm)；
(c)过程最大小时雨强(单位：mm/h)；(d)过程极大风速(单位：m/s)

3.12.2 环流形势

影响系统:500 hPa西西伯利亚低涡及分裂短波槽;700~850 hPa偏西(西北)急流;冷锋、地面辐合线。

100~200 hPa:南亚高压呈双体型分布,两中心分别位于里海和青藏高原上空,长波槽位于西西伯利亚至中亚地区;200 hPa新疆受长波槽前西南急流控制,急流核最大风速达50 m/s(图3.24a)。

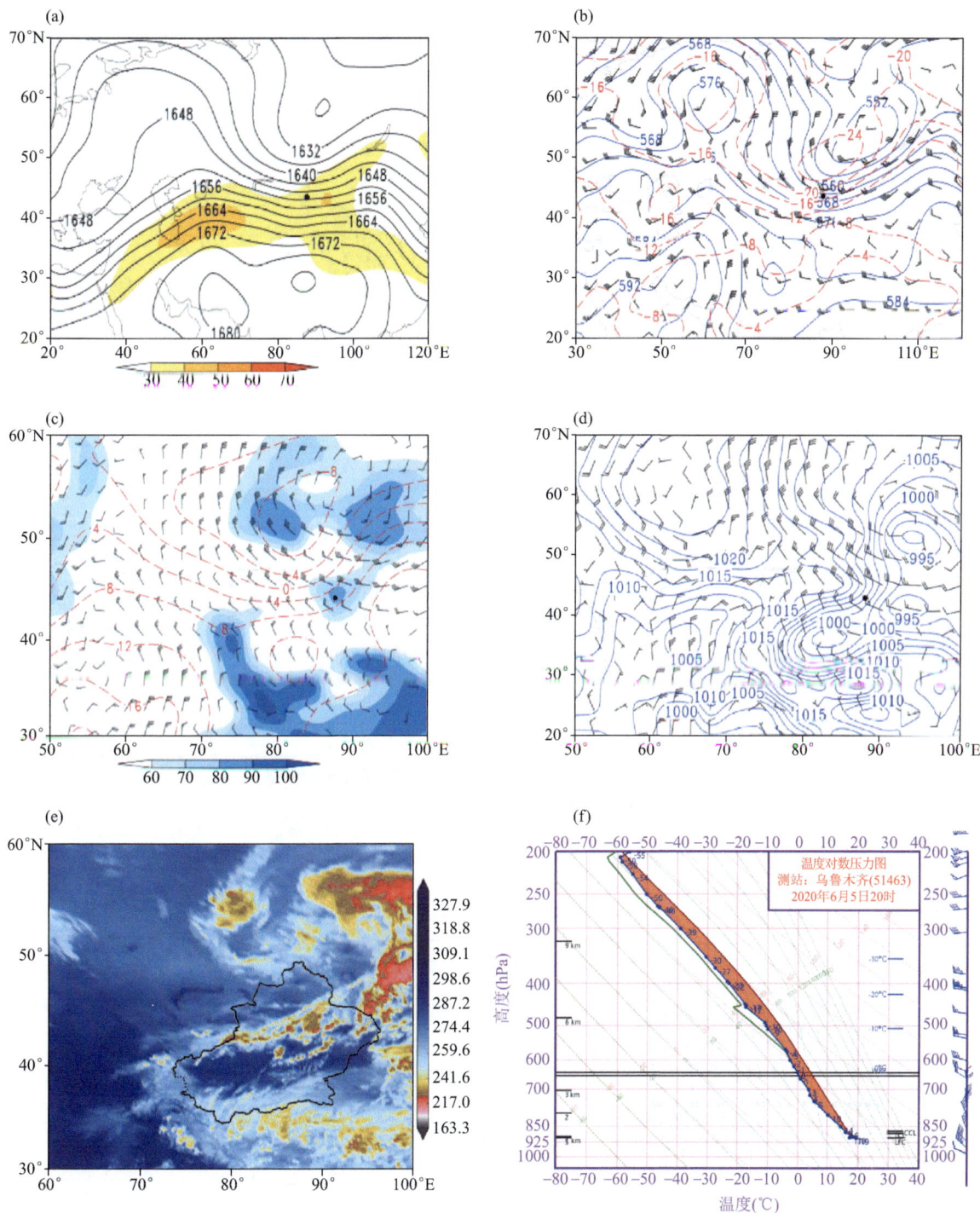

图3.24 6月6日20时环流形势及FY-2G红外云图

(a)100 hPa高度场(实线,单位:dagpm)和200 hPa急流(填色区为风速≥30 m/s);(b)500 hPa高度场(蓝实线,单位:dagpm)、风场(单位:m/s)和温度场(红虚线,单位:℃);(c)700 hPa风场(单位:m/s)和相对湿度(填色区,单位:%);(d)海平面气压(实线,单位:hPa)和850 hPa风场(单位:m/s);(e)6日05时FY-2G红外云图(单位:K);(f)5日20时乌鲁木齐站T-$\ln p$图

500 hPa:欧亚范围为"两槽一脊"的经向环流,乌拉尔山为高压脊区,西欧和西西伯利亚地区为低值系统活动区,里海至乌拉尔山高压脊向北发展,西西伯利亚低值系统有所加强,5 日,受极区冷空气南下入侵的影响,里海至乌拉尔山高压脊向南衰退,西西伯利亚低涡逆转南压,低压槽南伸至 40°N 以南,受下游贝加尔湖高压脊阻挡,西西伯利亚低涡稳定少动,槽前西南风加强并稳定维持,低涡外围分裂的短波槽长时间影响新疆地区,加之南、北疆多站 $T-T_d<4$ ℃,湿度较大,致使北疆北部和昌吉州东部局地出现强降水、多站出现大风的天气(图 3.24b)。

700~850 hPa:强降水时,高低层低涡系统配合一致,700 hPa 上天山北坡出现西北风加强;6 日 20 时若羌站东风加强为 28 m/s,昌吉州东部存在切变线(图 3.24c)。

地面:5 日 14 时地面冷锋加强,维持在天山北坡东部(图 3.24d)。

探空 $T-\ln p$:整层湿,暴雨点最近探空站乌鲁木齐站对流参数:K 指数为 39.2 ℃、SI 指数为 −2.61 ℃、CAPE 值为 1934 J/kg、BLI 指数为 −4.8(图 3.24f)。

3.13 6月27日14时至6月30日20时伊犁州、中天山两侧暴雨,全疆大风

3.13.1 天气实况综述

过程日期	6月27日14时至6月30日20时	过程强度	强
天气类型	降雨、短时强降水、大风、沙尘暴		
天气实况	①降雨:北疆各地和喀什地区、克州、和田地区、阿克苏地区、巴州、哈密市等地出现降雨,其中伊犁州东部南部、博州西部、塔城地区南部、阿勒泰地区、石河子市、乌鲁木齐市、昌吉州山区、喀什地区南部山区、克州山区、阿克苏地区西部和北部、和田地区南部、巴州北部、哈密市北部累计降水量 6.1~117.8 mm,过程最大降雨中心为伊犁州新源县阿勒玛勒站(图 3.25a)。②风:北疆、东疆和南疆西部出现 5~6 级西北风,北疆、东疆风口风力 11~12 级。③沙尘:南疆盆地大部分地区出现浮尘,和田地区、巴州南部、哈密市南部出现沙尘暴。		
灾害性天气	暴雨	①暴雨站次:共 140 站暴雨,27 日伊犁州昭苏县阿克达拉乡布勒赛依站、马产业站,特克斯县青布拉克站、特克斯喀拉峻湖站、乔拉克铁热克镇星光牧场站 5 站暴雨;28 日 22 站暴雨、1 站大暴雨(伊犁州 20 站暴雨、特克斯县阿克塔什牧业村站大暴雨,巴州和静县巴音布鲁克电站暴雨,阿克苏地区温宿县塔格拉克牧场牧业二队站暴雨);29 日 93 站暴雨、19 站大暴雨(伊犁州 14 站,阿克苏地区库车县大龙池站,塔城地区乌苏市待普僧站,巴州和静县德尔比金牧场站,乌鲁木齐市米东区玉西布早东站、玉西布早村站)(图 3.25b)。②单日最大雨量中心:伊犁州新源县阿勒玛勒站,83.2 mm(29 日)。③短时强降水:伊犁州特克斯县青布拉克站最大小时雨强 24.9 mm/h,出现在 6 月 27 日 18 时(图 3.25c)。
	大风	①大风站数:8 级以上大风 764 站,10 级以上大风 147 站(图 3.25d)。②极大风:吐鲁番山山进克尔碱站,36.6 m/s(12 级)。
	沙尘暴	28 日 23 时至 29 日 20 时,塔中、且末、若羌、红柳河 4 站出现沙尘暴,且末、若羌最低能见度 100 m,出现强沙尘暴。
灾情	6 月 27 日夜间至 29 日尼勒克县山区出现雨转雪,积雪深度 20~50 cm,家禽死亡、作物受灾;6 月 27—29 日,和静县山区出现暴雨转雪,造成巴仑台镇、巴音布鲁克、巩乃斯牧区等家禽死亡;6 月 27 日午后乌鲁木齐县出现短时强降水,造成白杨沟景区内塌方 6 处,多处道路受阻。		

3.13.2 环流形势

影响系统:500 hPa 乌拉尔山及中亚低压槽;700~850 hPa 偏西急流、切变线;地面冷高、冷锋。

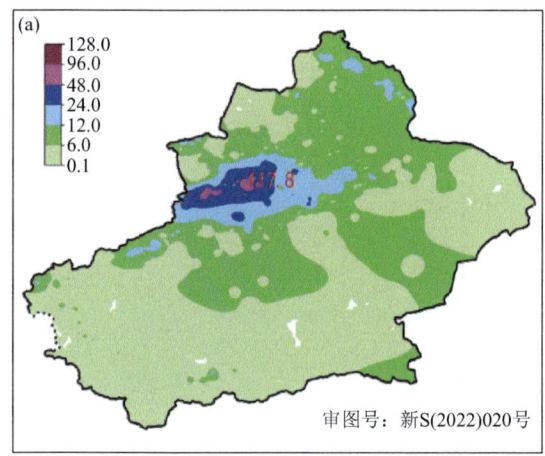
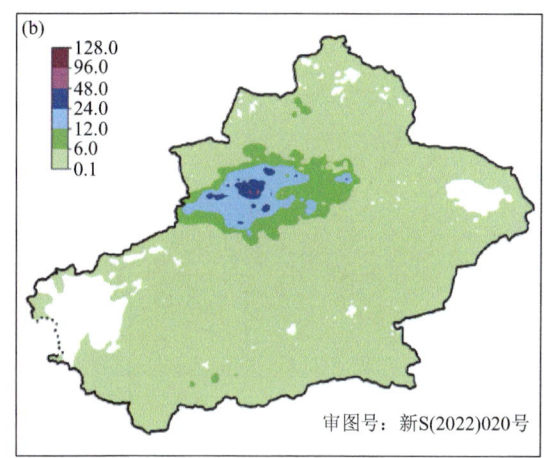
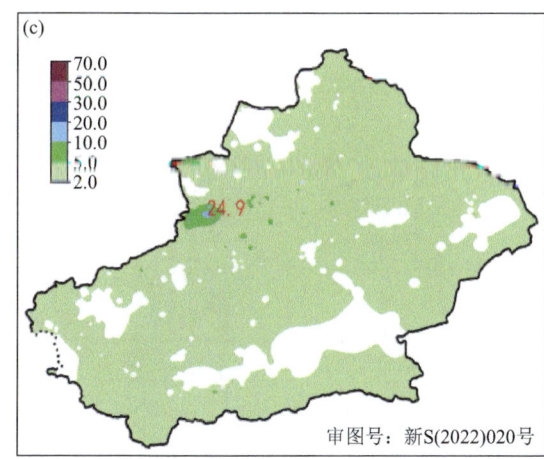
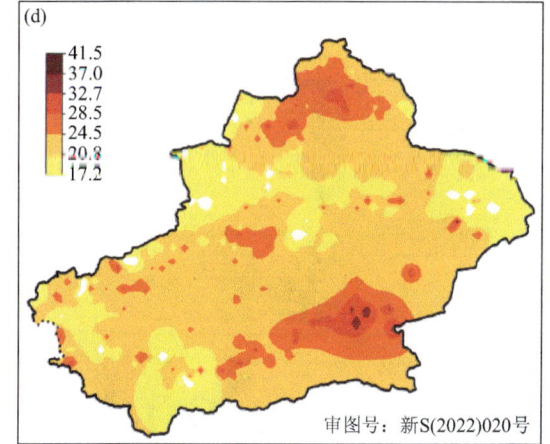

图 3.25 6 月 27—30 日天气实况

(a)6 月 27 日 14 时至 30 日 20 时累计降水量(单位:mm);(b)6 月 29 日降水量(单位:mm);
(c)过程最大小时雨强(单位:mm/h);(d)过程极大风速(单位:m/s)

100~200 hPa:南亚高压呈双体型分布,两中心分别位于里海和青藏高原上空,且西部强于东部,长波槽位于乌拉尔山至中亚地区;200 hPa 新疆受长波槽前西南急流控制,急流核最大风速达 50 m/s(图 3.26a)。

500 hPa:降水前欧亚范围呈"两脊一槽"型,乌拉尔山至中亚为低值活动区,欧洲和贝加尔湖地区分别为高压脊区。26 日 08 时至 27 日 20 时,低涡移动至巴尔喀什湖地区北部并维持,低压槽南伸至 40°N 以南;28 日 08 时至 29 日 08 时低涡减弱成槽,南段逐渐东移进入新疆,29 日 20 时至 30 日 20 时,受低涡底部冷空气补充,低压槽再次加强成低涡东移,造成此次降水天气过程(图 3.26b)。

700~850 hPa:27 日 20 时至 28 日 20 时伊塞克湖至伊宁之间断续存在西北与西南风切变,29 日 08 时至 30 日 20 时伊犁州附近形成低压并东移北上,850 hPa 上 28 日 20 时,伊犁州形成高压东移;700 hPa 伊宁比湿 3~5 g/kg,850 hPa 伊宁站比湿 3~7 g/kg。27 日 20 时伊宁出现 12 m/s 偏西急流(图 3.26c)。

地面:欧洲范围为高压带区,里海、咸海以西为低压活动区,26 日 23 时后高压带东移,低压逐渐北抬东移,27 日 14 时高压前沿移至新疆边境线,27 日 20 时后不断分裂形成小高压进入新疆偏西地区并东移,29 日 20 时达到最强,中心强度达 1020 hPa(图 3.26d)。

探空 $T\text{-}\ln p$:27 日 20 时、28 日 20 时、29 日 08 时、29 日 20 时、30 日 20 时伊宁 CAPE 分别为 16.2、53.1、2.4、44.1 J/kg 和 48.4 J/kg,整层均存在风向、风速切变(图 3.26f)。

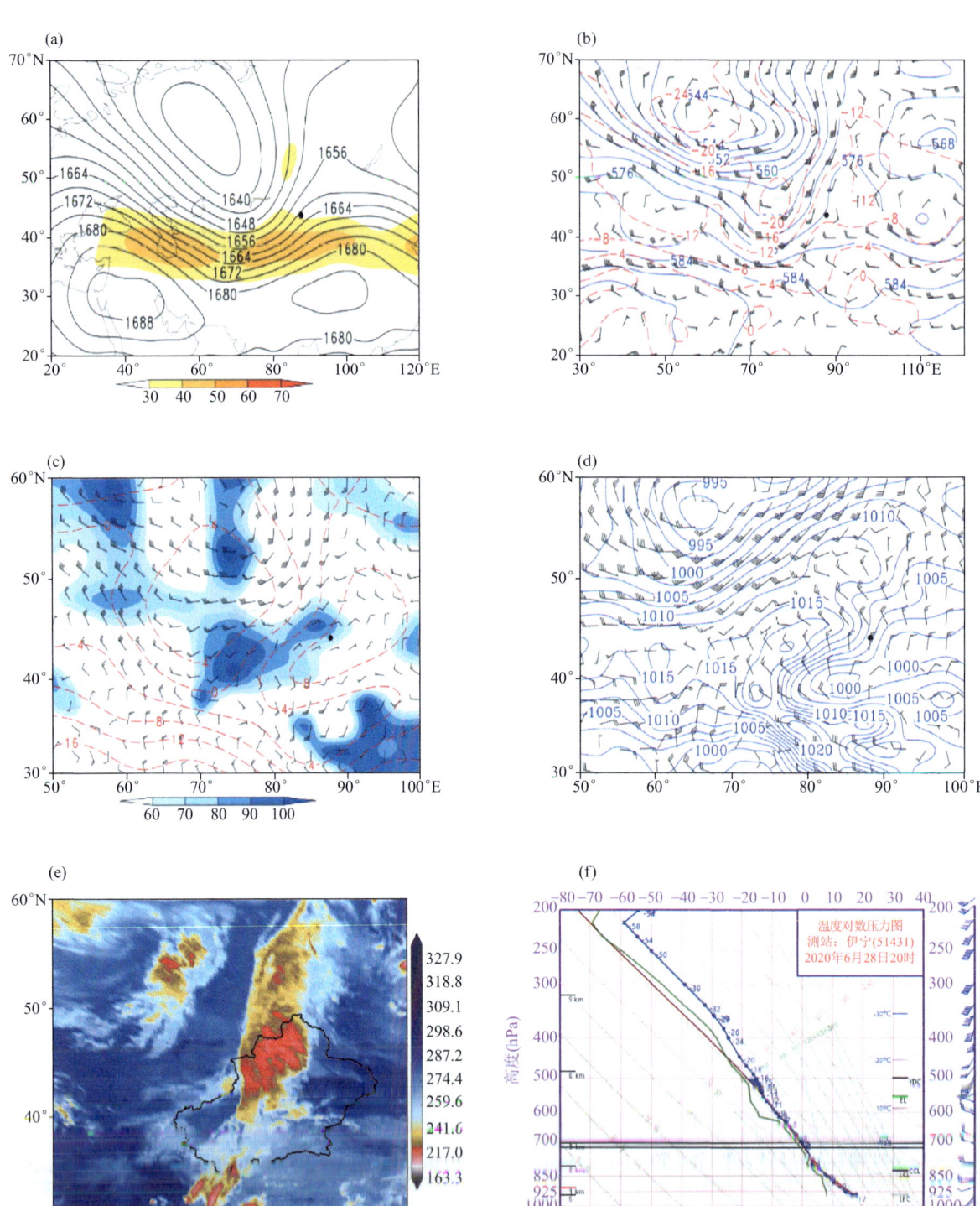

图 3.26　6 月 28 日 20 时环流形势及 FY-2G 红外云图

(a)100 hPa 高度场(实线,单位:dagpm)和 200 hPa 急流(填色区为风速≥30 m/s);(b)500 hPa 高度场(蓝实线,单位:dagpm)、风场(单位:m/s)和温度场(红虚线,单位:℃);(c)700 hPa 风场(单位:m/s)和相对湿度(填色区,单位:%);(d)海平面气压(实线,单位:hPa)和 850 hPa 风场(单位:m/s);(e)29 日 05 时 FY-2G 红外云图(单位:K);(f)28 日 20 时伊宁站 $T\text{-}\ln p$ 图

3.14　7月9日02时至7月13日20时北疆暴雨、阿克苏冰雹、全疆大风

3.14.1　天气实况综述

过程日期	7月9日02时至7月13日20时		过程强度	中度
天气类型	降雨、短时强降水、大风、冰雹			
天气实况	①降雨：北疆大部分地区和喀什地区、克州、和田地区、阿克苏地区、巴州、吐鲁番市、哈密市等地的部分区域降雨，其中伊犁州、博州西部、塔城地区、阿勒泰地区、克拉玛依市、石河子市、乌鲁木齐市山区、昌吉州等地的部分区域和喀什地区、克州山区、阿克苏地区北部、巴州北部、吐鲁番市北部山区、哈密市北部山区等地的局部区域累计降水量6.1～72.0 mm，过程最大降雨中心为昌吉州奇台县刀条岭站(图3.27a)。②风：北疆、东疆和南疆西部出现5～6级西北风，北疆、东疆风口风力10～12级。③雹：巴楚县、轮台县局地出现冰雹。			
灾害性天气	暴雨	①暴雨站次：共51站暴雨，11日11站(阿勒泰地区西部5站、塔城地区北部3站、喀什地区东部2站、巴州北部山区1站)；12日10站暴雨(伊犁州8站、塔城地区北部1站、克拉玛依市1站)；13日30站暴雨(阿勒泰地区西部3站、昌吉州东部25站、喀什地区南部1站、吐鲁番市1站)(图3.27b)。②单日最大降雨中心：阿勒泰地区吉木乃县冰川站，58.7 mm(13日)。③短时强降水：喀什地区叶城县宗郎乡5村最大小时雨强32.2 mm，出现在7月13日18—19时(图3.27c)。		
	大风	①大风站数：8级以上大风587站，10级以上大风62站(图3.27d)。②极大风：塔城地区和布克赛尔县夏孜盖镇站，34.2 m/s(12级)。		
	冰雹	巴楚县巴楚镇赛克散村和良种场出现冰雹，7月10日22:10，最大直径10 mm；轮台县冰雹出现在7月11日。		
灾情	①7月10日22:10，巴楚县巴楚镇赛克散村和良种场出现强对流天气，局地伴有冰雹，最大直径1 cm，造成1150人受灾，棉花和红枣受灾307.0 hm²，直接经济损失263.40万元。②7月11日轮台县出现冰雹，造成轮台镇和哈尔巴克乡共76人受灾，棉花受灾275.7 hm²，成灾70.7 hm²，绝收205.3 hm²，直接经济损失371.15万元。③7月11日16:30—20:00，阿克齐镇和库勒拜镇托哈勒别依特村、阿克加尔村出现强降雨，造成7间房屋被淹，1头牛和15只羊死亡；冲毁青贮窖1座、涵管桥1座、拦水坝1座，冲倒电线杆4根；损毁哈巴河县红旗干渠50.0 m、萨尔布拉克干渠300.0 m，直接经济损失636.24万元。			

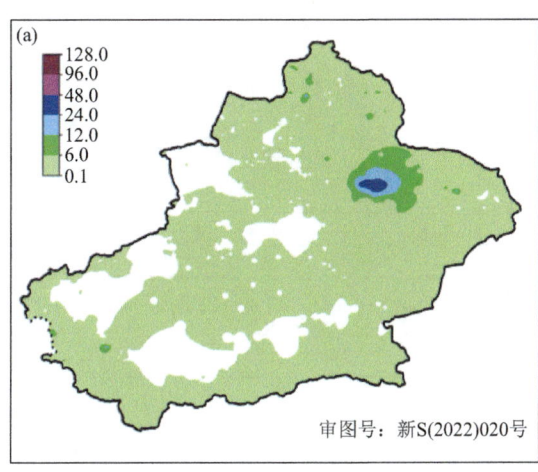
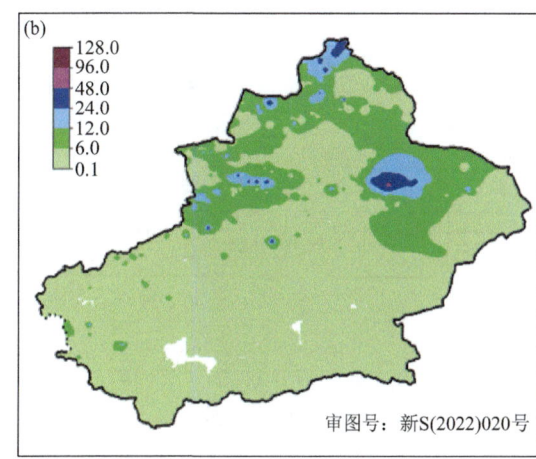

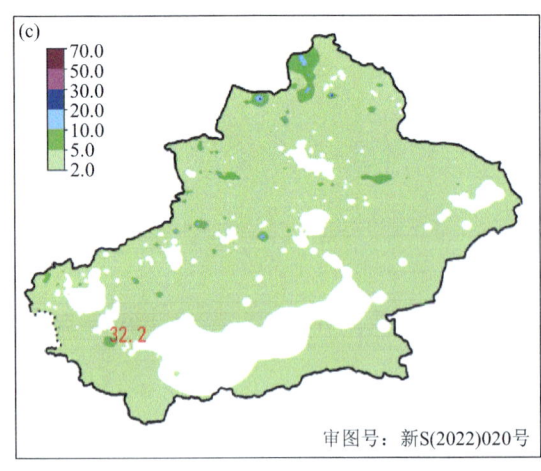
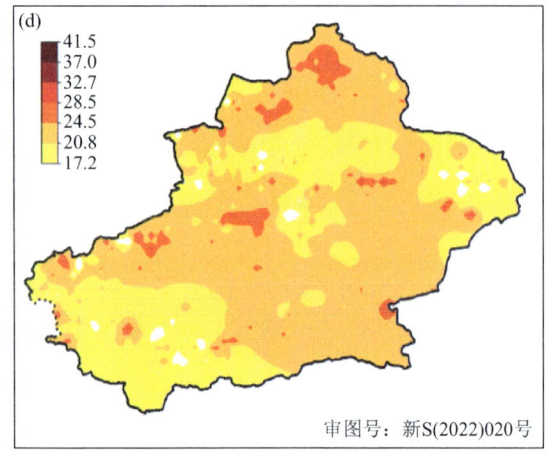

图 3.27　7 月 9—13 日天气实况

(a)7 月 9 日 02 时至 13 日 20 时累计降水量(单位:mm);(b)7 月 13 日降水量(单位:mm);

(c)过程最大小时雨强(单位:mm/h);(d)过程极大风速(单位:m/s)

3.14.2　环流形势

影响系统:500 hPa 西西伯利亚及中亚低涡;700~850 hPa 切变线;冷锋、地面辐合线。

100~200 hPa:南亚高压呈双体型分布,两中心分别位于里海和青藏高原上空,长波槽位于西西伯利亚至中亚地区;200 hPa 新疆受长波槽前西南急流控制,急流核最大风速达 50 m/s(图 3.28a)。

500 hPa:欧亚范围内环流经向度较大,前期呈"两槽一脊"的形势,乌拉尔山附近为高压脊,欧洲、西伯利亚及中亚为低值系统。9 日,乌拉尔山高压脊西退减弱,西伯利亚低涡南下影响北疆,中亚低压槽东移影响南疆。12 日,西伯利亚低涡底部在北疆西北部切涡,低涡与中亚低压槽结合缓慢东移,持续影响北疆、东疆(图 3.28b)。

700~850 hPa:9 日,阿勒泰地区西部存在切变线;10 日,喀什地区东部存在切变线;11 日,塔城地区北部、和田地区、巴州北部存在切变线;12 日,塔城地区北部和阿勒泰地区西部分别位于低涡的底部和前部,昌吉州东部存在切变线;13 日昌吉州东部、吐鲁番市存在切变线(图 3.28c)。

地面:地面冷高压呈带状分布,高压带向东南方向移动(图 3.28d)。

探空 T-$\ln p$:11 日 08 时克拉玛依探空图 K 指数、SI 指数、CAPE 分别为 32.3 ℃、0.5 ℃、314.3 J/kg,低层存在风向、风速切变,整层湿度条件好(图 3.28f)。

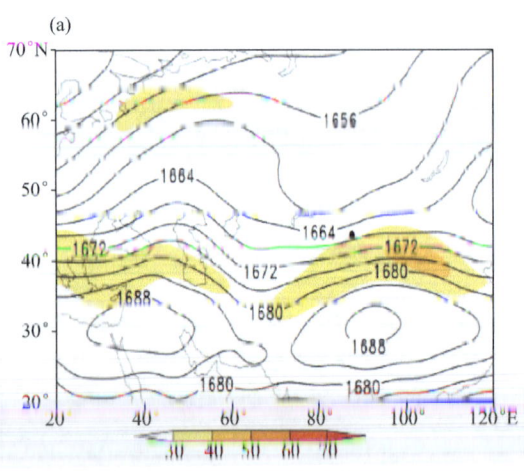
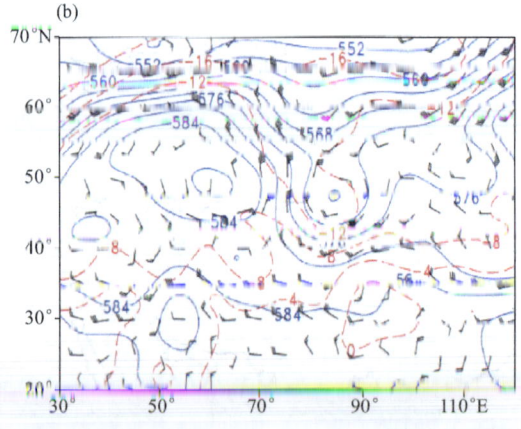

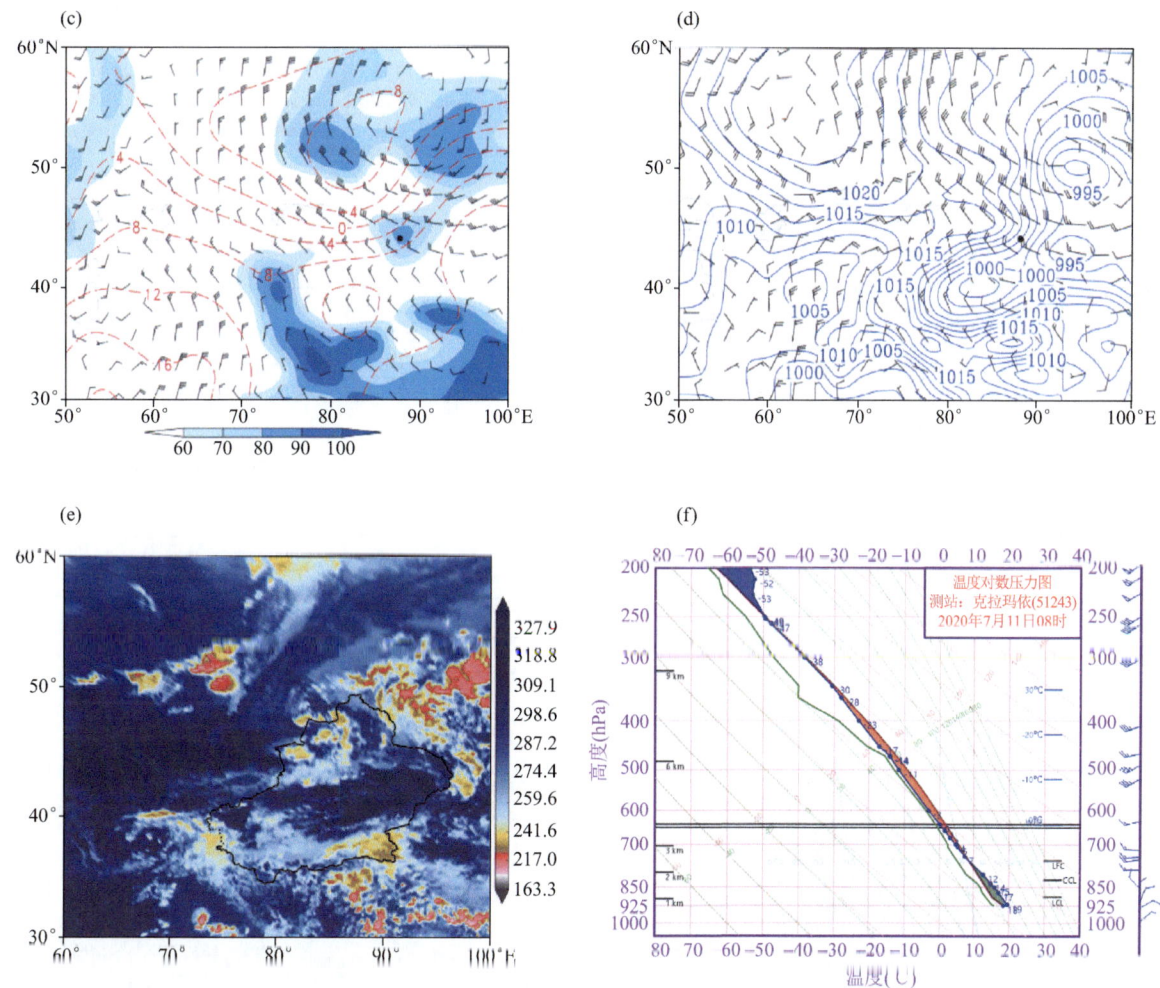

图 3.28　7月12日08时环流形势及FY-2G红外云图

(a)100 hPa高度场(实线,单位:dagpm),填色区为风速≥30 m/s的200 hPa急流;(b)500 hPa高度场(蓝实线,单位:dagpm)、
风场(单位:m/s)和温度场(红虚线,单位:℃);(c)700 hPa风场(单位:m/s)和相对湿度(填色区,单位:%);
(d)海平面气压(实线,单位:hPa)和850 hPa风场(单位:m/s);(e)12日17时FY-2G红外云图(单位:K);
(f)11日08时克拉玛依站 T-$\ln p$ 图

3.15　7月17日08时至7月24日20时南北疆西部、天山北坡暴雨

3.15.1　天气实况综述

过程日期	7月17日08时至7月24日20时	过程强度	中强
天气类型	降雨、短时强降水、大风、冰雹		
天气实况	①降雨:全疆大部分地区出现降雨,其中伊犁州、博州西部、塔城地区、阿勒泰地区、克拉玛依、石河子市山区、乌鲁木齐市、昌吉州、喀什地区、克州山区、和田地区山区、阿克苏地区西部北部、巴州、吐鲁番市、哈密市北部等地的部分区域累计降水量6.1～82.2 mm,过程最大降雨中心为阿勒泰市塔尔浪村站(图3.29a)。②风:北疆、东疆和南疆西部出现5～6级西北风,北疆、东疆风口风力11～13级。③冰雹:喀什地区叶城县、阿克苏新和县、巴州尉犁县、伊犁州昭苏县局地出现冰雹。		

灾害性 天气	暴雨	①暴雨站次：共69站暴雨，19日17站(伊犁州山区3站、南疆西部山区12站、和田地区南部山区2站)；20日19站暴雨(伊犁州新源县3站、巴州北部山区16站)(图3.29b)；21日19站暴雨(伊犁州霍城县1站、塔城地区和布克赛尔县1站、阿勒泰市2站、昌吉州东部山区12站、阿克苏地区温宿县1站、吐鲁番市2站)；22日14站暴雨(塔城地区山区7站、阿勒泰地区北部2站、乌鲁木齐县1站、阿克苏地区北部山区2站、哈密市巴里坤县2站)。 ②单日最大降雨中心：阿勒泰市塔尔浪村站，81.4 mm(21日)。 ③短时强降水：克州阿图什市哈拉峻乡苏洪村站最大小时雨强59.3 mm/h，出现在7月19日16—17时(图3.29c)。
	大风	①大风站数：8级以上大风547站，10级以上大风35站(图3.29d)。 ②极大风：极大风速出现在吐鲁番市托克逊县博斯坦乡站，风速37.9 m/s(13级)。
	冰雹	①伊犁州昭苏县阿克达拉镇苏勒萨依村7月19日17:15出现冰雹，降雹持续约10 min，冰雹直径0.3～1.0 cm； ②阿克苏地区新和县尤鲁都斯巴格镇玉吉买日克村7月21日22时至22日04时出现冰雹天气； ③巴州尉犁县7月23日13—20时出现冰雹。
灾情		伊犁州巩留县、克州阿图什市发生暴雨洪涝、泥石流灾害，伊犁州昭苏县、阿克苏地区新和县冰雹灾害，共造成211人受灾，农作物受灾175.9 hm^2，冲毁水利设施1200.0 m，国道577线特克斯隧道往巩留方向5 km处堆积泥石流约1300 m^3，损毁房屋、棚圈4间，直接经济损失324.28万元。

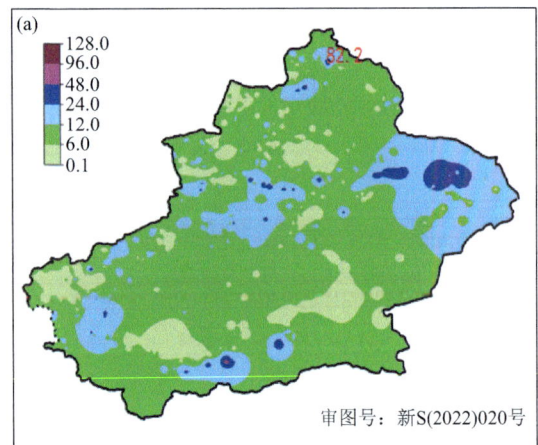
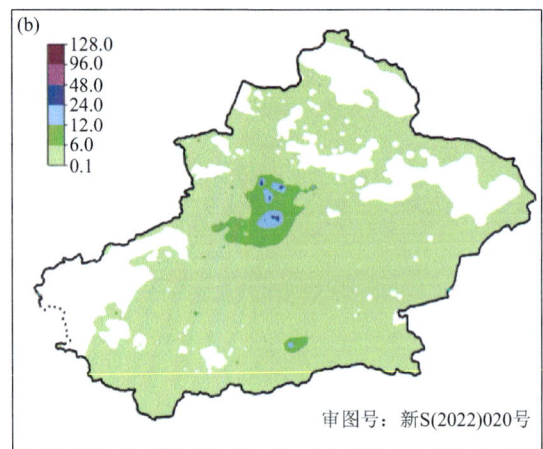
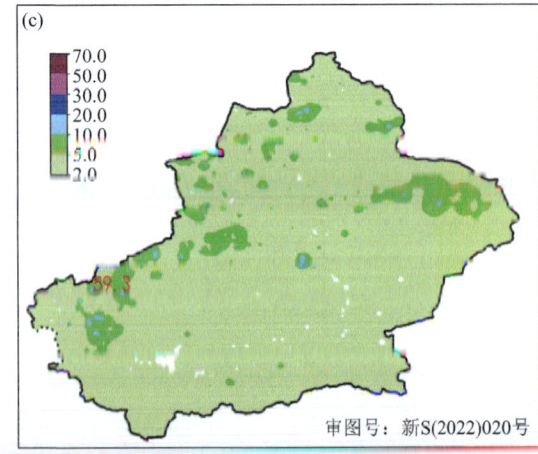
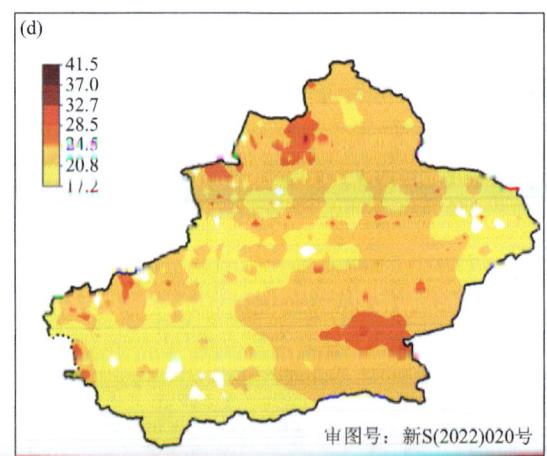

图3.29 7月17—24日天气实况

(a)7月17日08时至24日20时累计降水量(单位：mm)；(b)7月20日降水量(单位：mm)；
(c)过程最大小时雨强(单位：mm/h)；(d)过程极大风速(单位：m/s)

3.15.2 环流形势

影响系统:500 hPa 中亚低压槽;700～850 hPa 偏西(西北)急流、切变线;地面冷高压、冷锋。

100～200 hPa:南亚高压呈双体型分布,两中心分别位于里海和青藏高原上空,长波槽位于西西伯利亚至中亚地区;200 hPa 新疆受长波槽前西南急流控制,急流核最大风速达 50 m/s(图 3.30a)。

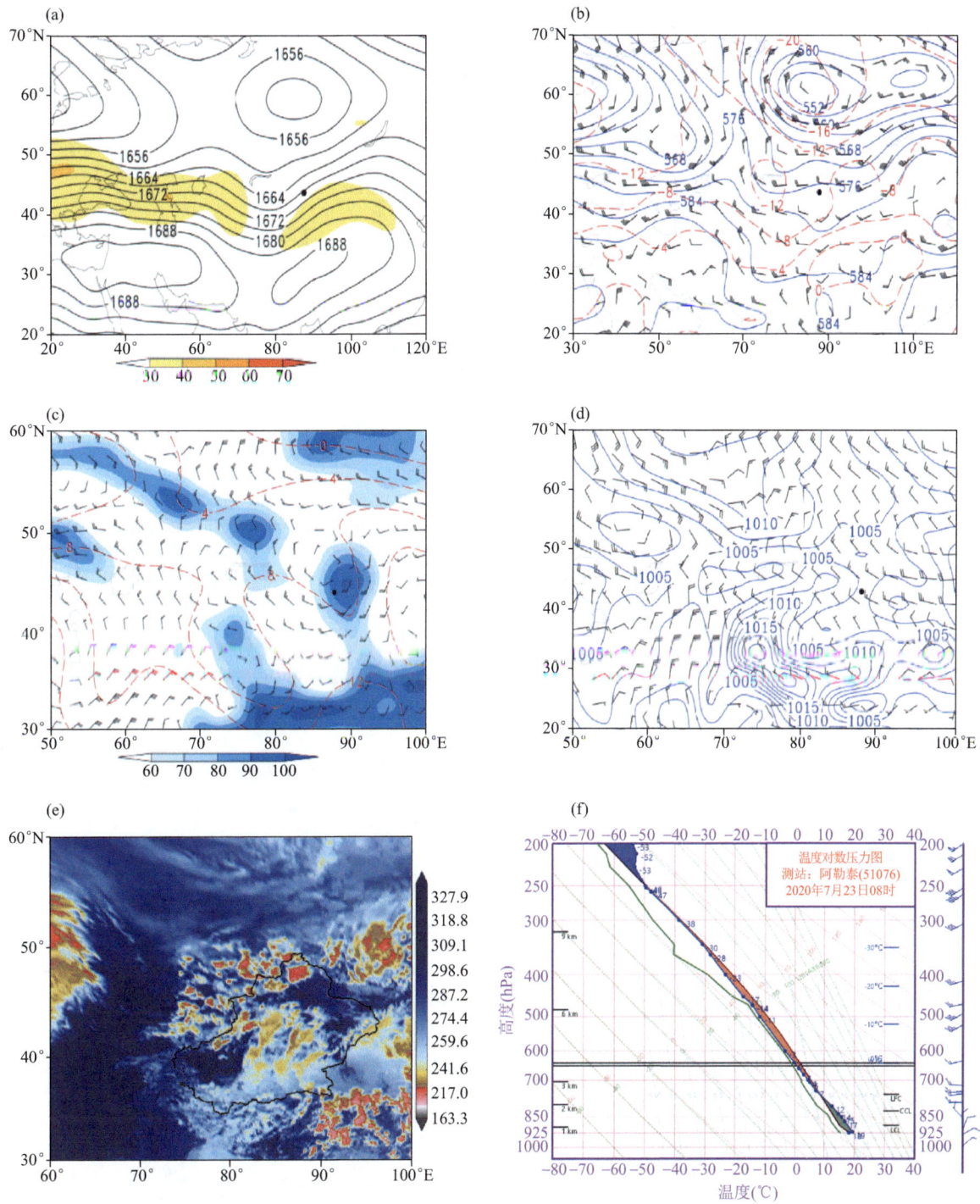

图 3.30　7 月 22 日 20 时环流形势及 FY-2G 红外云图

(a)100 hPa 高度场(实线,单位:dagpm)和 200 hPa 急流(填色区为风速≥30 m/s);(b)500 hPa 高度场(蓝实线,单位:dagpm)、风场(单位:m/s)和温度场(红虚线,单位:℃);(c)700 hPa 风场(单位:m/s)和相对湿度(填色区,单位:%);(d)海平面气压(实线,单位:hPa)和 850 hPa 风场(单位:m/s);(e)22 日 16 时 FY-2G 红外云图(单位:K);(f)23 日 08 时阿勒泰站 T-$\ln p$ 图

500 hPa：过程前期，欧亚范围中高纬度呈"两脊一槽"的环流形势，欧洲西部、乌拉尔山东侧为高压脊控制，欧洲中部和中亚为低压槽活动区，伊朗副热带高压略有北抬，促使里海、咸海高压脊向北发展，推动中亚低压槽东移影响新疆；过程中后期，伊朗副热带高压一直维持并东西振荡，在向东向北发展过程中促使里海高压脊也向北发展与乌拉尔山中北部的高压脊打通，形成南北跨度达60°的脊前北风带，泰米尔半岛以北的冷空气不断沿北风带南下侵入新疆，并造成此次全疆天气过程(图3.30b)。

700～850 hPa：19日，切变线主要位于新疆偏西部；20日切变线主要位于沿天山中西段；21日，北疆各地存在切变线；22日北疆和东疆都存在切变线(图3.30c)。

地面：西西伯利亚地区为高压区，高压带向东南方向移动；15日，高压前沿移至新疆北部边境线，高压中心强度最大达到1022.5 hPa，北疆存在较强的地面冷锋(图3.30d)。

探空 T-$\ln p$：23日08时，阿勒泰站K指数、SI指数、CAPE分别为37 ℃、−2.27 ℃、441.2 J/kg，低层存在明显风向、风速切变，整层湿度条件好(图3.30f)。

3.16　7月27日02时至7月28日20时伊犁州、天山北坡暴雨和大风

3.16.1　天气实况综述

过程日期	7月27日02时至7月28日20时		过程强度	中度
天气类型	降雨、短时强降水、大风			
天气实况	①降雨：北疆大部分地区、克州和喀什地区山区、和田地区、阿克苏地区、巴州北部、吐鲁番市、哈密市北部等地的部分区域出现微雨到小雨，其中博州、乌鲁木齐市、昌吉州的部分区域和伊犁州的塔城地区、阿勒泰地区、石河子市、克州山区、巴州北部、哈密市北部等地的局部区域出现中到大雨，共56站暴雨，累计降水量6.1～54.6 mm，过程最大降雨中心为昌吉州奇台县东湾镇根葛儿水库站(图3.31a)。 ②风：全疆大部分地区出现5～6级西北风，风口风力10～12级。			
灾害性天气	暴雨	①暴雨站次：共56站暴雨，27日4站(伊犁州)，28日52站(昌吉州、乌鲁木齐市)(图3.31b)。 ②单日最大降雨中心：昌吉州奇台县东湾镇根葛儿水库站，54.6 mm(28日)。 ③短时强降水：博州温泉县哈日布呼镇乌拉斯台站小时雨量24.7 mm(27日18时)，博州温泉县哈日布呼镇珠斯仑站小时雨量24.2 mm(27日18时)(图3.31c)。		
	大风	①大风站数：8级以上大风451站，10级以上45站(图3.31d)。 ②极大风：巴州和静县和静镇夏孜尕提站，33.3 m/s(12级)。		

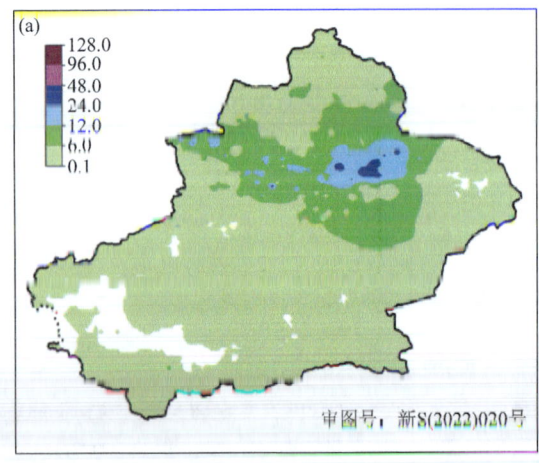
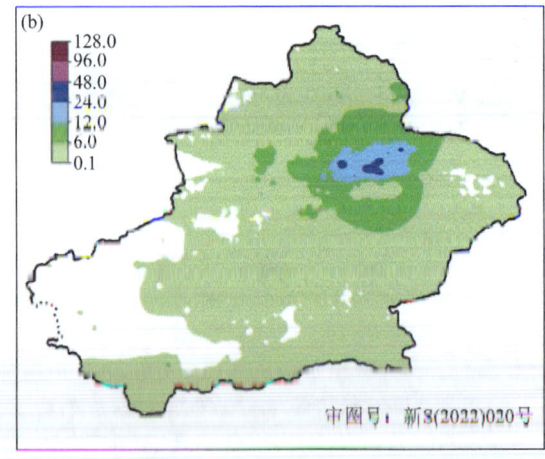

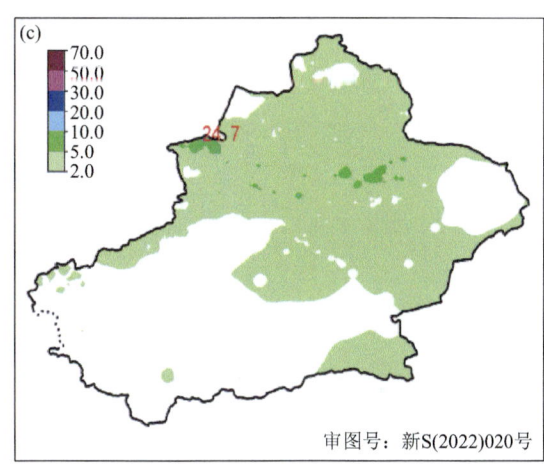
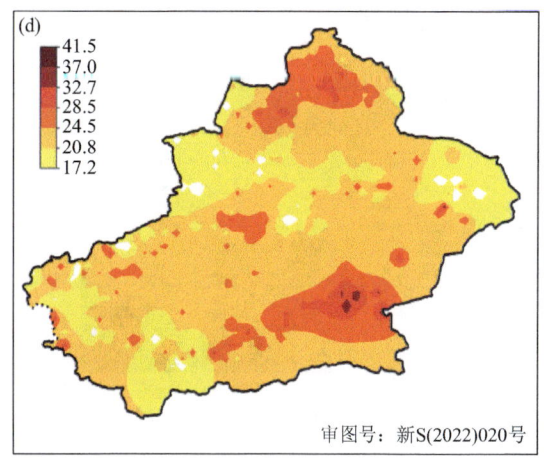

图 3.31 7月27—28日天气实况

(a)7月27日02时至28日20时过程累计降水量(单位:mm);(b)7月28日降水量(单位:mm);
(c)过程最大小时雨强(单位:mm/h);(d)过程极大风速(单位:m/s)

3.16.2 环流形势

影响系统:500 hPa 西西伯利亚低压槽及分裂短波槽;700~850 hPa 偏西(西北)急流;冷锋、地面辐合线。

100~200 hPa:南亚高压呈双体型分布,两中心分别位于里海和青藏高原上空,长波槽位于西西伯利亚至中亚地区;200 hPa 新疆受长波槽前西南急流控制,急流核最大风速达 50 m/s(图 3.32a)。

500 hPa:27 日,欧亚范围内为"两脊一槽"的经向环流,西西伯利亚到中亚为低压槽活动区。27 日至 28 日低压槽底部分裂短波槽东移,造成此次以北疆为主的降水、大风天气(图 3.32b)。

700~850 hPa:700 hPa 上伊犁州、博州有偏西风加强,天山北坡西北风加强;强降水区存在切变线(图 3.32c)。

地面:地面冷锋加强,存在地面辐合线(图 3.32d)。

探空 T-ln$p$:整层较湿,水汽含量较高;K 指数为 33.1 ℃、SI 指数为 -0.17 ℃、CAPE 值为 148.9 J/kg、BLI 指数为 -1.6(图 3.32f)。

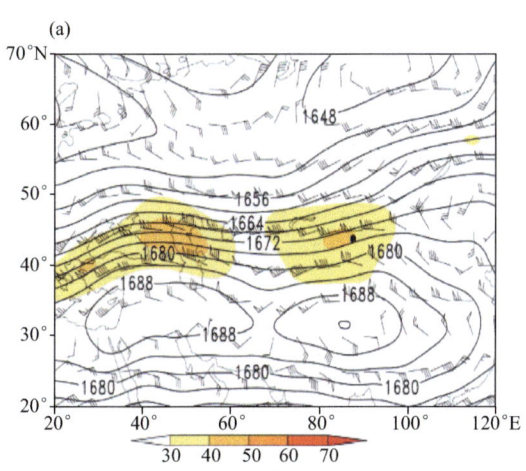
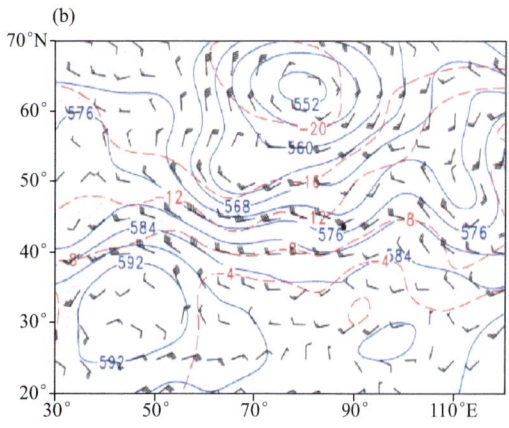

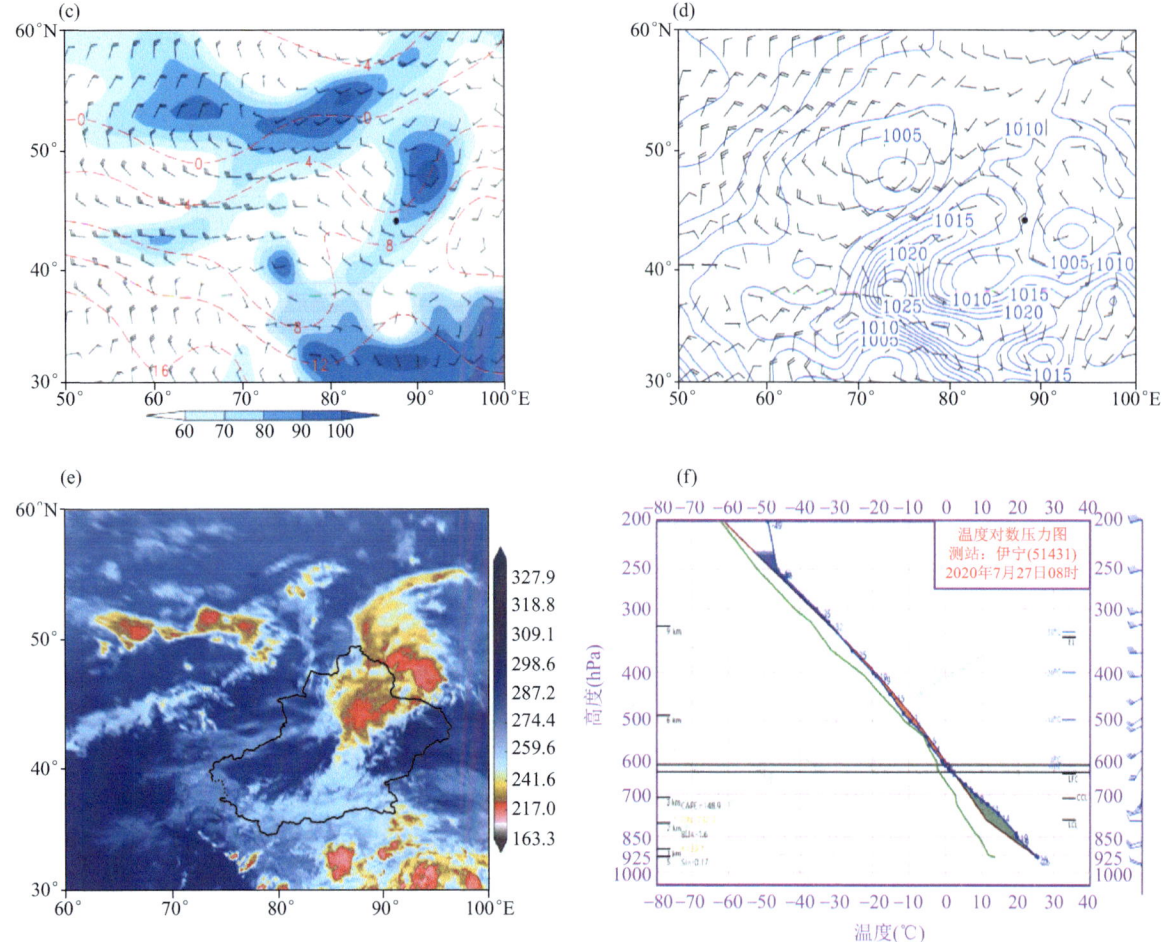

图 3.32　7 月 28 日 08 时环流形势及 FY-2G 红外云图

(a)100 hPa 高度场(实线,单位:dagpm)和 200 hPa 急流(填色区为风速≥30 m/s);(b)500 hPa 高度场(蓝实线,单位:dagpm)、风场(单位:m/s)和温度场(红虚线,单位:℃);(c)700 hPa 风场(单位:m/s)和相对湿度(填色区,单位:%);(d)海平面气压(实线,单位:hPa)和 850 hPa 风场(单位:m/s);(e)28 日 04 时 FY-2G 红外云图;(f)27 日 08 时伊宁站 T-$\ln p$ 图

3.17　8月5日08时至8月9日20时全疆持续高温过程

3.17.1　天气实况综述

过程时间	8月5日08时至8月9日20时	过程强度	中度
天气类型	高温		
高温实况	①高温持续时间:新疆大范围高温持续达 5 d。 ②高温站次(国家站):35 个(33.3%)国家级气象站日最高气温≥35 ℃,其中 20 站日最高气温≥37 ℃,7 站日最高气温≥40 ℃,1 站日最高气温≥45 ℃。 ③高温站次(含国家站):全疆含区域站的 1909 站中,共计 956 站日最高气温≥35 ℃,占 50.1%,其中 514 站日最高气温≥37 ℃,110 站≥40 ℃,11 站≥45 ℃(图 3.33a)。 ④高温范围最大日:8月8日,827 个测站的日最高气温≥35 ℃,其中 417 站日最高气温≥37 ℃,87 站≥40 ℃,9 站≥45 ℃(图 3.33b)。 ⑤日最高气温极值:吐鲁番市高昌区艾丁湖站日最高气温达 46.9 ℃,出现在 8 月 9 日 18 时。		

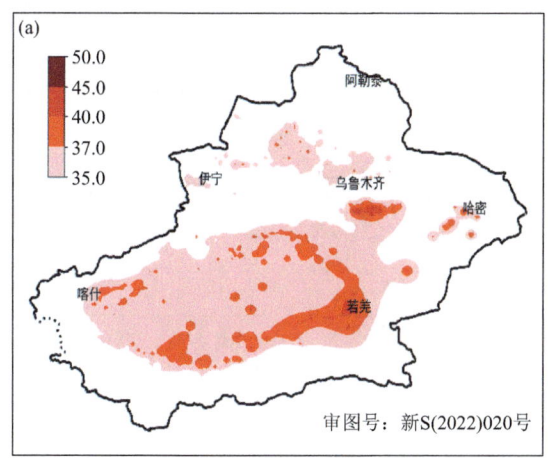
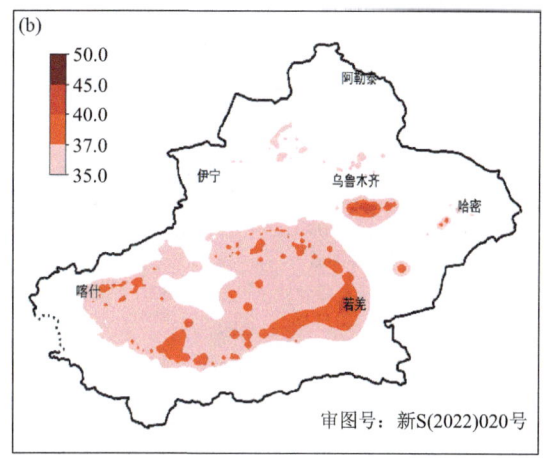

图 3.33 8月5—9日高温过程实况
(a)过程最高气温(单位:℃);(b)8月8日最高气温(单位:℃)

3.17.2 环流形势

影响系统:伊朗副热带高压。

500 hPa:5日08时,500 hPa上伊朗副热带高压发展东伸,西太平洋副热带高压西伸,584 dagpm等值线位于天山一带,控制南疆地区;6日伊朗副热带高压与西太平洋副热带高压形成宽广的高压带,共同影响南疆地区,北疆受高压脊控制;8月9日伊朗副热带高压西退,新疆受浅高压脊控制;8月10日08时伊朗副热带高压减弱南落西退,乌拉尔大槽东移南压,西太平洋副热带高压南落衰退,此次高温过程结束(图 3.34a)。

700 hPa 和 850 hPa:新疆上空暖脊强烈发展。

地面:海平面气压场呈"北高南低"形态,全疆大部分地区持续减压(图 3.34b)。

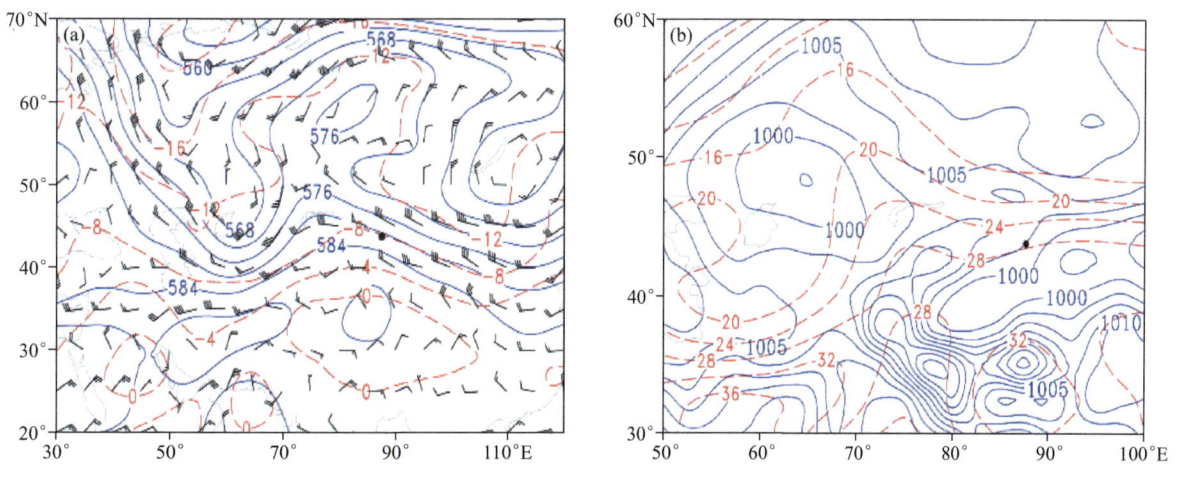

图 3.34 8月8日20时环流形势
(a)500 hPa 高度场(蓝实线,单位:dagpm)、风场(单位:m/s)和温度场(红虚线,单位:℃);
(b)海平面气压场(蓝实线,单位:hPa)和850 hPa 温度场(红虚线,单位:℃)

3.18 8月12日08时至8月16日20时北疆暴雨、风口大风

过程日期	8月12日08时至8月16日20时	过程强度	中度
天气类型	降雨、风口大风		
天气实况	①降雨：全疆大部分地区出现降雨，其中伊犁州、博州西部、塔城地区、阿勒泰地区、克拉玛依市、石河子市山区、乌鲁木齐市、昌吉州山区、巴州北部、哈密市北部山区等地的部分区域累计降雨量6.1～56.1 mm，过程最大降雨中心为阿勒泰地区富蕴县苏普特村站（图3.35a）。 ②风：全疆大部分地区出现5级左右西北阵风，北疆、东疆风口风力10～12级。		
灾害性天气	暴雨	①暴雨站次：共61站暴雨，14日12站（伊犁州4站，塔城地区南部1站、阿勒泰地区西部1站、乌鲁木齐市3站、昌吉州2站、巴州北部1站），15日10站（阿勒泰地区7站、哈密市3站）（图3.35b），16日3站（阿勒泰地区）。 ②单日最大暴雨中心：阿勒泰地区阿勒泰市汗得尕特乡塔拉特村站，39.6 mm（15日）。 ③短时强降水：最大小时雨强阿勒泰地区福海县老八队站30.3 mm/h（8月14日22—23时）、赛克露站24.5 mm/h（8月15日00—01时），伊犁州昭苏县乌鲁昆盖村站21.5 mm/h（8月13日19—20时），乌鲁木齐市牧试站15.1 mm/h（8月14日14—15时）（图3.35c）。	
	大风	①大风站数：8级以上大风449站，10级以上32站，12级以上4站（图3.35d）。 ②极大风：塔城地区和布克赛尔县站，36.1 m/s（12级）。	

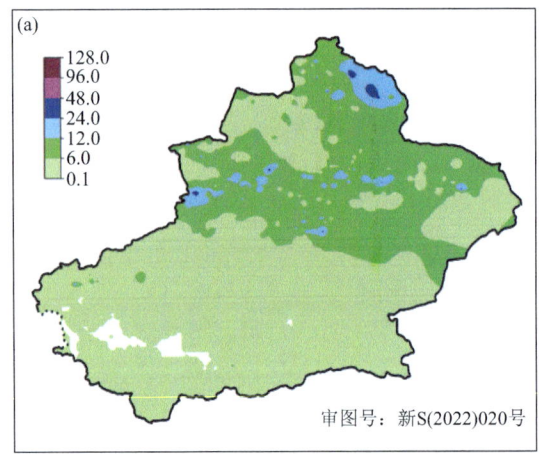
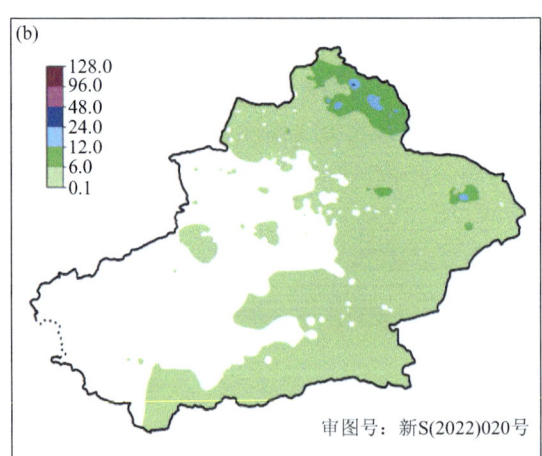
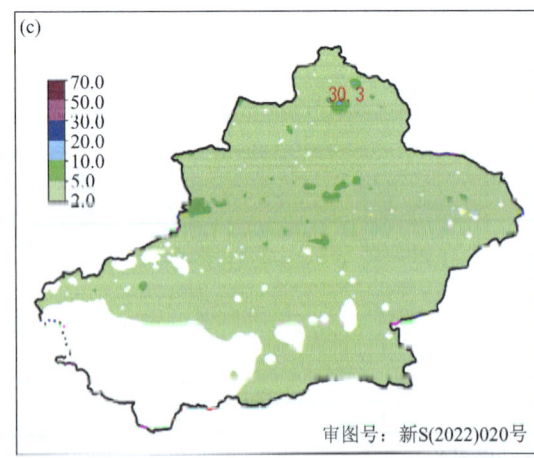
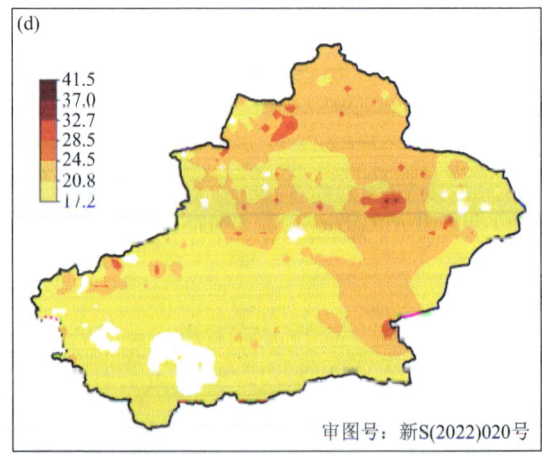

图3.35 8月12—16日天气实况
(a)8月12日08时至16日20时累计降水量（单位：mm）；(b)8月15日降水量（单位：mm）；
(c)过程最大小时雨强（单位：mm/h）；(d)过程极大风速（单位：m/s）

3.18.2 环流形势

影响系统:500 hPa 西西伯利亚低压槽;850 hPa 急流;地面中尺度低压。

100~200 hPa:100 hPa 为多极型,纬向多波动;200 hPa 极锋锋区南压至新疆北部,高空偏西急流轴位于天山上空,中心最大风速达 56 m/s(图 3.36a)。

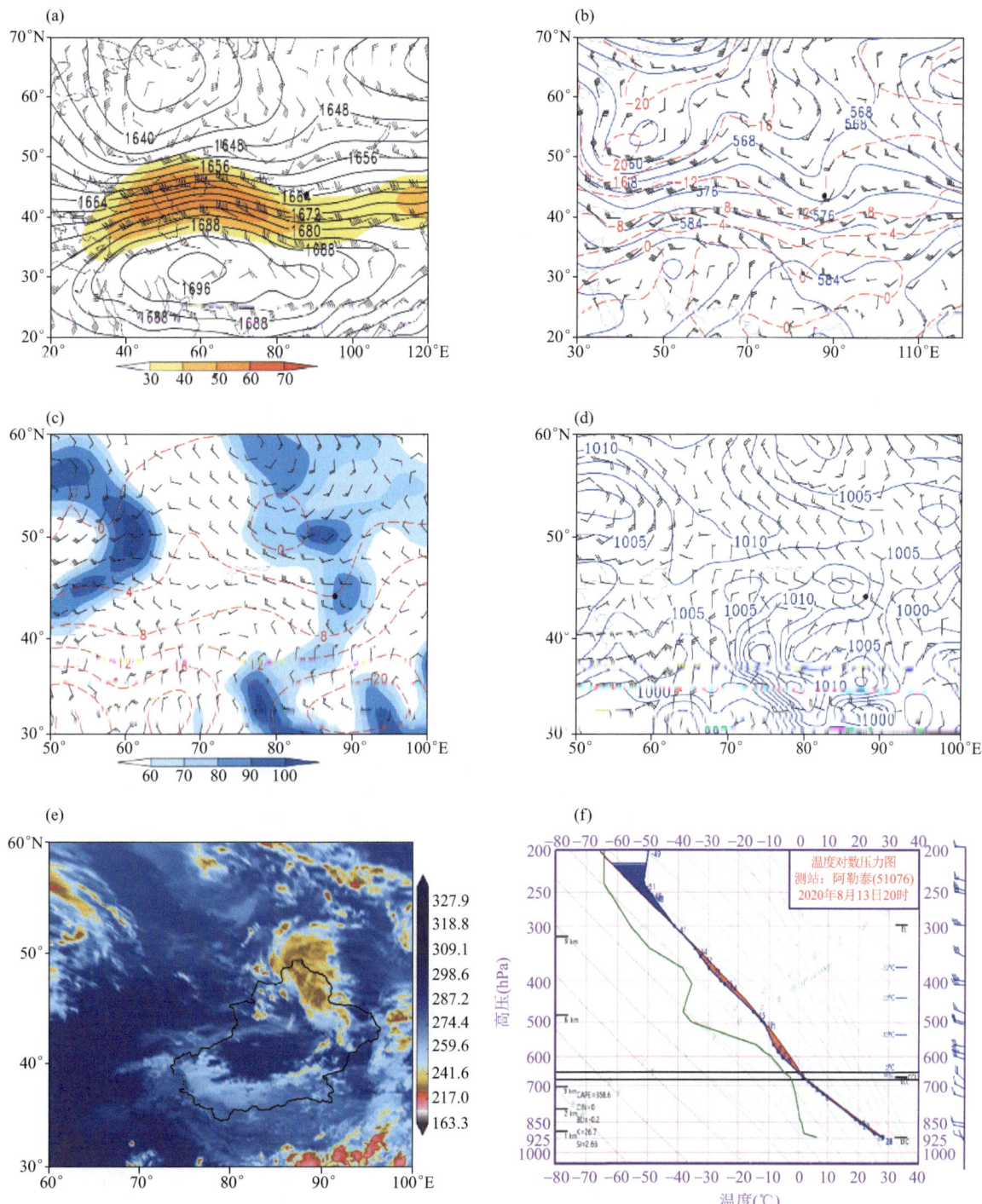

图 3.36　8 月 14 日 20 时环流形势及 FY-2G 红外云图

(a)100 hPa 高度场(实线,单位:dagpm)和 200 hPa 急流(填色区为风速≥30 m/s);(b)500 hPa 高度场(蓝实线,单位:dagpm)、风场(单位:m/s)和温度场(红虚线,单位:℃);(c)700 hPa 风场(单位:m/s)和相对湿度(填色区,单位:%);(d)海平面气压(实线,单位:hPa)和 850 hPa 风场(单位:m/s);(e)14 日 23 时 FY-2G 红外云图(单位:K);(f)13 日 20 时阿勒泰站 T-ln$p$ 图

500 hPa：欧亚范围内为"两槽两脊"经向环流，东欧和贝加尔湖为高压脊区，西西伯利亚和东亚沿岸为低压槽活动区。12日至13日08时东欧脊加强，脊前偏北气流向西西伯利亚低涡输送冷空气，西西伯利亚低涡加强，槽底南伸，之后东欧脊衰退，推动西西伯利亚低压槽东移影响新疆，造成新疆降水大风天气过程（图3.36b）。

700～850 hPa：强降水时，北疆偏西偏北地区风速明显增大，在塔城至乌鲁木齐市沿线出现低空急流，配合天山有利地形，有利于地形辐合抬升（图3.36c）。

地面：8月14日05时伊犁州和蒙古地区均存在中心强度1010 hPa的冷高压中心，南疆盆地上空为低压中心，南、北疆气压梯度大，产生了此次大风天气（图3.36d）。

探空T-lnp：中湿下干（700～600 hPa湿，925～700 hPa干），中高层（700～300 hPa）存在不稳定层结，对流参数中，暴雨点最近探空站资料，SI指数为2.66 ℃、CAPE值为358.6 J/kg、BLI指数为−0.2（图3.36f）。

3.19　8月25日14时至8月29日08时北疆、阿克苏暴雨，全疆大风

3.19.1　天气实况综述

过程日期	8月25日14时至8月29日08时		过程强度	强
天气类型	降雨、短时强降水、大风			
天气实况	①降雨：全疆大部分地区出现降雨，伊犁州、博州、塔城地区、阿勒泰地区等地的部分区域累计降雨量6.1～75.4 mm，过程最大降水中心为伊犁州巩留县库尔德宁站（图3.37a）。 ②风：北疆、东疆普遍出现6级以上偏北风，东疆风口风力12～13级。			
灾害性天气	暴雨	①暴雨站次：共60站暴雨，27日48站（伊犁州）（图3.37b），28日11站（伊犁州、昌吉州、阿克苏地区各2站，塔城地区、乌鲁木齐市、阿勒泰地区、喀什地区、巴州各1站），29日1站（阿克苏地区西部）。 ②单日最大暴雨中心：伊犁州巩留县库尔德宁站，40.0 mm（27日）。 ③短时强降水：最大小时雨强阿克苏地区拜城县大宛齐油田作业区站29.5 mm/h（29日01—02时）、温宿县博孜墩牧场站25.1 mm/h（28日14—15时）、共青团农场站21.2 mm/h（29日00—01时）、博孜墩乡库尔归鲁克站21.1 mm/h（28日14—15时）（图3.37c）。		
	大风	①大风站数：8级以上大风565站，10级以上122站，12级以上4站（图3.37d）。 ②极大风：吐鲁番市托克逊县山洪克尔碱站，42.7 m/s（14级）。		
灾情	①福海县：8月25日23时至26日14时，出现大风天气，造成821人受灾，农作物受灾257.7 hm²（青贮玉米231.9 hm²、玉米25.3 hm²、油葵0.5 hm²），其中成灾234.2 hm²，直接经济损失35.90万元。 ②吉木乃县：8月25日11时至26日18时出现大风天气，造成托斯特乡开发区合作社385户小麦倒伏和掉粒，受灾596.7 hm²，直接经济损失89.50万元。			

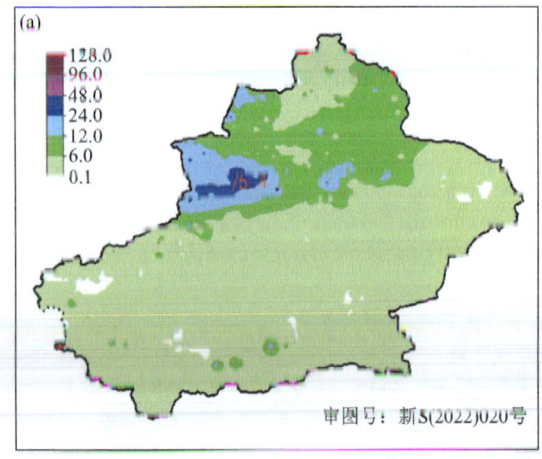

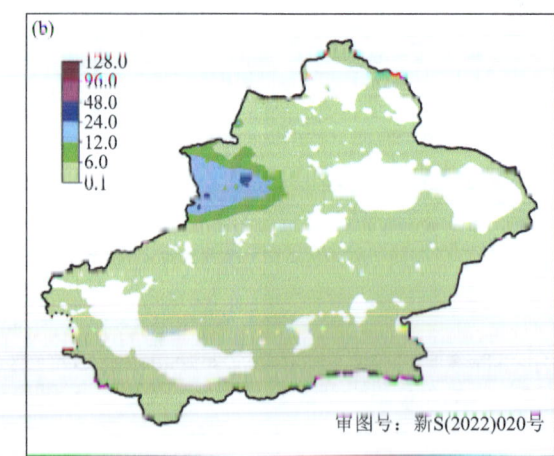

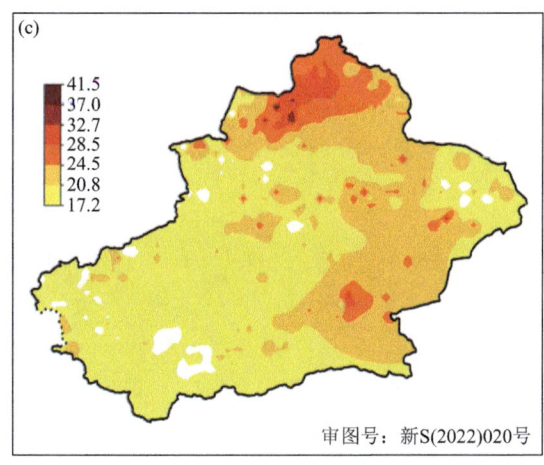
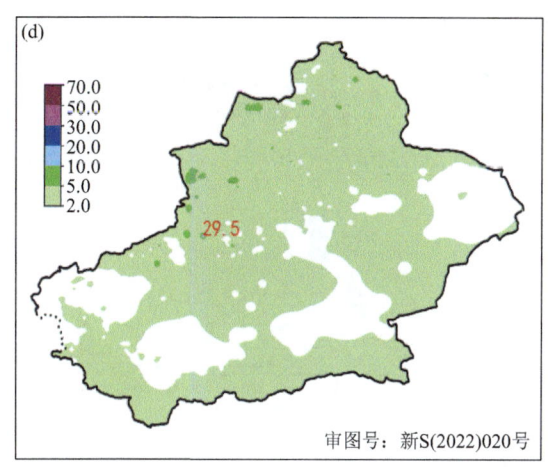

图 3.37 8月25—29日天气实况

(a)8月25日14时至29日08时累计降水量(单位:mm);(b)8月27日降水量(单位:mm);
(c)过程最大小时雨强(单位:mm/h);(d)过程极大风速(单位:m/s)

3.19.2 环流形势

影响系统:500 hPa 西西伯利亚低压槽、中亚低涡;850 hPa 急流;地面中尺度低压。

100～200 hPa:100 hPa 为绕极型,纬向多波动;200 hPa 极锋锋区南压至新疆北部,高空偏西急流轴位于天山上空,中心最大风速达 58 m/s(图 3.38a)。

500 hPa:欧亚范围内为"两槽两脊"的经向环流,东欧和贝加尔湖为高压脊区,欧洲、西西伯利亚至中亚一线为低压槽区。25日东欧高压脊不断加强,脊前偏北气流向西西伯利亚的低涡中持续输送冷空气,西西伯利亚低压槽与中亚低值系统同位相叠加,500 hPa 有 −24 ℃冷中心。后期系统东移影响新疆,造成新疆此次降水、大风、降温天气(图 3.38b)。

700～850 hPa:强降水时,伊犁州、塔城地区、阿勒泰地区偏西风加强,出现低空急流,配合有利地形,有利于地形辐合抬升(图 3.38c)。

地面:8月27日08时中心强度1020 hPa的冷高压中心位于蒙古地区,南疆盆地上空存在中心强度987.5 hPa的低压中心,南、北疆气压差大,受地形影响,冷锋位于沿天山一线(图 3.38d)。

探空 T-$\ln p$:中干下湿(850～600 hPa 湿,600～300 hPa 干),低层(925～650 hPa)存在不稳定层结,对流参数中,暴雨点最近探空站资料,K 指数为 30.3 ℃、SI 指数为 1.8 ℃、CAPE 值为 73.3 J/kg、BLI 指数为 0.4(图 3.38f)。

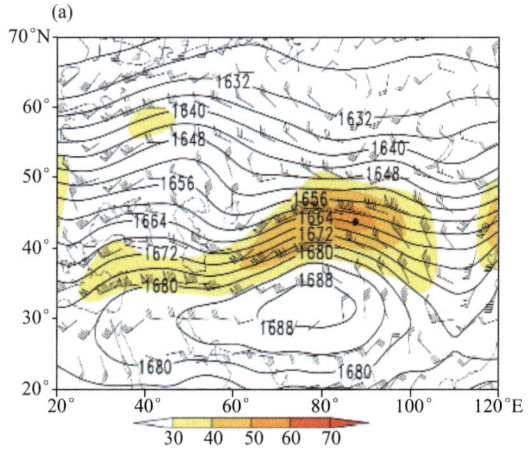
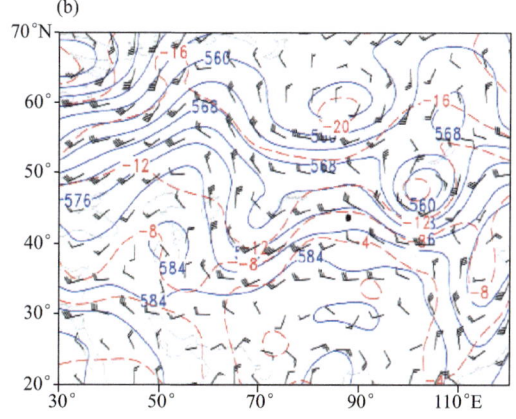

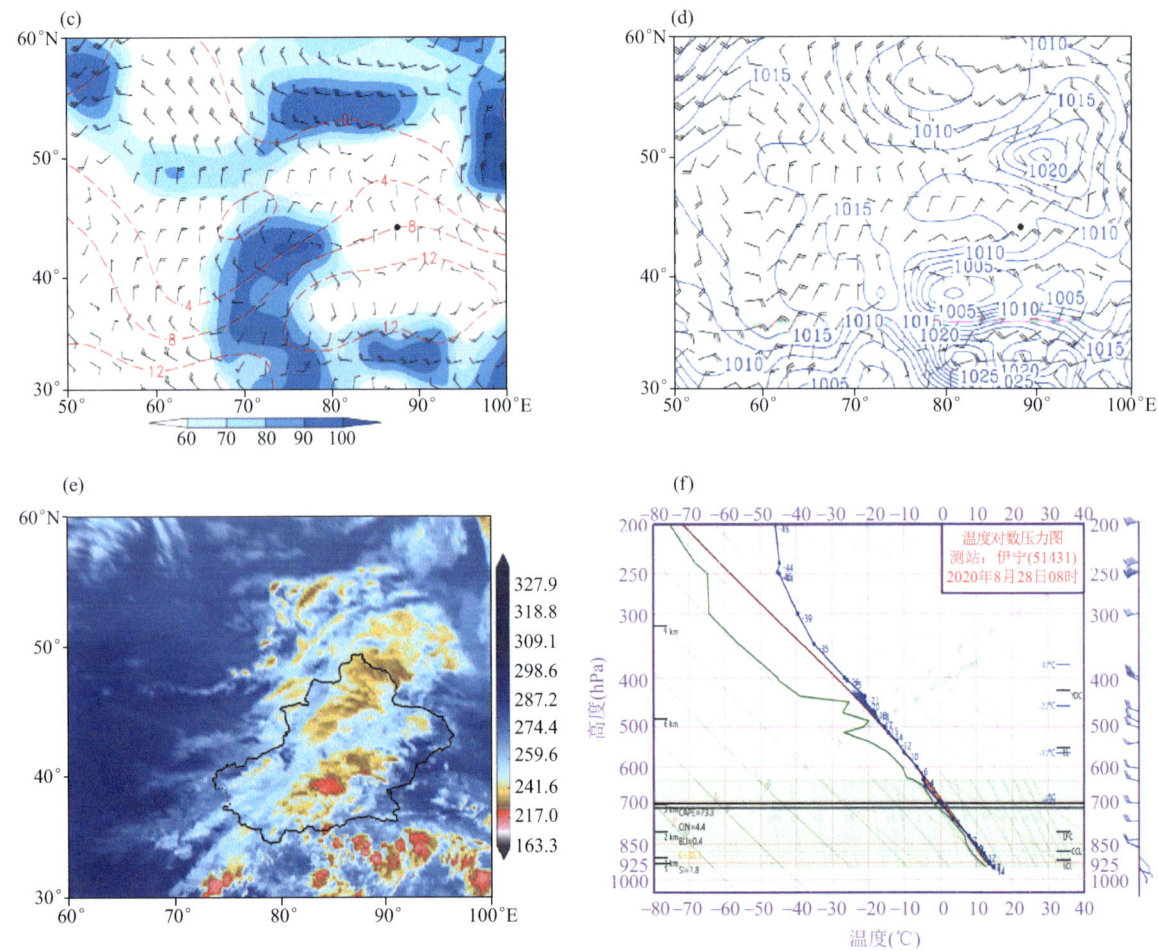

图 3.38　8 月 27 日 08 时环流形势及 FY-2G 红外云图

(a)100 hPa 高度场(实线,单位:dagpm)和 200 hPa 急流(填色区为风速≥30 m/s);(b)500 hPa 高度场(蓝实线,单位:dagpm)、风场(单位:m/s)和温度场(红虚线,单位:℃);(c)700 hPa 风场(单位:m/s)和相对湿度(填色区,单位:%);(d)海平面气压(实线,单位:hPa)和 850 hPa 风场(单位:m/s);(e)28 日 00 时 FY-2G 红外云图(单位:K);(f)28 日 08 时伊宁站 $T\text{-}\ln p$ 图

3.20　9 月 3 日 17 时至 9 月 5 日 23 时北疆西部和北部暴雨、大风

3.20.1　天气实况综述

过程时间	9月3日17时至9月5日23时		过程强度	中度
天气类型	降雨、大风			
天气实况	①降雨:北疆大部分地区和喀什地区南部、克州、阿克苏地区、巴州、哈密市北部等地的部分区域出现降雨,其中伊犁州东部南部、博州西部、塔城地区北部、阿勒泰地区西部北部、乌鲁木齐市南部山区、克州山区、阿克苏地区、巴州北部等地的局部区域累计降雨量 6.1~46.0 mm,过程最大降雨中心为阿勒泰地区布尔津县喀纳斯湖一道弯站(图 3.39a)。②风:全疆大部分地区普遍出现 5 级左右西北风(南疆东部为偏东风),风口风力 10~12 级。			
灾害性天气	暴雨	①暴雨站次:共 9 站暴雨,4 日 9 站(伊犁州、阿勒泰地区、巴州)(图 3.39b)。②单日最大降雨中心:伊犁州尼勒克县唐布拉站,34.4 mm(4 日)。③最大小时雨强:昌吉州玛纳斯县盆瓦站,19.7 mm/h(5 日 22—23 时)(图 3.39c)。		
	大风	①大风站数:8 级以上大风 559 站,10 级以上 60 站,12 级以上 1 站(图 3.39d)。②极大风:塔城地区塔城市 164 团哈姆斯沟站,33.6 m/s(12 级)。		

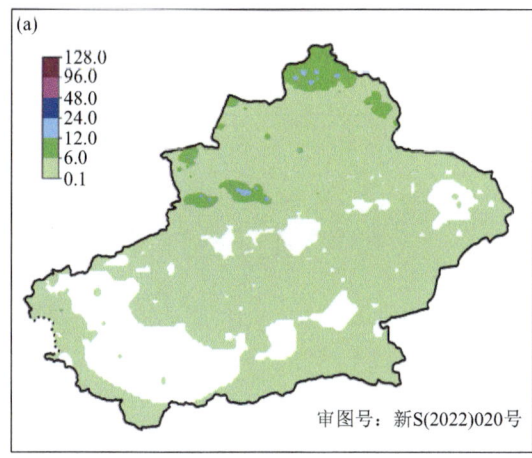
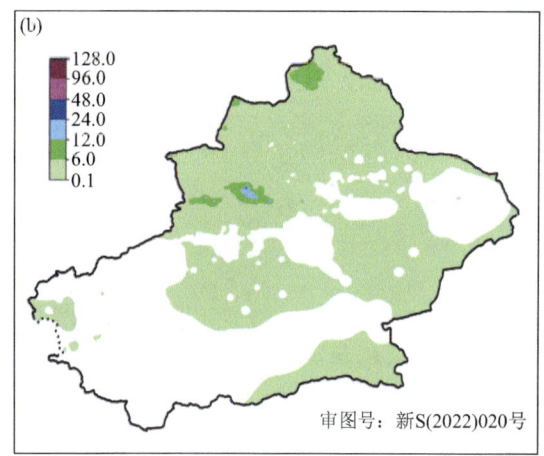
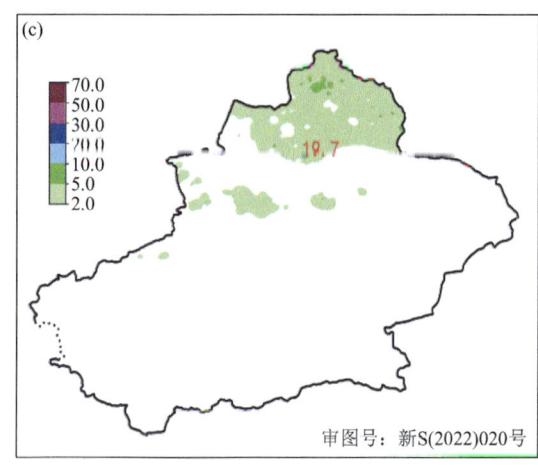
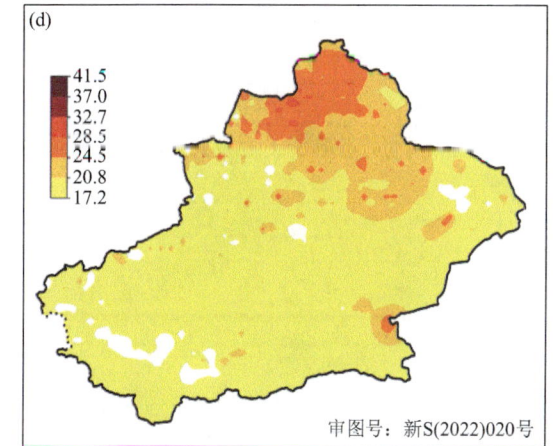

图 3.39　9 月 3—5 日天气实况

(a)9 月 3 日 17 时至 9 月 5 日 23 时累计降水量(单位:mm);(b)9 月 4 日降水量(单位:mm);
(c)过程最大小时雨强(单位:mm/h);(d)过程极大风速(单位:m/s)

3.20.2　环流形势

影响系统:500 hPa 西西伯利亚低涡、700~850 hPa 切变线;冷锋。

100~200 hPa:100 hPa 极涡西部型,东半球长波槽位于西西伯利亚;200 hPa 极锋锋区南压至新疆西部北部,高空西南急流轴位于天山上空,中心最大风速达 60 m/s(图 3.40a)。

500 hPa:欧亚范围内为"两槽两脊"的经向环流,东欧和贝加尔湖为高压脊区,西西伯利亚、中国东北地区为低压槽区。东欧高压脊不断加强,脊前偏北气流向西西伯利亚的低涡中持续输送冷空气,3 日西西伯利亚低涡在北抬的过程中加强,随后低涡主体位置趋于稳定,低压槽快速东移影响新疆,造成此次北疆大部分地区降水、大风降温天气(图 3.40b)。

700~850 hPa:强降水时,北疆北部出现偏北风-西南风切变线(图 3.40c)。

地面:4 日 08 时巴尔喀什湖以南存在 1017.5 hPa 的闭合高压中心,北疆偏西地区处于高压底前部,等压线较为密集,巴州北部出现了西北风-西南风的冷式切变线(图 3.40d)。

探空 $T\text{-ln}p$:中湿下干(500~300 hPa 湿、850~500 hPa 干),对流参数中,暴雨点最近探空站资料,K 指数为 30.4 ℃、SI 指数为 1.73 ℃、CAPE 值为 568.3 J/kg、BLI 指数为 -2.8(图 3.40f)。

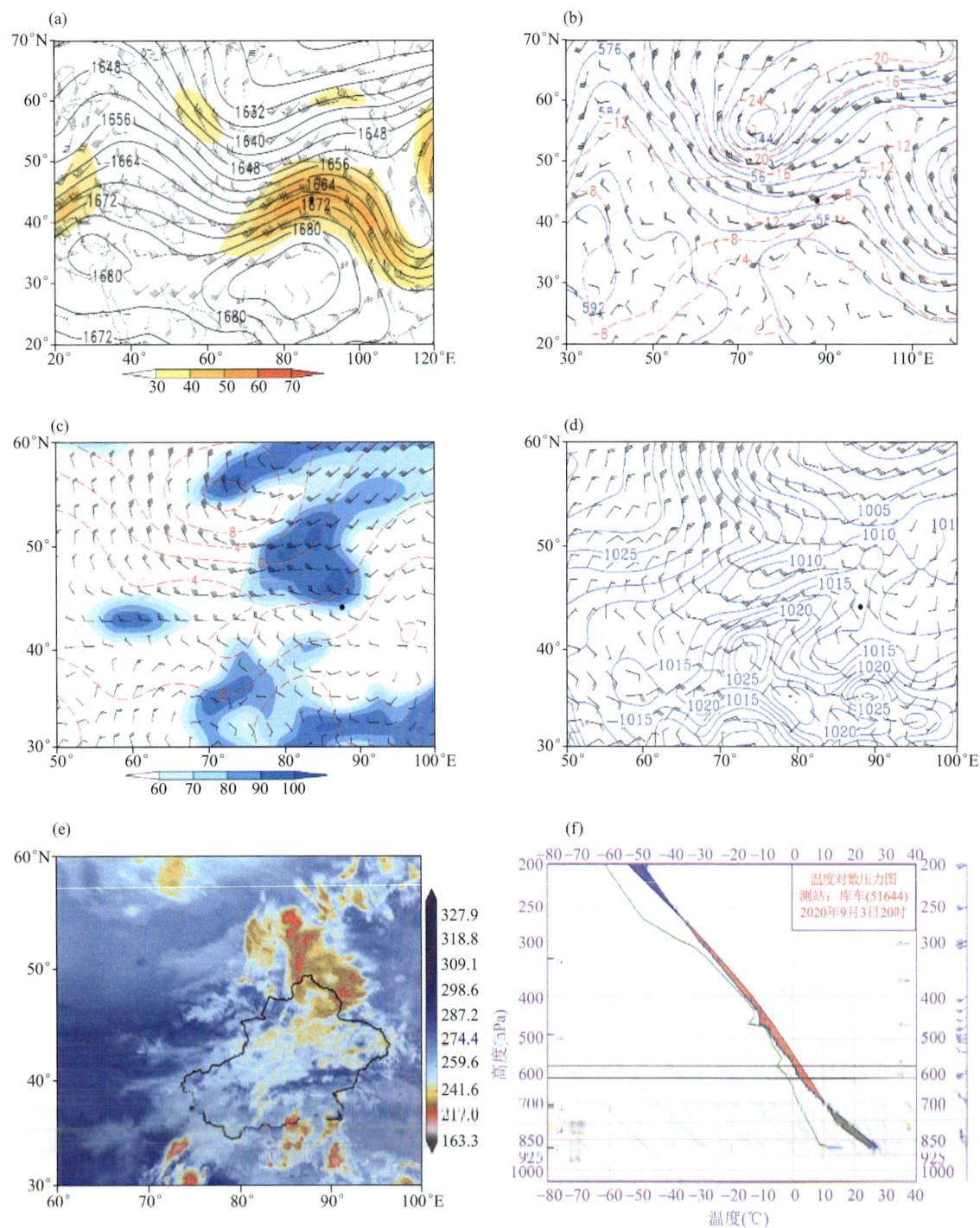

图 3.40 9月4日08时环流形势及 FY 2G 红外云图

(a)100 hPa 高度场(实线,单位:dagpm)和 200 hPa 急流(填色区为风速≥30 m/s);(b)500 hPa 高度场(蓝实线,单位:dagpm)、风场(单位:m/s)和温度场(红虚线,单位:℃);(c)700 hPa 风场(单位:m/s)和相对湿度(填色区,单位:%);(d)海平面气压(实线,单位:hPa)和 850 hPa 风场(单位:m/s);(e)4日06时 FY-2G 红外云图(单位:K);(f)3日20时库车站 $T\text{-}\ln p$ 图

3.21 9月6日17时至9月8日14时北疆暴雨，北疆、南疆东部大风

3.21.1 天气实况综述

过程时间	9月6日17时至9月8日14时	过程强度	中度
天气类型	降雨、大风		
天气实况	①降雨：北疆大部分地区和喀什地区南部山区、克州山区、阿克苏地区北部、巴州北部、吐鲁番市、哈密市北部等地的部分区域出现降雨，博州、阿勒泰地区东部、昌吉州东部、吐鲁番市等地累计降雨量6.1~41.1 mm，过程最大降雨中心为昌吉州奇台县七户乡水管站（图3.41a）。 ②风：全疆大部分区域出现5~6级西北风（南疆东部为偏东风），风口风力9~13级。		
灾害性天气	暴雨	①暴雨站次：共23站暴雨，7日2站（博州博乐市、阿勒泰地区富蕴县）；8日21站（吐鲁番市高昌区1站，昌吉州吉木萨尔县、奇台县、木垒县20站）（图3.41b）。 ②单日最大暴雨中心：吐鲁番市高昌区亚尔牧场站，36.8 mm（8日）。 ③最大小时雨强：博州博乐市小营盘镇哈日图热格站，18.6 mm/h（7日02—03时）（图3.41c）。	
	大风	①大风站数：8级以上大风391站，10级以上56站，12级以上4站（图3.41d）。 ②极大风：巴州轮台县阳霞镇水营站，37.6 m/s（13级）。	

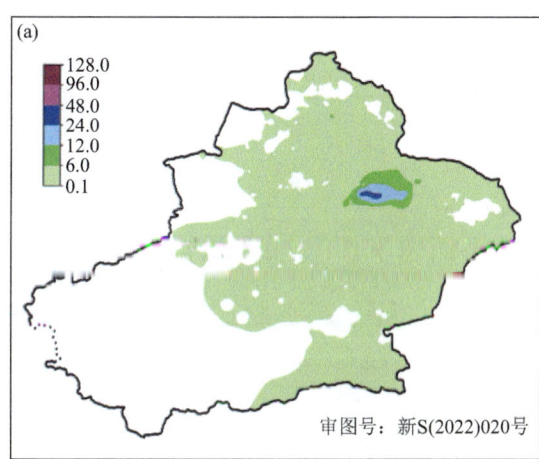
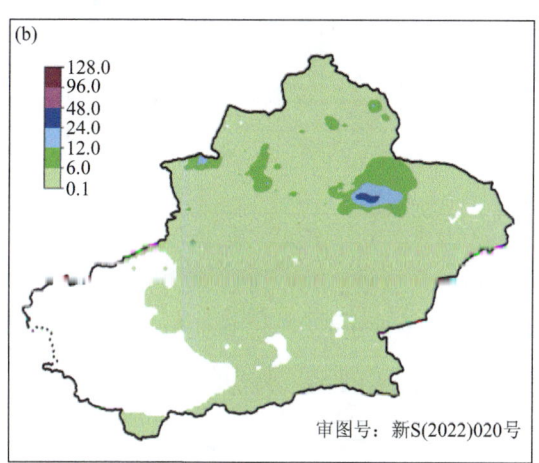
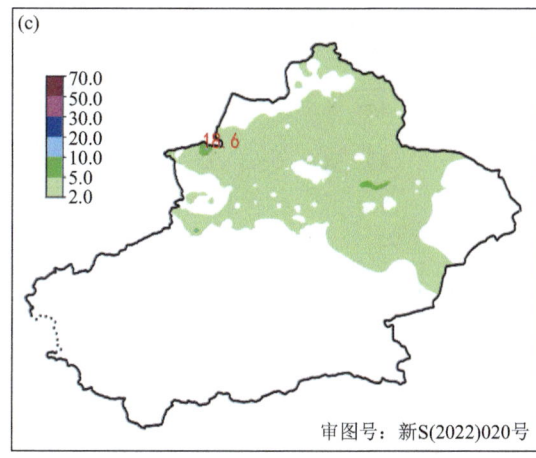
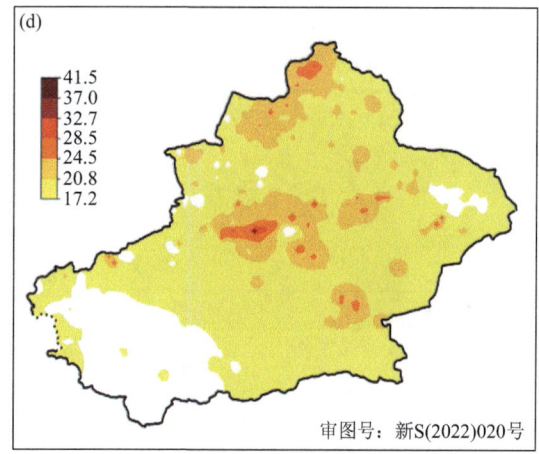

图3.41 9月6—8日天气实况

(a) 9月6日17时至9月8日14时累计降水量（单位：mm）；(b) 9月8日降水量（单位：mm）；
(c) 过程最大小时雨强（单位：mm/h）；(d) 过程极大风速（单位：m/s）

3.21.2 环流形势

影响系统:500 hPa 西西伯利亚低涡、700~850 hPa 切变线;冷锋。

100~200 hPa:100 hPa 极涡为偶极型,两中心分别位于西西伯利亚和北美洲北部;200 hPa 极锋锋区南压至新疆北部,高空西南急流轴位于天山上空,中心最大风速达 52 m/s(图 3.42a)。

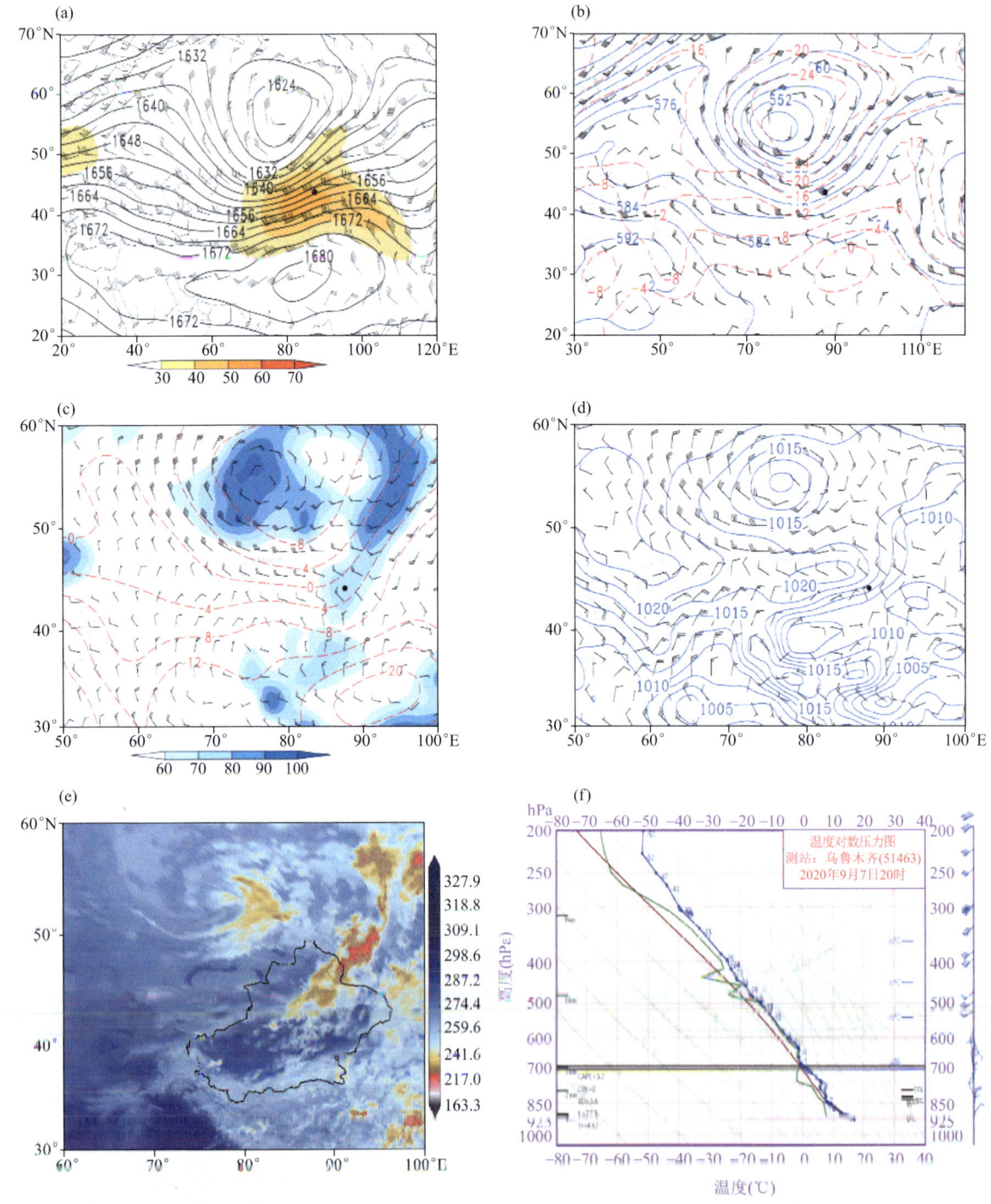

图 3.42 9月7日20时环流形势及 FY-2G 红外云图

(a)100 hPa 高度场(实线,单位:dagpm)和 200 hPa 急流(填色区为风速≥30 m/s);(b)500 hPa 高度场(蓝实线,单位:dagpm)、风场(单位:m/s)和温度场(红虚线,单位:℃);(c)700 hPa 风场(单位:m/s)和相对湿度(填色区,单位:%);
(d)海平面气压(实线,单位:hPa)和850 hPa 风场(单位:m/s);(e)8日02时 FY-2G 红外云图(单位:K);
(f)7日20时乌鲁木齐站 T-lnp 图

500 hPa:欧亚范围内为"两槽两脊"的经向环流,东欧和贝加尔湖地区为高压脊区,西西伯利亚地区为低压活动区。低涡主体稳定少动,并配合－24 ℃的冷中心,东欧脊前偏北气流引导冷空气向西西伯利亚低涡中输送,低涡逆转的过程中,低涡底部锋区上低压槽东移影响新疆,造成此次北疆大部分地区和阿克苏地区北部、巴州北部的降水、降温、大风天气(图3.42b)。

700~850 hPa:强降水时,等温线密集锋区压至天山一带,冷槽及切变线过境(图3.42c)。

地面:里海、咸海地区冷高压中心强度为1025 hPa,7日14时分裂冷高压进入北疆地区,高压中心1022.5 hPa,冷锋压至天山附近,7日20时至8日08时昌吉州东部出现偏北风-西南风的冷式切变线(图3.42d)。

探空 T-$\ln p$:整层湿(850~500 hPa),对流参数中,暴雨点最近探空站资料,K指数为27.3 ℃,SI指数为4.62 ℃,CAPE值为3.2 J/kg,BLI指数为3.6(图3.42f)。

3.22　9月18日05时至9月21日20时南疆西部暴雨、全疆大风

3.22.1　天气实况综述

过程时间	9月18日05时至9月21日20时	过程强度	中度
天气类型	降雨、大风		
天气实况	①降雨:全疆大部分区域出现小雨(山区为雨夹雪或雪),其中伊犁州、博州、塔城地区、阿勒泰地区西部北部、石河子市、乌鲁木齐市、昌吉州、喀什地区、克州、阿克苏地区、巴州北部、哈密市等地累计降水量6.1~71.1 mm,过程最大降雨中心为阿克苏地区乌什县英阿特站(图3.43a)。②风:全疆大部分地区普遍出现6级左右西北风,风口风力10~15级。		
灾害性天气	暴雨	①暴雨站次:共30站暴雨,18日24站(阿克苏地区5站,克州19站)(图3.43b),19日5站(阿克苏地区5站),20日1站(哈密市1站)。②单日最大降雨中心:阿克苏地区乌什县英阿特站,71.1 mm(18日)。③最大小时雨强:哈密市伊州区西山乡库尔路克村站,14.6 mm/h(21日13—14时)(图3.43c)。	
	冰雹	无	
	大风	①大风站次:8级以上大风505站,10级以上46站,12级以上6站(图3.43d)。②极大风:昌吉州玛纳斯县黑梁湾站,48.4 m/s(15级)。	
灾情	阿合奇县:9月19日03—14时出现暴雨或雪,造成哈拉奇乡、哈拉布拉克乡2乡镇64户农牧民受灾,农作物(小麦、大麦、玉米)受灾45.1 hm²,直接经济损失42.80万元。		

3.22.2　环流形势

影响系统:500 hPa西西伯利亚低压槽、700~850 hPa急流、切变线;冷锋。

100~200 hPa:100 hPa极涡西部型,东半球超长波槽位于西西伯利亚;200 hPa新疆受长波槽前超过62 m/s的西南急流控制(图3.44a)。

500 hPa:欧亚范围内为"三槽两脊"的经向环流,乌拉尔山和贝加尔湖附近为高压脊区,东欧和西西伯利亚为低压活动区。由于下游高压脊阻挡作用,西西伯利亚低压槽东移过程中分为南、北两段,北段东移北上影响南北疆偏西偏北地区,南段移速较慢,并配合－20 ℃的冷中心,在东移过程中影响南疆和东疆地区,共同造成此次降水大风天气(图3.44b)。

700~850 hPa:强降水时,700 hPa伊犁州境内有16 m/s以上的偏西急流,塔城地区、阿克苏地区存在风场切变和辐合,降水过程中,850 hPa等温线密集锋区压至西天山一带(图3.44c)。

地面:冷高压路径为偏西路径,高压中心东移过程中不断增强,19日08时高压前沿进入新疆北部,中

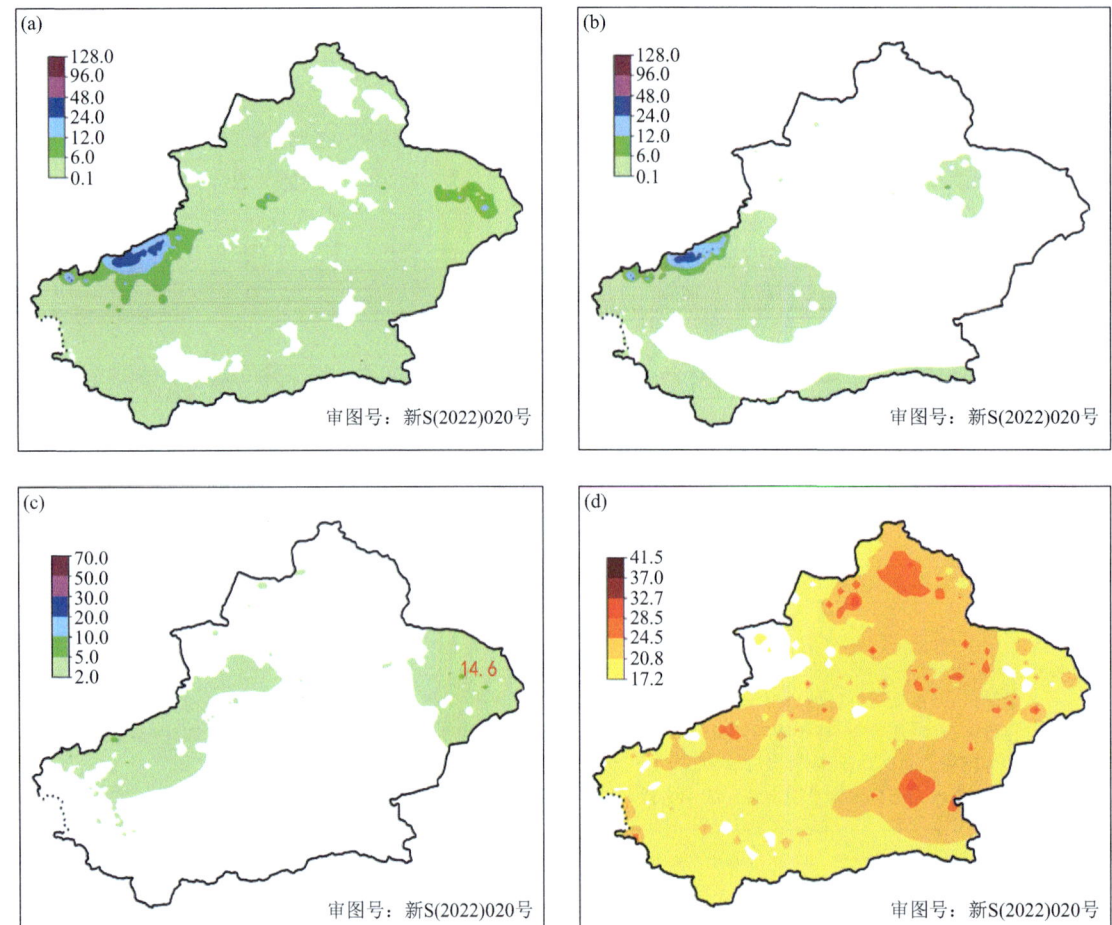

图 3.43　9 月 18—21 日天气实况

(a) 9 月 18 日 05 时至 9 月 21 日 20 时累计降水量(单位：mm)；(b) 9 月 18 日降水量(单位：mm)；
(c) 过程最大小时雨强(单位：mm/h)；(d) 过程极大风速(单位：m/s)

心强度 1031 hPa，高压底部有明显的冷锋压至天山附近(图 3.44d)。

探空 $T\text{-}\ln p$：中湿下干(500～400 hPa 湿、850～500 hPa 干)，对流参数中，暴雨点最近探空站资料，K 指数为 28.5 ℃、SI 指数为 −1.67 ℃、CAPE 值为 614.8 J/kg、BLI 指数为 −2.6(图 3.44f)。

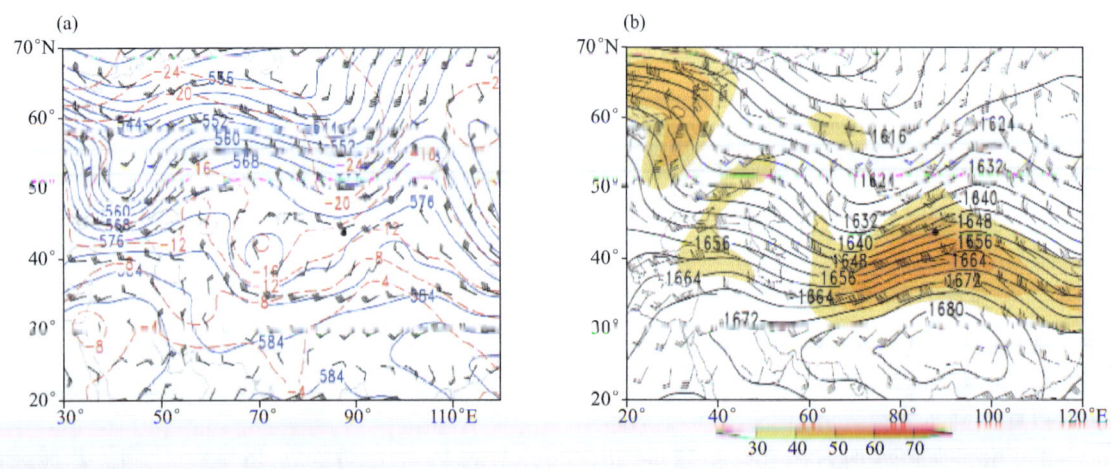

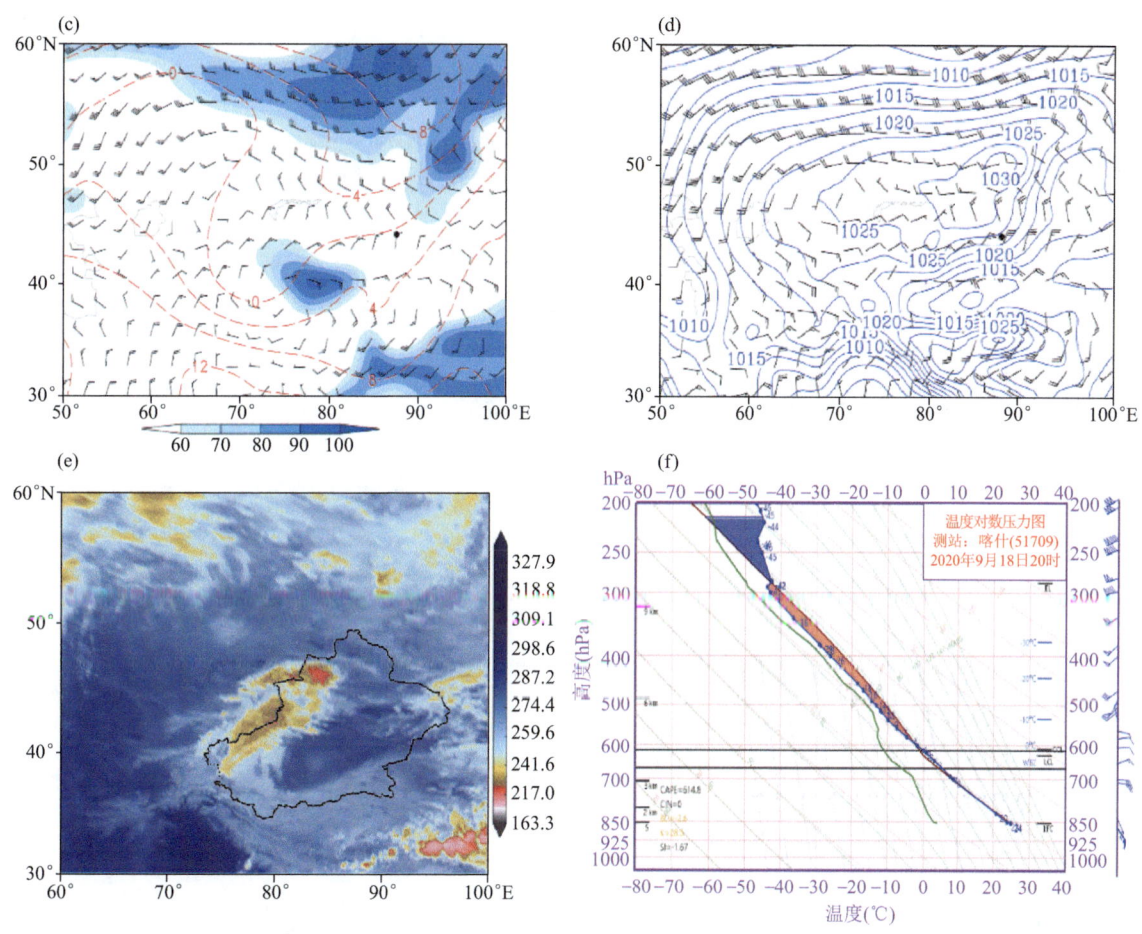

图 3.44　9 月 19 日 08 时环流形势及 FY-2G 红外云图

(a)100 hPa 高度场(点线,单位:dagpm)和 200 hPa 急流(填色区为风速≥60 m/s);(b)500 hPa 高度场(蓝实线,单位:dagpm)、风场(单位:m/s)和温度场(红虚线,单位:℃);(c)700 hPa 风场(单位:m/s)和相对湿度(填色区,单位:%);(d)海平面气压(实线,单位:hPa)和 850 hPa 风场(单位:m/s);(e)19 日 22 时 FY-2G 红外云图(单位:K);(f)18 日 20 时喀什站 T-lnp 图

3.23　10 月 6 日 08 时至 10 月 8 日 08 时中天山暴雪,北疆和东疆寒潮、大风

3.23.1　天气实况综述

过程时间	10 月 6 日 08 时至 10 月 8 日 08 时	过程强度	中强
天气类型	雨雪、寒潮、大风		
天气实况	①雨雪:北疆大部分地区和哈密市北部、阿克苏地区北部、巴州北部等地的部分区域出现降雨或雨夹雪转雪,其中伊犁州山区、塔城地区、阿勒泰地区、石河子市、乌鲁木齐市、昌吉州等地的局部区域累计降水量 6.1～48.0 mm,过程最大雨雪中心为乌鲁木齐市米东区柏杨乡独山子村站(图 3.45a)。②降温:伊犁州、博州、塔城地区北部、阿勒泰地区、乌鲁木齐市山区、昌吉州山区、阿克苏地区北部山区、哈密市北部气温下降 5～8 ℃,局部降温 8～10 ℃。③风:北疆、东疆和克州、阿克苏西部北部、巴州北部出现 6 级左右偏西或西北阵风,风口风力 9～10 级,阵风 11～12 级,南疆盆地东部出现 6 级左右偏东风。		
灾害性天气	雨雪	①雨雪站次:北疆大部分地区和哈密市北部、阿克苏地区北部、巴州北部出现雨雪天气,伊犁州、塔城地区北部、阿勒泰地区、乌鲁木齐市山区、昌吉州山区等地雨转雪。②单日最大雨雪中心:乌鲁木齐市米东区柏杨乡独山子村站,48.0 mm(7 日)(图 3.45b)。	

续表

灾害性天气	雨雪	③最大小时雨强:乌鲁木齐市米东区峡门子东站 13.0 mm/h(7日 12—13时)、乌鲁木齐市米东区柏杨乡独山子村 13.0 mm/h(7日 00—01时)(图 3.45c)
	寒潮	①寒潮站数:共 168 站·次出现寒潮,其中强寒潮 36 站·次,特强寒潮 3 站·次(图 3.45e)。 ②日最大降温中心:阿勒泰地区阿勒泰市汗得尕特乡杨树沟,7日降温 12.3 ℃。 ③过程最低气温:巴州和静县巴音布鲁克镇德尔比勒金牧场,−18.5 ℃(图 3.45f)
	大风	①大风站数:8级以上大风 516 站,10 级以上 96 站,12 级以上 3 站(图 3.45d)。 ②极大风:阿拉尔市 12 团地震台,47.4 m/s(15 级)

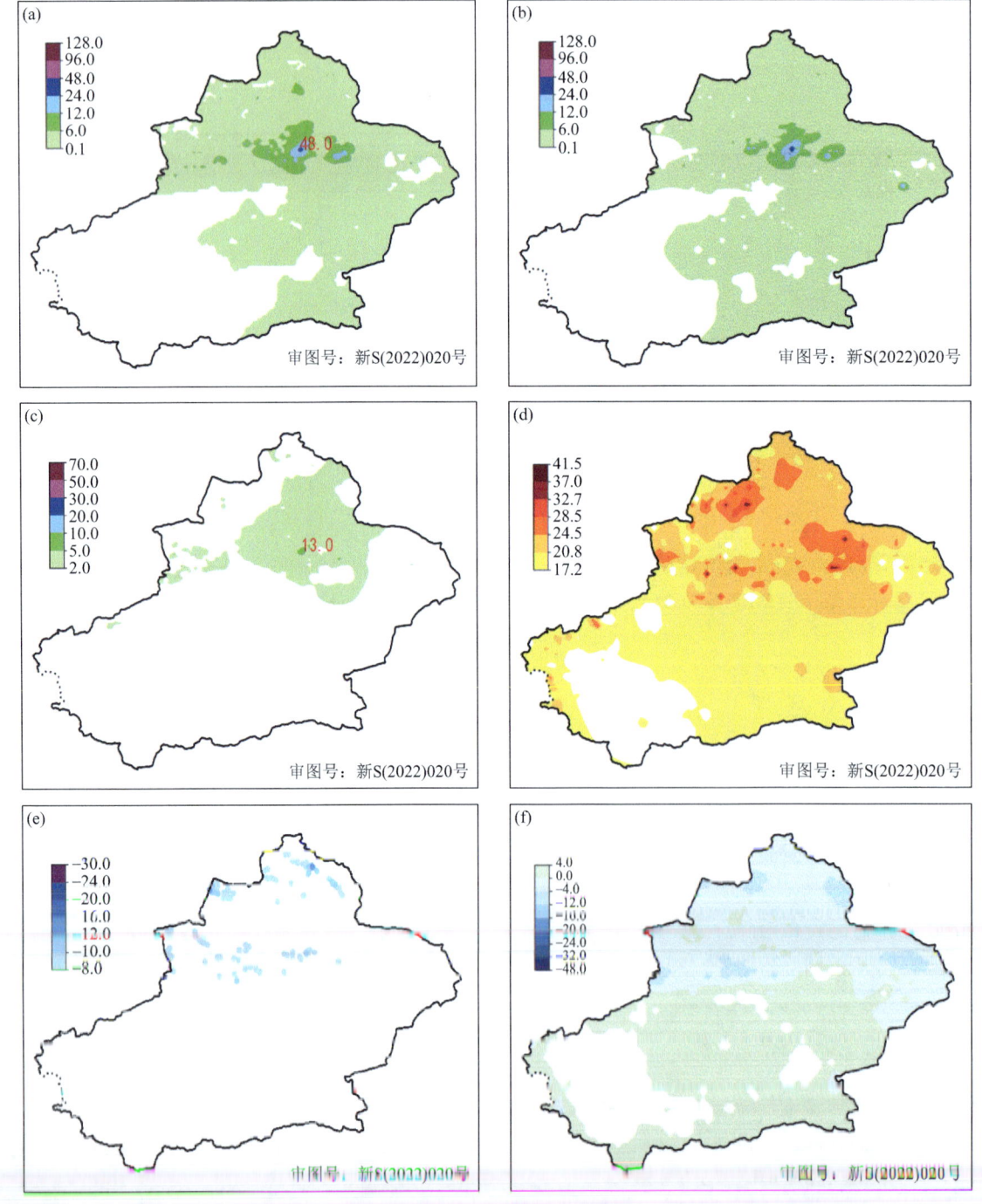

图 3.45　10月6—8日天气实况

(a)10月6日08时至8日08时累计降水量(单位:mm);(b)10月7日降水量(单位:mm);(c)过程最大小时雨强(单位:mm/h);
(d)过程极大风速(单位:m/s);(e)8日最低气温24 h降温幅度(单位:℃);(f)过程最低气温(单位:℃)

3.23.2 环流形势

影响系统:500 hPa 西西伯利亚低涡、中亚低压槽、700~850 hPa 急流、切变线;冷锋。

100~200 hPa:100 hPa 极涡为偶极型,两中心分别位于西伯利亚和北美洲北部;200 hPa 新疆受低涡底部超过 60 m/s 的偏西急流控制(图 3.46a)。

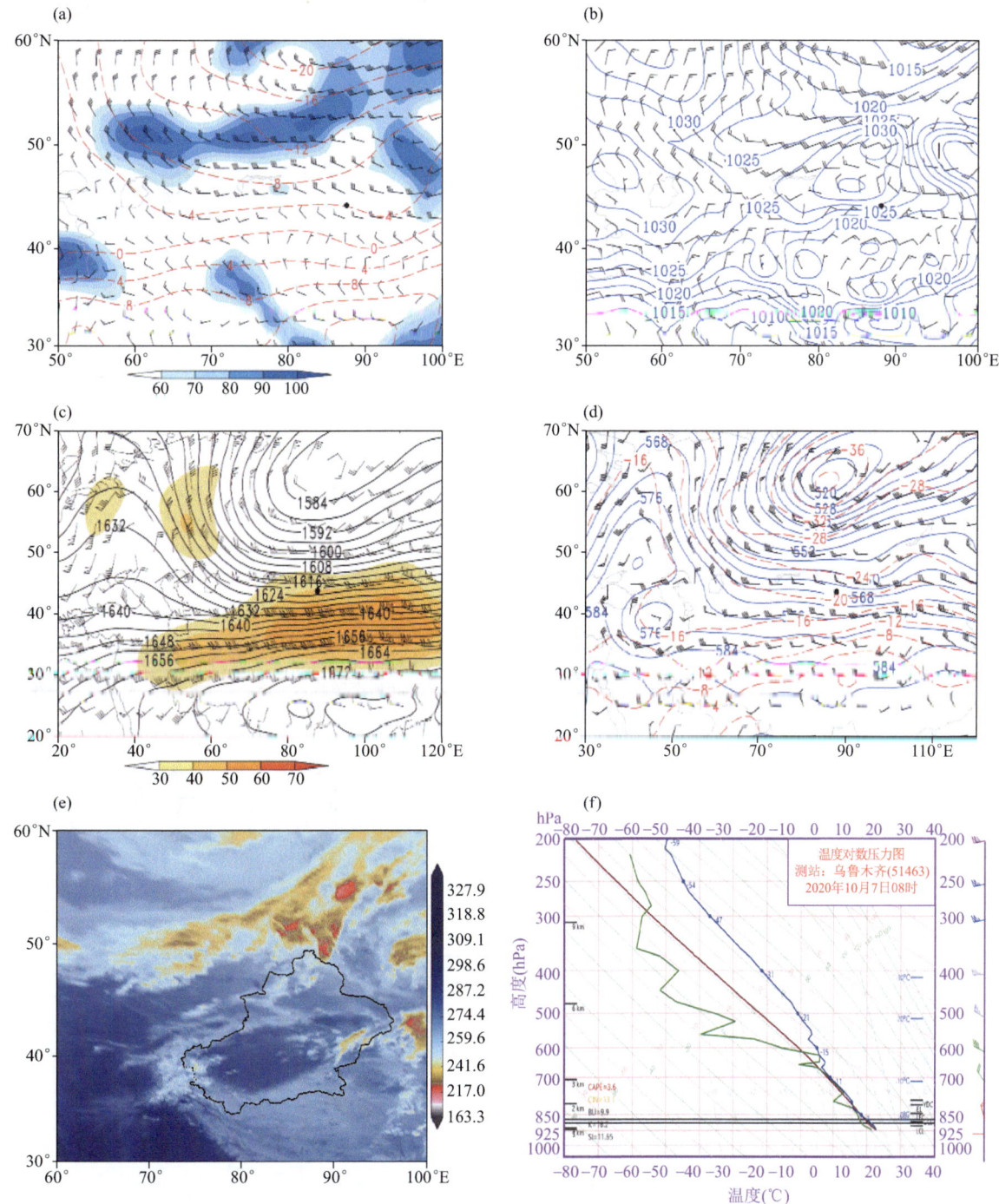

图 3.46 10 月 7 日 20 时环流形势及 FY-2G 红外云图

(a)100 hPa 高度场(实线,单位:dagpm)和 200 hPa 急流(填色区为风速≥30 m/s);(b)500 hPa 高度场(蓝实线,单位:dagpm)、风场(单位:m/s)和温度场(红虚线,单位:℃);(c)700 hPa 风场(单位:m/s)和相对湿度(填色区,单位:%);(d)海平面气压(实线,单位:hPa)和 850 hPa 风场(单位:m/s);(e)FY-2G 红外云图(单位:K);

(f)08 时乌鲁木齐站 T-lnp 图

500 hPa：欧亚范围内为"两槽一脊"的经向环流，东欧为高压脊，西欧和西西伯利亚至中亚为低涡低压槽，西西伯利亚低涡冷中心达-39 ℃，随着西西伯利亚低涡逆转南下，冷空气沿东欧脊前偏北风南下补充至中亚低压槽，并推动低压槽东移影响新疆，造成此次降水、降温、大风天气(图3.46b)。

700～850 hPa：强降水时，700 hPa和850 hPa北疆偏西地区有16 m/s以上的偏西急流，乌鲁木齐至昌吉有明显的切变线(图3.46c)。

地面：冷高压路径为西北路径，高压中心东移过程中不断增强，6日08时高压前沿进入北疆偏西地区，中心强度1037.5 hPa，东移过程中有所加强(图3.46d)。

探空 $T-\ln p$：中天山存在不稳定条件，7日08时乌鲁木齐站 $K=16.2$ ℃、$SI=11.65$ ℃、$BLI=9.9$、$CAPE=3.6$ J/kg，上干下湿(图3.46f)。

3.24 11月14日20时至18日20时南北疆降雪、大风、局地寒潮

3.24.1 天气实况综述

过程日期	11月14日20时至11月18日20时	过程强度	中度
天气类型	降雪，大风，局地寒潮		
天气实况	①降雪：北疆大部分地区和喀什地区南部山区、克州山区、阿克苏地区、哈密市等地局部区域出现降雪，其中伊犁州、博州、塔城地区、阿勒泰地区、乌鲁木齐市、昌吉州、喀什地区南部山区局部累计降水量3.1～6.0 mm，伊犁州、塔城地区北部、阿勒泰地区北部、乌鲁木齐市南部山区、喀什地区南部山区局部累计降水量6.1～14.7 mm，最大降雪中心位于博州温泉县查干屯格乡大库斯台沟站(图3.47a)。 ②风：上述地区出现5～6级西北风，北疆、东疆风口出现8级以上偏西或西北阵风。 ③降温：北疆大部分地区，南疆西部降温幅度5～8 ℃，局地降温8 ℃～12 ℃。		
灾害性天气	大雪	①大雪站数：共5站大雪，15日伊犁州昭苏县胡松图哈尔逊乡站8.5 mm、察汗乌苏乡站6.5 mm，博州温泉县查干屯格乡大库斯台沟站11.7 mm，阿勒泰地区阿勒泰市野卡峡野雪公园站7.7 mm；17日伊犁州霍城县芦草沟镇大东沟站6.2 mm(图3.47b)。 ②日最大降雪中心：博州温泉县查干屯格乡大库斯台沟站，11.7 mm(15日)。 ③最大小时雪强：塔城地区额敏县二支河牧场库斯特站最大小时雪强5.2 mm/h，出现在15日16—17时。	
	寒潮	①寒潮站次数：185站·次，其中强寒潮39站·次，特强寒潮9站·次。 ②日最大降温中心：喀什地区塔什库尔干县红其拉甫站，23.8 ℃(17日)。 ③过程最低气温：喀什地区塔什库尔干县红其拉甫站，-53.7 ℃(18日)(图3.47c)。	
	大风	①大风站数：8级以上大风197站，10级以上17站(图3.47d)。 ②极大风：哈密市伊州区十三间房站31.8 m/s(11级)。	

3.24.2 环流形势

影响系统：西西伯利亚低压槽，中亚低压槽。

100～200 hPa：100 hPa超长波槽位于西西伯利亚；200 hPa极锋锋区南压至北疆，高空偏西急流轴位于北疆北部地区，中心最大风速达70 m/s(图3.48a)。

500 hPa：14日20时，欧亚范围内为"一脊一槽"的环形势流，乌拉阿山地区为高压脊区，西西伯利亚低压槽与中亚低压槽叠加。随着上游高压脊东北伸，至16日20时，西西伯利亚低压槽转横，不断分裂短波槽，影响北疆大部分地区，中亚低压槽东移，造成南疆偏西地区的降水(图3.48b)。

700 hPa：北疆西部北部地区风速加强，出现明显的风场辐合(图3.48c)。

地面：11月16日20时中心强度1040 hPa的冷高压中心里海、咸海北部，新疆有一个1015 hPa的低

压中心,东西气压差大,偏西风强,冷锋位于北疆地区(图 3.48d)。

探空 T-$\ln p$:北疆西部存在不稳定条件,14 日 20 时伊宁站 $K=5.9\ ℃$、$SI-15.33\ ℃$、$BLI-9$,中层干、高低层湿(图 3.48f)。

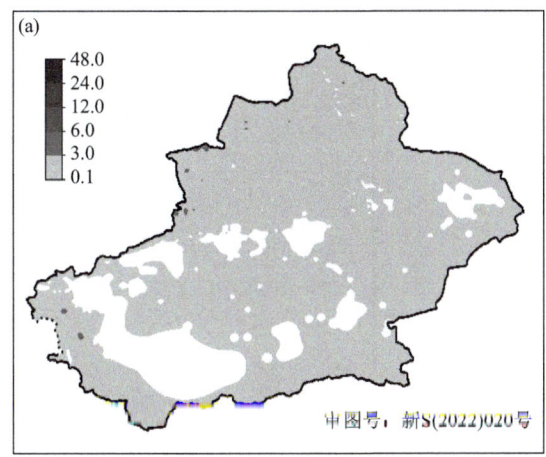
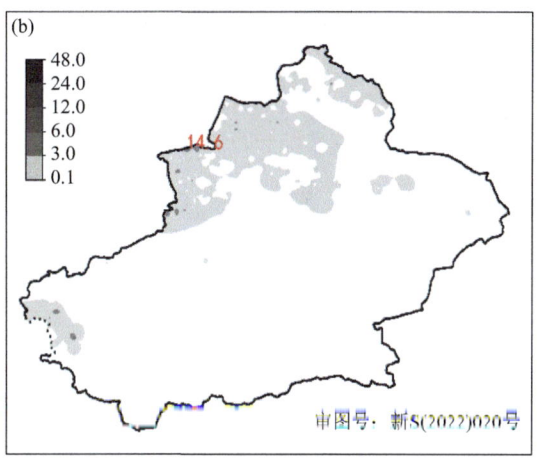
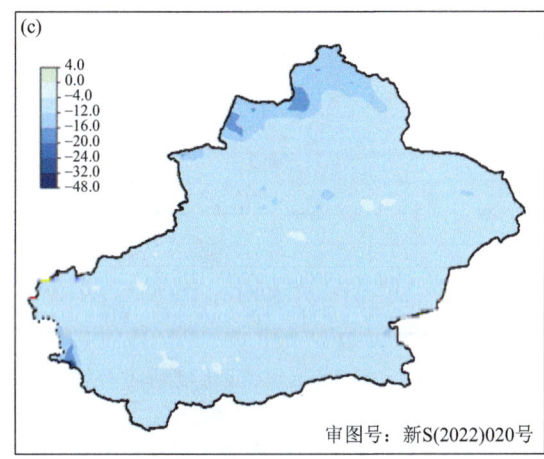
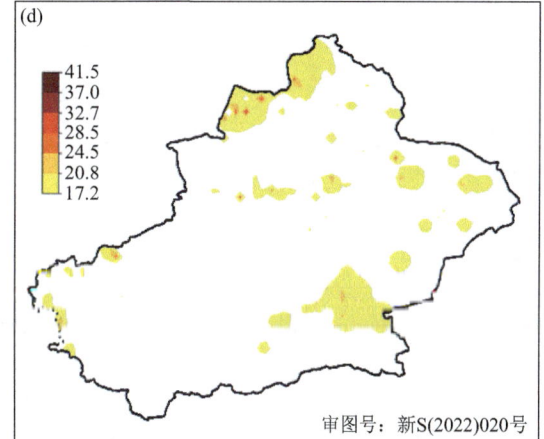

图 3.47 11 月 14 日 20 时至 18 日 20 时天气实况
(a)过程累计降水量(单位:mm);(b)过程最强降水量(单位:mm);
(c)过程最低气温(单位:℃);(d)过程极大风速(单位:m/s)

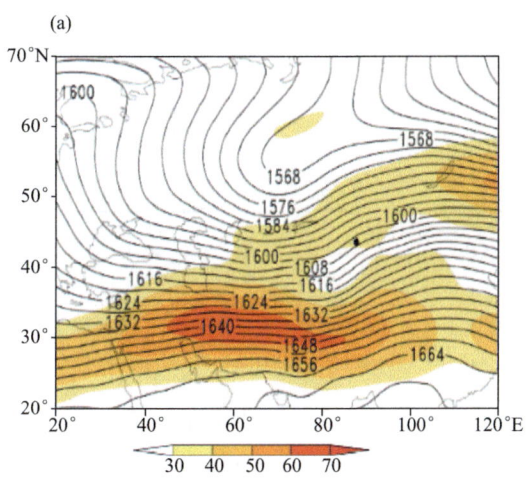
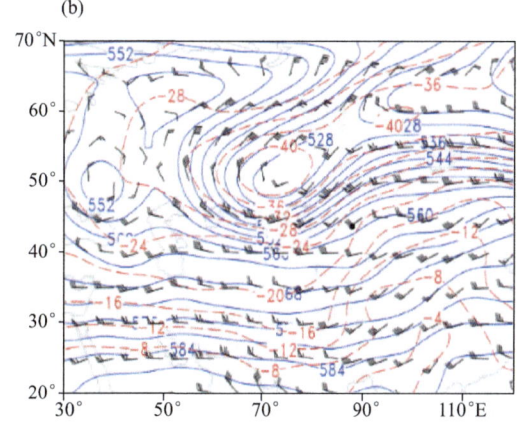

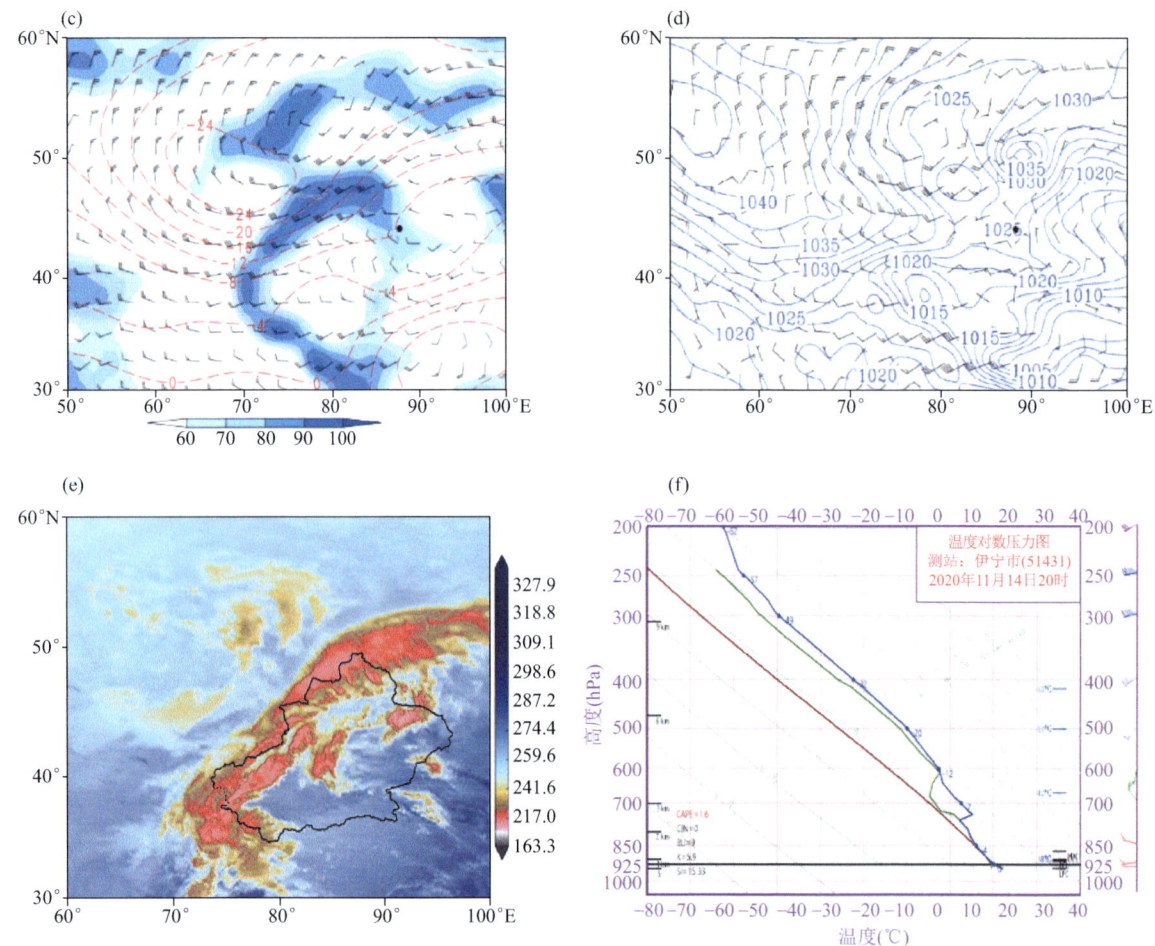

图 3.48　11 月 14—16 日 20 时环流形势及 FY-2G 红外云图

(a)11 月 16 日 20 时 100 hPa 高度场(实线,单位:dagpm)和 200 hPa 急流(填色区为风速≥30 m/s);(b)11 月 16 日 20 时 500 hPa 高度场(蓝实线,单位:dagpm)、风场(单位:m/s)和温度场(红虚线,单位:℃);(c)11 月 16 日 20 时 700 hPa 风场(单位:m/s)和相对湿度(填色区,单位:%);(d)11 月 16 日 20 时海平面气压(实线,单位:hPa)和 850 hPa 风场(单位:m/s);
(e)11 月 15 日 11 时 FY-2G 红外云图(单位:K);(f)11 月 14 日 20 时伊宁站 $T\text{-}\ln p$ 图

3.25　11 月 20 日 14 时至 11 月 23 日 20 时南北疆西部降雪、东疆寒潮、风口大风

3.25.1　天气实况综述

过程日期	11 月 20 日 14 时至 11 月 23 日 20 时	过程强度	中强
天气类型	寒潮,降雪,风口大风		
天气实况	①降雪:伊犁州、博州、喀什地区、克州、和田地区西部、阿克苏地区北部西部的部分区域出现降雪,其中喀什地区、克州、阿克苏地区局地累计降雪量 3.1～6.0 mm,喀什地区、克州局部累计降雪量 6.1～21.5 mm,最大降雪中心为克州阿图什市柯坪克孜雷曲站(图 3.49a)。 ②风:上述地区和阿勒泰地区北部、乌鲁木齐市南部、巴州、哈密市北部等地的风口地区出现 5～6 级西北风,局地风口出现 8 级以上偏西或西北阵风。 ③降温:天山北坡、南疆西部山区、东疆降温 5～8 ℃,局地降温 8～10 ℃。		

续表

灾害性天气	大雪	①大雪站数:共5站大雪,2站暴雪,20日20时至21日20时2站(克州阿图什市)。 ②日最大降雪中心:克州阿图什市松他克乡苗圃站,16.2 mm(20日)(图3.49b)。 ③最大小时雪强:喀什地区克孜勒乡站最大小时雪强2.5 mm/h,出现在22日14—15时。
	寒潮	①寒潮站数:共61站·次寒潮,其中强寒潮15站·次。 ②日最大降温中心:昌吉州昌吉市沙漠管护站,11.7 ℃(21日)(图3.49c)。 ③过程最低气温:克州乌恰县托云乡约克村二大队一小队站,−22.7 ℃(22日)。
	大风	①大风站数:8级以上大风28站,10级以上11站,12级以上1站(图3.49d)。 ②极大风:塔城地区裕民县加拉乌勒套山站,34 m/s(12级)。

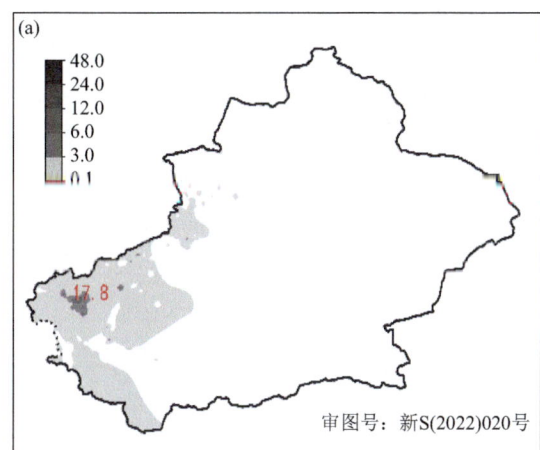
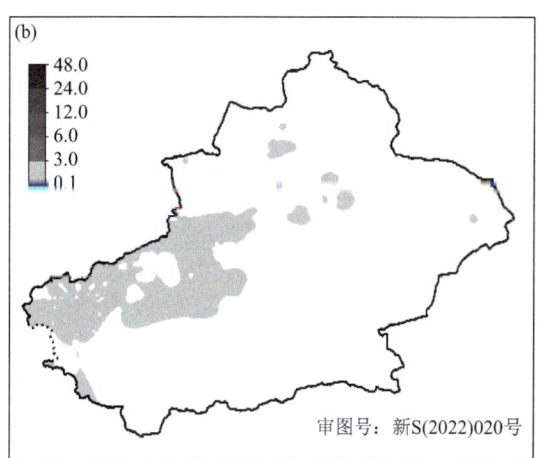
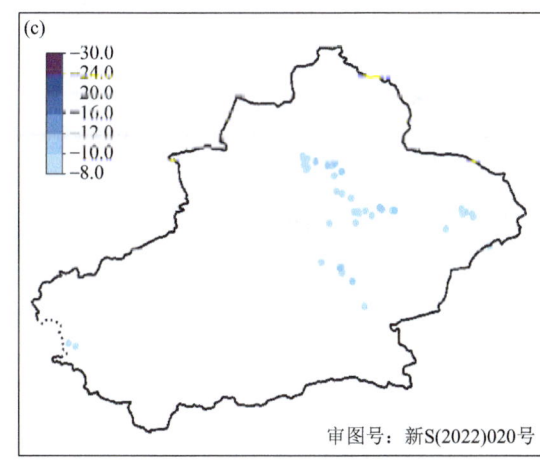
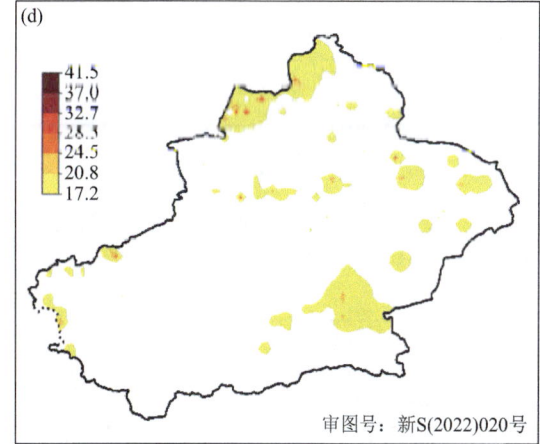

图3.49　11月20日14时至23日20时天气实况
(a)过程累计降水量(单位:mm);(b)过程最强降水量(单位:mm);
(c)21日最低气温降幅(单位:℃);(d)过程极大风速(单位:m/s)

3.25.2　环流形势

影响系统:西西伯利亚低压槽,南支槽。

100~200 hPa:100 hPa超长波槽位于西西伯利亚;200 hPa极锋锋区南压至新疆北部,高空偏西急流轴位于南北疆偏西地区,中心最大风速达60 m/s(图3.50a)。

500 hPa:20日08时,欧亚范围内为"两脊两槽"的经向环流,乌拉尔山地区为高压脊区,里海、咸海地区为低值系统,下游贝加尔湖为低压槽区,中亚低涡前部西南气流配合低层回流性偏东风形成"东西夹攻"的环流形势,造成此次南疆偏西地区的降水、降温天气(图3.50b)。

700 hPa：南疆盆地大部分地区出现偏东显著流线，偏东风西伸至喀什地区。强降水时，南北疆偏西地区风速增强，出现明显的风场辐合（图3.50c）。

地面：11月20日20时中心强度1050 hPa的冷高压中心位于蒙古地区，南疆盆地上空存在中心强度1020 hPa的低压中心，南北疆压差大，受地形影响，冷锋位于天山南坡（图3.50d）。

探空 $T\text{-}\ln p$：南疆西部存在不稳定条件，20日20时喀什站 $K=24.7\ ℃$、$SI=3.39\ ℃$、$BLI=2.9$、$CAPE=6\ J/kg$，整层较湿（图3.50f）。

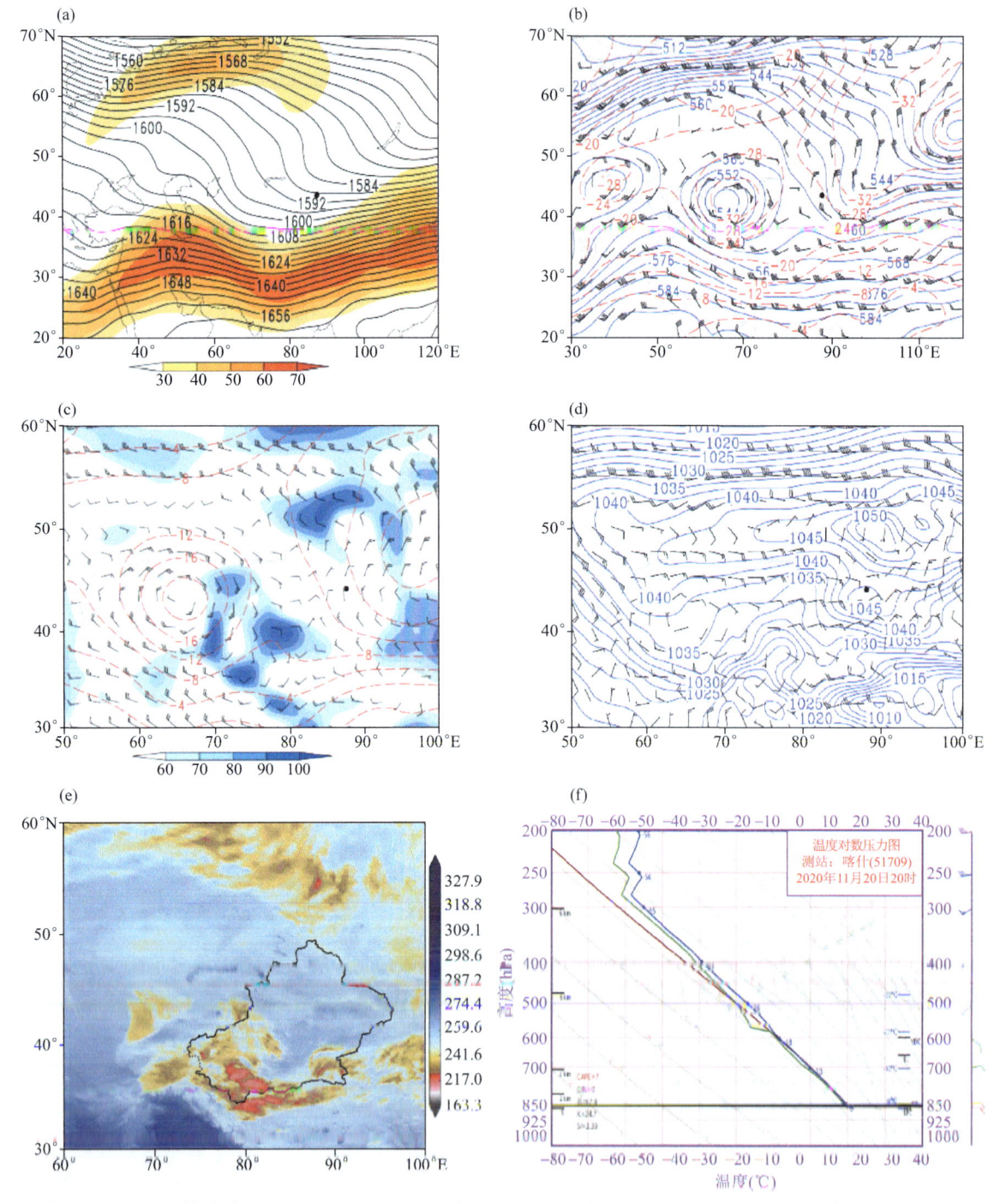

图3.50　11月20日20时环流形势

(a)100 hPa高度场(实线，单位：dagpm)和200 hPa急流(填色区为风速≥30 m/s)；(b)500 hPa高度场(蓝实线，单位：dagpm)、风场(单位：m/s)和温度场(红虚线，单位：℃)；(c)700 hPa风场(单位：m/s)和相对湿度(填色区，单位：%)；(d)海平面气压(实线，单位：hPa)和850 hPa风场(单位：m/s)；(e)FY-2G红外云图(单位：K)；(f)喀什站 $T\text{-}\ln p$ 图

3.26 11月28日17时至12月1日20时北疆东疆降雪,天山北坡寒潮、大风

3.26.1 天气实况综述

过程日期	11月28日17时至12月1日20时	过程强度	中强
天气类型	寒潮、降雪、大风		
天气实况	①降雪:北疆大部分地区和喀什地区北部山区、克州南部山区、阿克苏地区、巴州北部山区、吐鲁番市、哈密市等地的部分区域出现降雪;其中伊犁州、博州、塔城地区、石河子市、乌鲁木齐市、昌吉州等地的部分区域和阿勒泰地区西部、克州南部山区、哈密市的局部区域累计降雪量3.1~6.0 mm;伊犁州、博州、塔城地区、乌鲁木齐市等地累计降雪量6.1~17.5 mm,最大降雪中心为伊犁州伊宁县站(图3.51a,b)。 ②风:北疆大部分地区出现6级以上西北风,风口风力9~10级。 ③降温:北疆偏西地区降温5~8 ℃,局地降温8 ℃~10 ℃。		
灾害性天气	大雪	①日最大降雪中心:克州阿合奇县站,6.7 mm(30日)。 ②最大小时雪强:哈密市德外里乡站,2.8 mm/h,出现在20日13—14时。	
	寒潮	①寒潮站数:共104站·次寒潮,其中强寒潮20站·次,特强寒潮7站·次(图3.51c)。 ②日最大降温中心:喀什地区塔什库尔干县红其拉甫站,23.7 ℃(29日)。 ③过程最低气温:喀什地区塔什库尔干县红其拉甫站,-40.4 ℃(29日)。	
	大风	①大风站数:8级以上大风199站,10级以上40站,12级以上1站(图3.51d)。 ②极大风:伊犁州新源县那拉提镇哈拉奥依站,34.1 m/s。	
灾情	博州博乐市:11月28日晚至29日白天出现降雪,造成青得里镇受灾,其中种植户受灾12户22人,农作物受灾1.2 hm²,蔬菜大棚受损19座,鸡苗受灾2000只,鸡圈受损1座,直接经济损失67.6万元。		

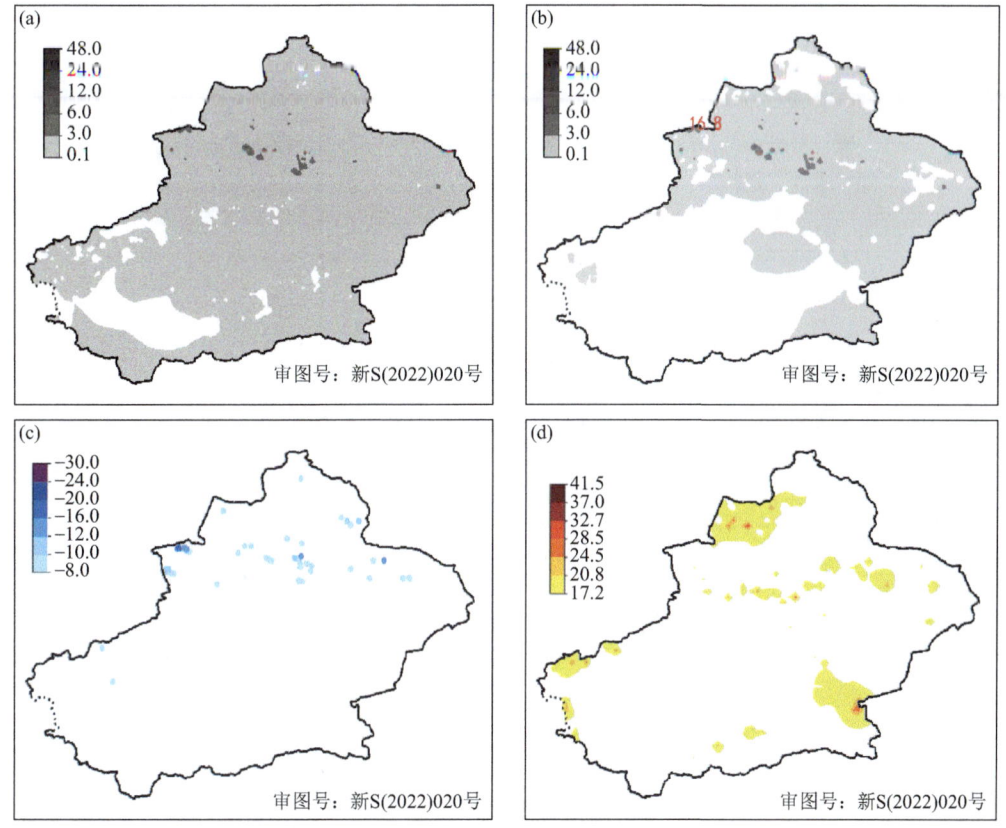

图3.51 11月28日17时至12月1日20时天气实况
(a)过程累计降水量(单位:mm);(b)过程最强降水量(单位:mm);(c)30日最低气温降幅(单位:℃);(d)过程极大风速(单位:m/s)

3.26.2 环流形势

影响系统：西西伯利亚低压槽。

100～200 hPa：100 hPa 超长波槽位于西西伯利亚；200 hPa 极锋锋区南压至新疆北部，高空偏西急流轴位于北疆地区，中心最大风速达 60 m/s（图 3.52a）。

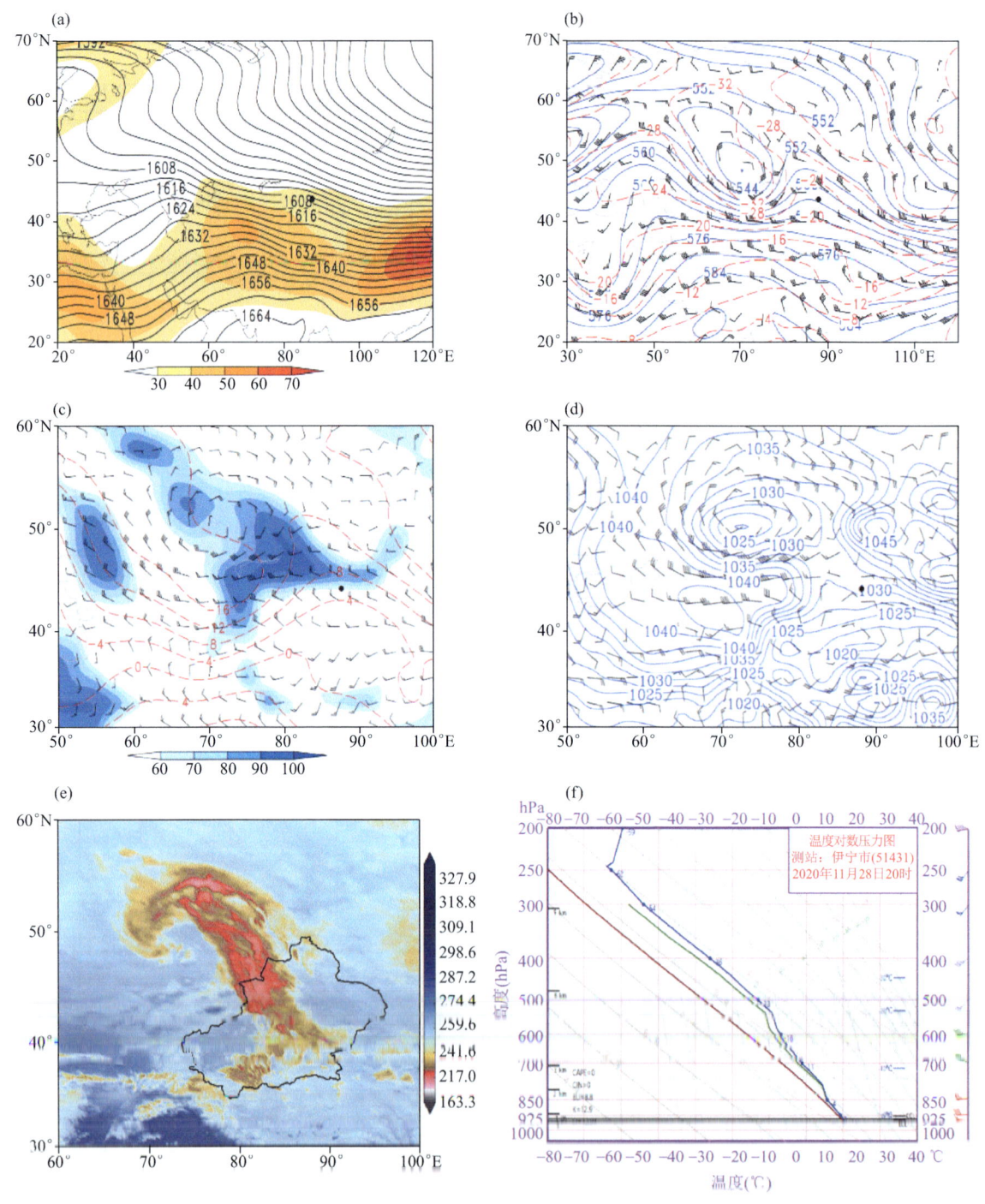

图 3.52　11 月 28 日 20 时环流形势

(a)100 hPa 高度场（实线，单位：dagpm）和 200 hPa 急流（填色区为风速≥30 m/s）；(b)500 hPa 高度场（蓝实线，单位：dagpm）、风场（单位：m/s）和温度场（红虚线，单位：℃）；(c)700 hPa 风场（单位：m/s）和相对湿度（填色区，单位：%）；
(d)海平面气压（实线，单位：hPa）和 850 hPa 风场（单位：m/s）；(e)FY-2G 红外云图（单位：K）；
(f)伊宁站 T-ln$p$ 图

500 hPa:欧亚范围内中纬度地区环流形势为阻塞型,准静止反气旋中心位于70°~100°E,强度为553 hPa,新疆北部为变形场,处在高空偏西气流下;28日20时欧洲脊向东南衰退,推动乌拉尔山大槽东移入侵新疆,20°~70°E纬向环流转为经向环流,里海、咸海地区开始长脊,推动中亚低涡东移,新疆持续处于中亚低涡下偏西气流中,受短波槽不断侵袭,造成此次的强降雪天气(图3.52b)。

700 hPa:强降水时,伊犁州境内有16 m/s以上的偏西急流,北疆沿天山一带存在风场切变和辐合(图3.52c)。

地面:东欧至西西伯利亚中心强度1047.5 hPa的冷高压沿西北转偏西路径持续缓慢东南移,至20日20时移出新疆(图3.52d)。

探空 $T\text{-ln}p$:北疆大部存在不稳定条件,28日20时伊宁站$K=12.9\ ℃$、$SI=12.94\ ℃$、$BLI=8.8$,整层较湿(图3.52f)。

3.27　12月20日17时至12月22日08时北疆西部与北部寒潮、大风

3.27.1　天气实况综述

过程日期	12月20日17时至12月22日08时	过程强度	中度
天气类型	降雪、寒潮、大风		
天气实况	①降雪:伊犁州、阿勒泰地区和博州、塔城地区、石河子市、乌鲁木齐市、昌吉州、哈密市、巴州北部等地的部分区域区域出现降雪,其中伊犁州、塔城地区北部、阿勒泰地区北部东部、乌鲁木齐市、昌吉州东部等地的局部区域出现累计降雪量3.1~8.4 mm,最大降雪中心位于伊犁州伊宁县站(图5.53a)。 ②风:北疆、东疆大部分地区出现6级以上西北风,风口风力10~12级。 ③降温:北疆大部分地区降温5~8 ℃,局地降温8~14 ℃。		
灾害性天气	大雪	①大雪站数:伊犁州伊宁市(2站)、霍城县(2站),共4站出现大雪(6.0~8.4 mm)。 ②日最大降雪中心:伊犁州伊宁县,8.4 mm(20日)(图5.53b)。	
	寒潮	①寒潮站数:共189站·次寒潮,其中强寒潮59站·次,特强寒潮23站·次。 ②日最大降温中心:阿勒泰地区阿勒泰市阿拉哈克镇齐背岭水库,16.9 ℃(22日)。 ③过程最低气温:阿勒泰地区富蕴县吐尔洪乡拜依格托别村,−35.8 ℃(22日)(图5.53c)。	
	大风	①大风站数:8级以上大风80站,10级以上9站(图5.53d)。 ②极大风:克拉玛依市金矿站,29.3 m/s(11级)。	

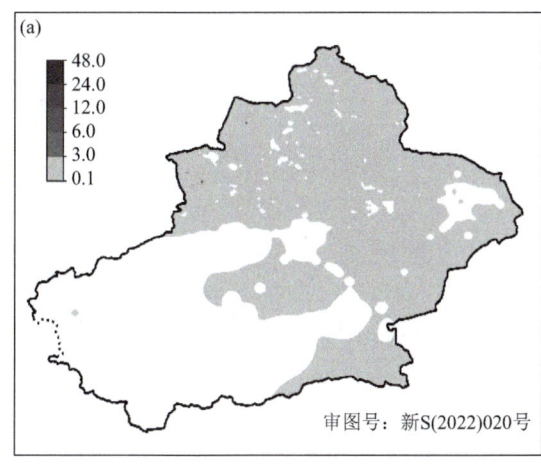

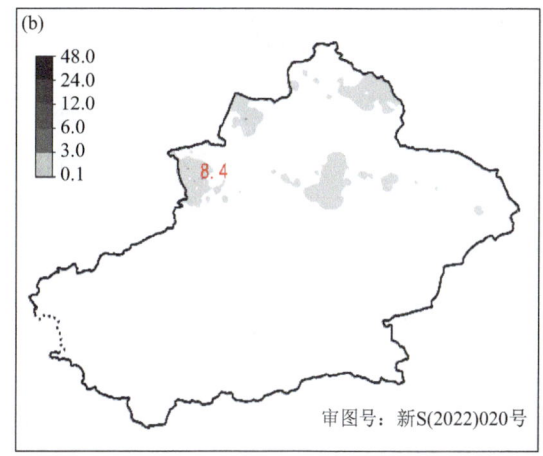

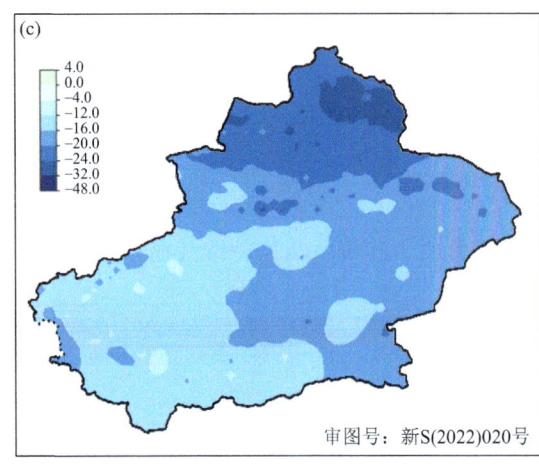
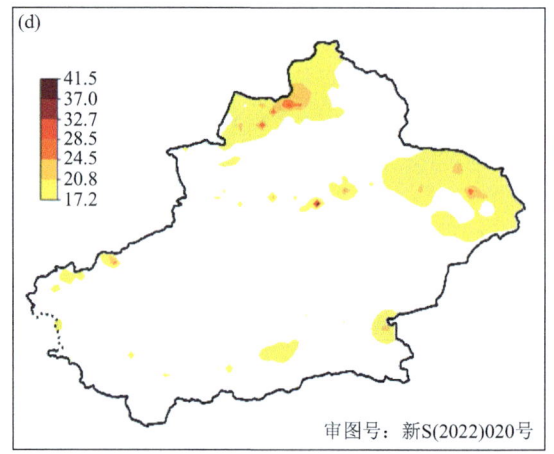

图3.53 12月20日17时至22日08时天气实况
(a)过程累计降水量(单位:mm);(b)过程最强降水量(单位:mm);
(c)过程最低气温(单位:℃);(d)过程极大风速(单位:m/s)

3.27.2 环流形势

影响系统:西西伯利亚低压槽,中亚低压槽。

100～200 hPa:100 hPa超长波槽位于西西伯利亚;200 hPa极锋锋区南压至新疆北部,高空偏西急流轴位于北疆北部地区,中心最大风速达60 m/s(图3.54a)。

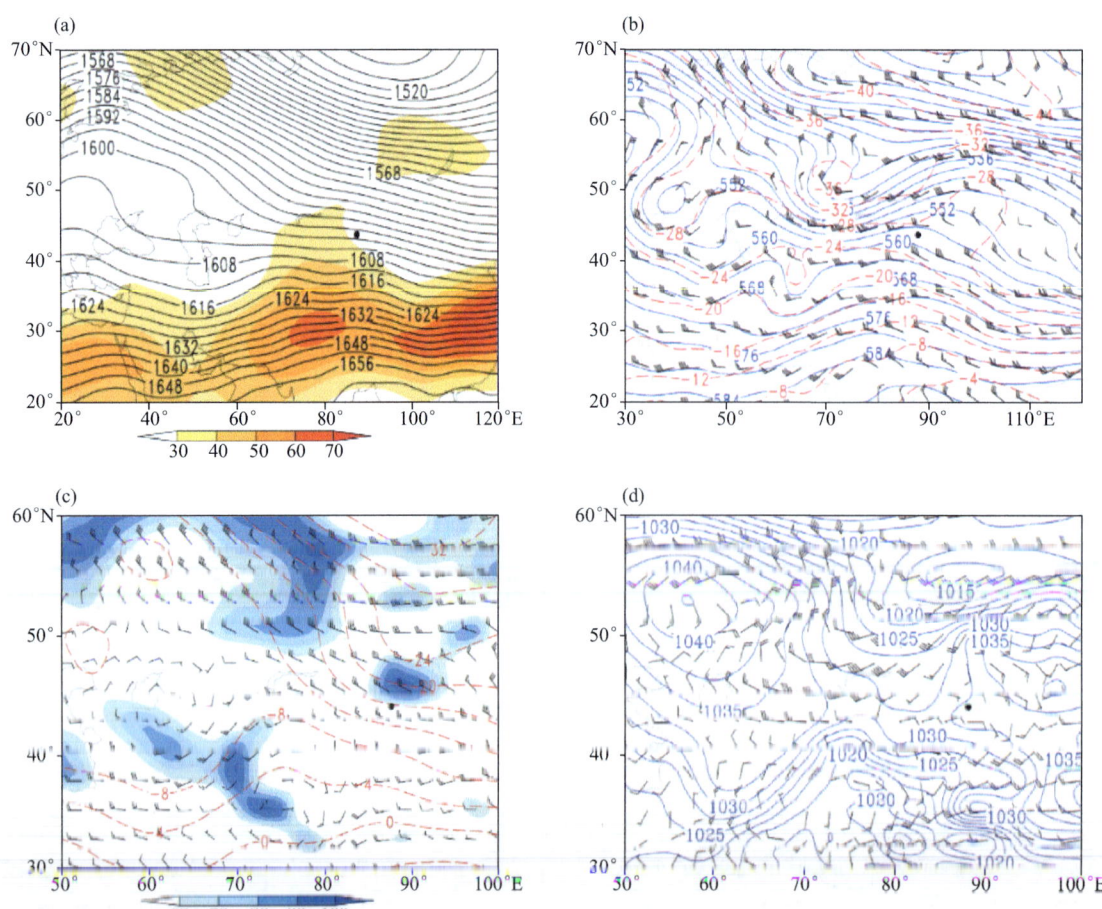

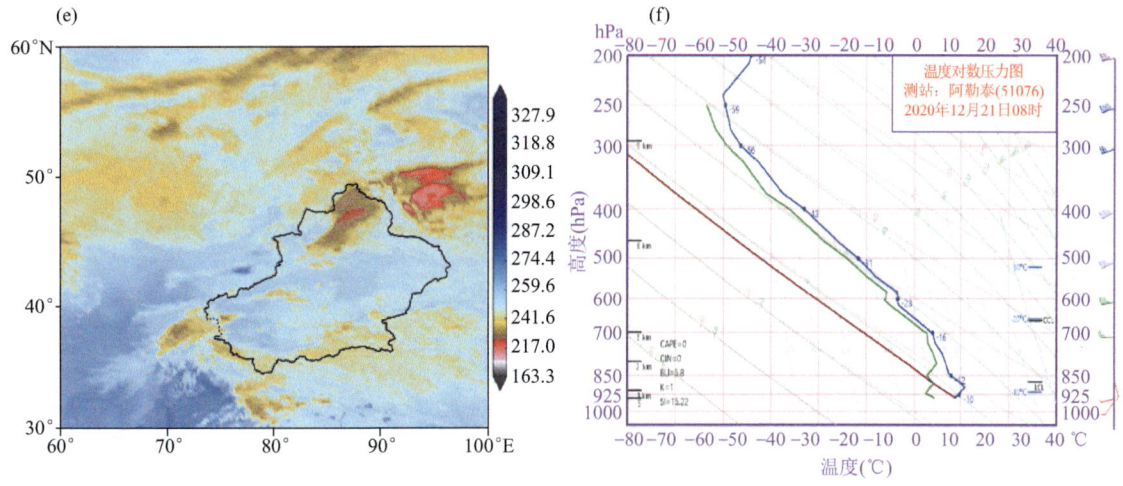

图 3.54 12 月 20—21 日环流形势及 FY-2G 红外云图

(a)12 月 20 日 20 时 100 hPa 高度场(实线,单位:dagpm)和 200 hPa 急流(填色区为风速≥30 m/s);(b)12 月 20 日 20 时 500 hPa 高度场(蓝实线,单位:dagpm)、风场(单位:m/s)和温度场(红虚线,单位:℃);(c)12 月 20 日 20 时 700 hPa 风场(单位:m/s)和相对湿度(填色区,单位:%);(d)12 月 20 日 20 时海平面气压(实线,单位:hPa)和 850 hPa 风场 (单位:m/s);(e)12 月 21 日 09 时 FY-2G 红外云图(单位:K);(f)12 月 21 日 08 时阿勒泰站 T-$\ln p$ 图

500 hPa:欧亚范围内中高纬度为"两槽两脊"的环流形势,中纬度锋区较强,里海、咸海地区长脊,脊前冷空气南下,同时推动西西伯利亚低压槽和中亚低压槽东移,造成此次的降雪和强降温天气(图 3.54b)。

700 hPa:伊犁州存在风场的切变和辐合(图 3.54c)。

地面:东欧至西西伯利亚中心强度 1040 hPa 的冷高压沿西北路径快速东南移,冷锋压至北疆偏西地区,造成强降温(图 3.54d)。

探空 T-$\ln p$:北疆北部存在不稳定条件,21 日 08 时阿勒泰站 $K=1$ ℃、$SI=-15.22$ ℃、$BLI=5.8$,中层干、低层湿(图 3.54f)。

第4章 2020年中弱和弱天气过程

4.1 1月6日02时至1月9日14时南疆西部降雪、风口大风

过程日期	1月6日02时至1月9日14时	过程强度	弱
天气类型	降雪、大风		
天气实况	①降雪:喀什地区、克州、和田地区等地的部分区域和伊犁州、石河子市等地的局部区域出现降雪,喀什地区、克州等地的局部区域累计降雪量3.1~10.5 mm;最大降雪中心为克州阿克陶站(图4.1a)。 ②大风:南北疆偏西地区出现5级西北阵风,风口风力9~10级。		

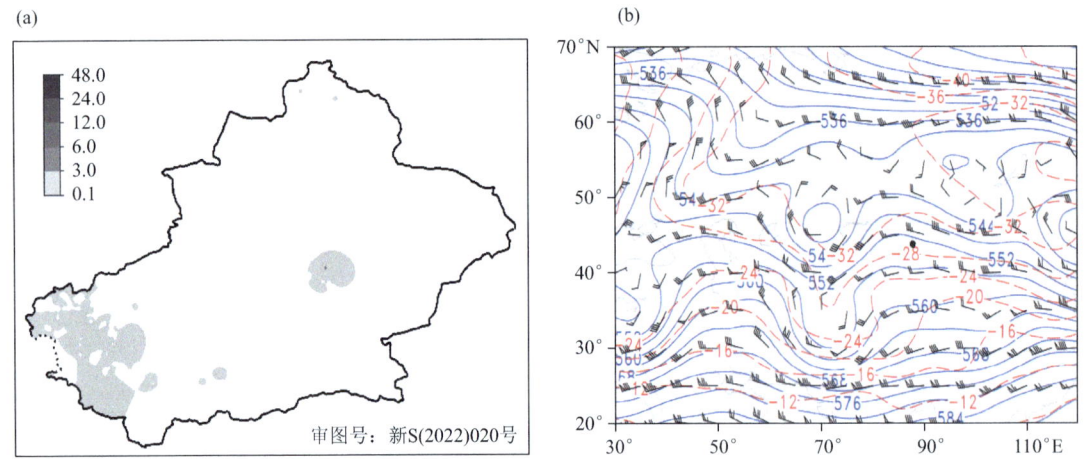

图4.1 (a)1月6日02时至9日14时过程累计降水量(单位:mm),(b)1月8日08时500 hPa高度场(蓝实线,单位:dagpm)、风场(单位:m/s)、温度场(红虚线,单位:℃)

4.2 1月16日02时至1月17日17时北疆大部分地区和南疆东部降雪、降温、大风

过程日期	1月16日02时至1月17日17时	过程强度	中弱
天气类型	降雪、大风、寒潮		
天气实况	①降雪:北疆大部分地区和阿克苏地区北部、巴州北部、吐鲁番市、哈密市等地的局部区域出现降雪,伊犁州山区、阿勒泰地区北部、塔城地区南部山区、昌吉州东部累计降雪量3.1~6.5 mm;最大累计降雪中心为阿勒泰地区哈巴河县铁热克提乡白哈巴村站(图4.2a)。 ②降温:北疆偏西地区和南疆偏西地区的部分地区降温3~12 ℃,局部出现寒潮。 ③大风:北疆、东疆风口和喀什地区、巴州等地5~7级西北风,阵风10~11级。		

灾害性天气	大雪	17日阿勒泰地区哈巴河县铁热克提乡白哈巴村站。
	寒潮	①寒潮站数:共110站·次,其中强寒潮20站·次,特强寒潮2站·次。 ②日最大降温中心:哈密市巴里坤县博尔羌吉镇站,降温12.7 ℃(16日)。 ③过程最低气温:塔城地区裕民县吉也克镇库萨克北村站,−26.1 ℃(17日)。
	大风	①大风站数:8级大风以上29站,其中10级以上大风3站。 ②极大风:伊犁州特克斯县卡拉达拉镇琼库什台牧业村站,29.3 m/s(11级)。

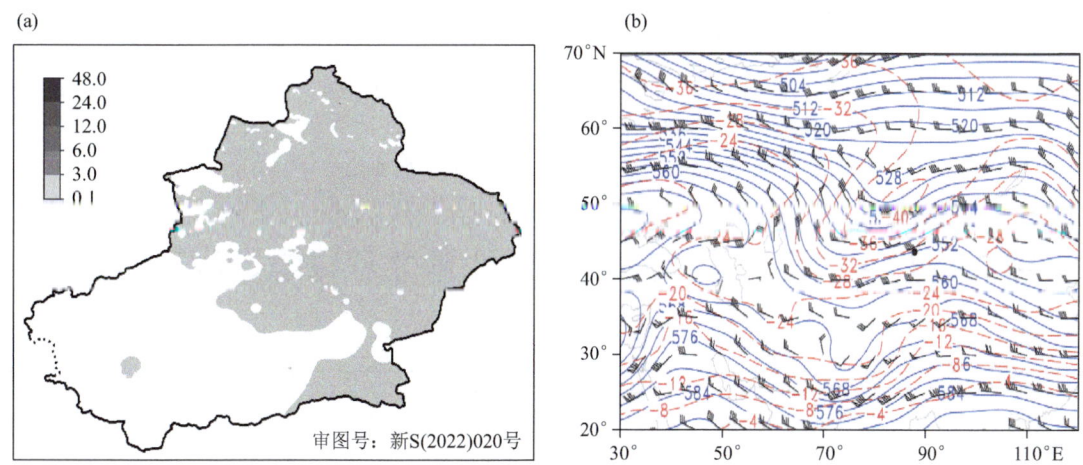

图 4.2 (a)1月16日02时至17日17时过程累计降水量(单位:mm),(b)1月16日08时 500 hPa 高度场(蓝实线,单位:dagpm)、风场(单位:m/s)、温度场(红虚线,单位:℃)

4.3　1月20日14时至1月23日20时北疆北部及东疆降雪、降温、大风

过程日期	1月20日14时至1月23日20时	过程强度	中弱
天气类型	降雪、大风、寒潮		
天气实况	①降雪:伊犁州北部、塔城地区北部、阿勒泰地区、哈密市等地的部分区域和乌鲁木齐市、昌吉州、吐鲁番市、克州、阿克苏地区北部山区、巴州北部山区等地的局部区域出现降雪,其中塔城地区北部、阿勒泰地区西部、哈密市北部的局部累计降雪量3.1~8.5 mm,最大降雪中心为哈密市巴里坤县下涝坝乡站(图4.3a)。 ②降温:塔城地区、阿勒泰地区、昌吉州、哈密市等地降温3~5 ℃,局地出现寒潮。 ③大风:北疆、东疆和喀什地区、克州、和田地区、巴州等地的局部6~7级,风口阵风8~9级。		
灾害性天气	大雪	20日哈密市巴里坤县下涝坝村站。	
	寒潮	①寒潮站数:共35站·次,其中强寒潮4站·次。 ②日最大降温中心:巴州和硕县农二师26团站,降温11.7 ℃(22日)。 ③过程最低气温:塔城地区托里县铁厂沟镇站,−39.8 ℃(23日)。	
	大风	①大风站数:8级大风以上17站,其中9级大风1站。 ②极大风:博州温泉县沃特克赛尔铜矿站,21.7 m/s(9级)。	

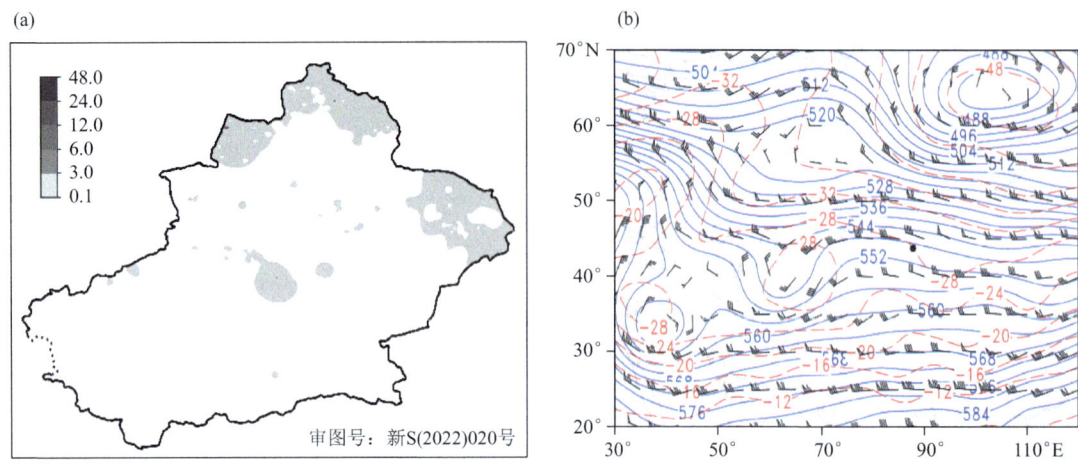

图4.3 (a)1月20日14时至23日20时过程累计降水量(单位:mm),(b)1月21日20时500 hPa高度场(蓝实线,单位:dagpm)、风场(单位:m/s)、温度场(红虚线,单位:℃)

4.4　1月25日14时至1月27日08时北疆北部降雪、风口大风

过程日期	1月25日14时至1月27日08时	过程强度	弱
天气类型	降雪、风口大风		
天气实况	①降雪:塔城地区北部,阿勒泰地区西部、北部出现降雪,局部累计降雪量3.1～12.6 mm,最大降雪中心为阿勒泰地区布尔津县禾木乡贾登峪(图4.4a)。 ②大风:伊犁州、塔城地区、阿勒泰地区、哈密地区、克州等地的局部5～6级,风口阵风8级。		
灾害性天气	大雪	26日阿勒泰地区2站。	
	大风	①大风站数:8级大风以上2站。 ②极大风:阿勒泰地区吉木乃县飞机场站,19.4 m/s(8级)。	

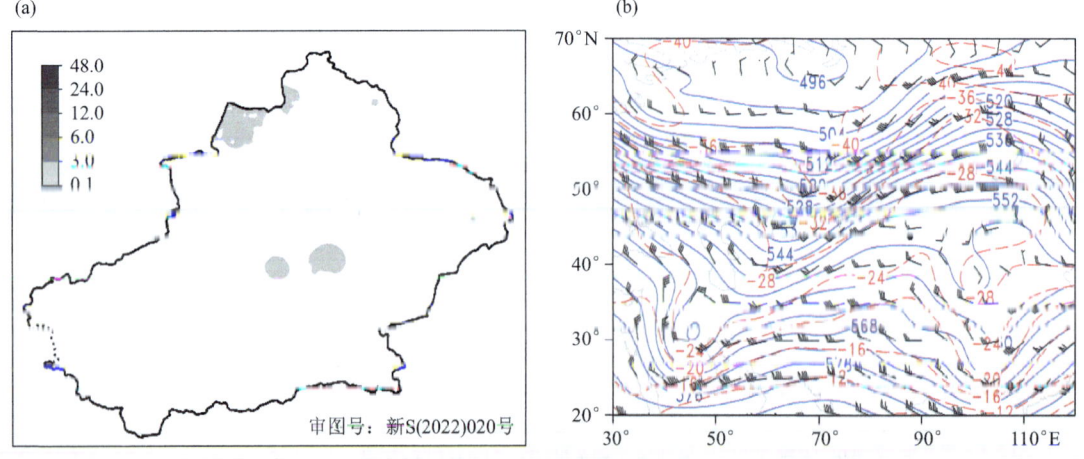

图4.4 (a)1月25日14时至27日08时过程累计降水量(单位:mm),(b)1月25日20时500 hPa高度场(蓝实线,单位:dagpm)、风场(单位:m/s)、温度场(红虚线,单位:℃)

4.5 1月28日05时至1月30日08时北疆北部降雪、降温、大风

过程日期	1月28日05时至1月30日08时	过程强度	中弱
天气类型	降雪、大风、寒潮		
天气实况	①降雪:伊犁州、塔城地区北部、阿勒泰地区西部和北部出现降雪,塔城地区北部、阿勒泰地区北部累计降雪量3.1~5.4 mm,最大降雪中心为阿勒泰地区布尔津县禾木乡站(图4.5a)。 ②降温:阿勒泰、塔城地区北部等部分地区降温5~8 ℃,局地出现寒潮。 ③大风:伊犁州、塔城地区、阿勒泰地区、哈密地区、克州等地的局部5~6级,风口阵风8~10级。		
灾害性天气	寒潮	①寒潮站数:共104站·次,其中强寒潮27站·次,特强寒潮29站·次。 ②日最大降温中心:阿勒泰地区哈巴河县铁热克提乡站,降温16.9 ℃(30日)。 ③过程最低气温:巴州和静县巴音布鲁克站,-36.8 ℃(30日)。	
	大风	①大风前数:共××站·次××大风××站·次,中××站·次,大风。 ②极大风:塔城地区和布克赛尔县布斯屯格牧场乌兰哈德村站,25.1 m/s(10级)。	

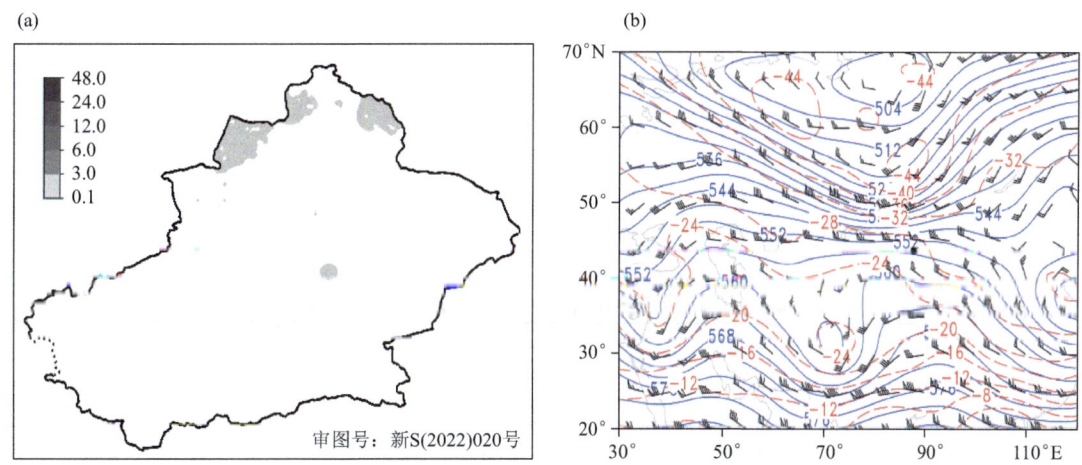

图4.5 (a)1月28日05时至30日08时过程累计降水量(单位:mm),(b)1月28日20时500 hPa高度场(蓝实线,单位:dagpm)、风场(单位:m/s)、温度场(红虚线,单位:℃)

4.6 2月10日08时至2月12日12时北疆大部分地区及东疆降雪、降温、大风

过程日期	2月10日08时至2月12日12时	过程强度	中弱
天气类型	降雪、大风、寒潮		
天气实况	①降雪:北疆大部分地区和哈密市部分地区出现降雪,其中伊犁州、塔城地区北部、阿勒泰地区、克拉玛依市等地的部分地区累计降雪量3.1~21.3 mm,最大降雪中心为阿勒泰地区布尔津县禾木乡站(图4.6a)。 ②降温:北疆大部分地区降温5 ℃左右,其中塔城地区、阿勒泰地区的局部出现寒潮或强寒潮。 ③大风:北疆大部分地区和哈密市北部、喀什地区、和田地区等地的部分地区5~6级西北风,风口8~10级,阵风11级。		

灾害性天气	寒潮	①寒潮站数：共 200 站·次，其中强寒潮 50 站·次，特强寒潮 120 站·次。 ②日最大降温中心：阿勒泰地区福海县沙尔布拉克牧办站，降温 22.1 ℃（12 日）。 ③过程最低气温：塔城地区托里县铁厂沟站，−40.4 ℃（12 日）。
	大雪	①大雪：10 日阿勒泰地区 1 站，11 日伊犁州 6 站，阿勒泰地区 3 站。 ②暴雪：11 日阿勒泰地区布尔津县禾木乡站。
	大风	①大风站数：25 站 8 级以上西北大风，其中 2 站 10 级大风，2 站 11 级大风。 ②极大风：克拉玛依市金矿站，32.1 m/s（11 级）。

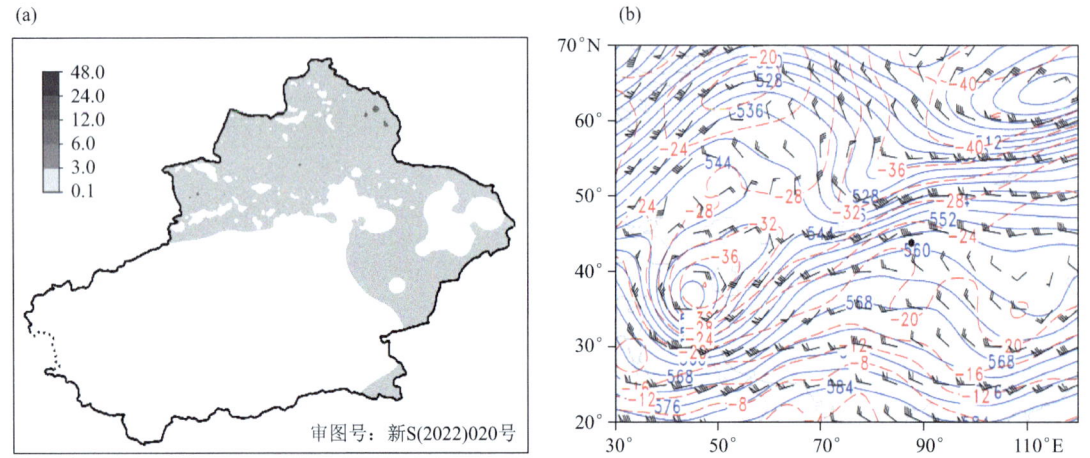

图 4.6 (a)2 月 10 日 08 时至 12 日 12 时过程累计降水量（单位：mm）；(b)2 月 11 日 08 时 500 hPa 高度场（蓝实线，单位：dagpm）、风场（单位：m/s）、温度场（红虚线，单位：℃）

4.7 2月13日20时至2月15日08时伊犁州阿克苏地区降雪、大风、降温

过程日期	2 月 13 日 20 时至 2 月 15 日 08 时	过程强度	弱
天气类型	降雪、大风、寒潮		
天气实况	①降雪：伊犁州、喀什地区北部山区、克州山区、阿克苏地区北部西部、巴州北部山区等地的部分区域出现降雪，上述局部累计降雪量 2.1~8.1 mm，最大降雪中心为伊犁州新源站（图 4.7a）。 ②降温：北疆地区、阿克苏地区降温 3~5 ℃，塔城地区、阿勒泰地区、昌吉州等地局部出现寒潮。 ③大风：上述大部分地区 5~6 级西北风，北疆及东疆风口 8~10 级，阵风 11 级。		
灾害性天气	寒潮	①寒潮站数：共 69 站·次，其中 17 站·次强寒潮，6 站·次特强寒潮。 ②日最大降温中心：克州阿克陶县布伦口乡苏巴什村站，降温 13.4 ℃（15 日）。 ③过程最低气温：塔城地区托里县铁厂沟站，−38 ℃（15 日）。
	大雪	14 日伊犁州 1 站、阿克苏地区 1 站、克州 1 站。
	大风	①大风站数：74 站 8 级以上西北大风，其中 18 站 10 级大风，4 站 11 级大风。 ②极大风：塔城地区托里县阿合别斗乡航勒村站，29.4 m/s（11 级）。

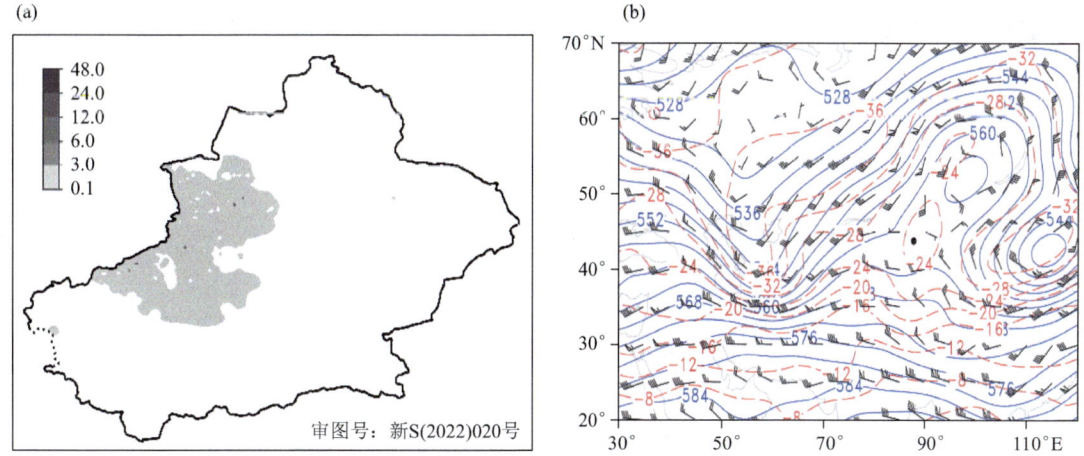

图 4.7 （a）2月13日08时至15日08时过程累计降水量（单位：mm），（b）2月15日08时500 hPa高度场（蓝实线，单位：dagpm）、风场（单位：m/s）、温度场（红虚线，单位：℃）

4.8　2月16日08时至2月17日11时伊犁州塔城地区北部降雪、大风

过程日期	2月16日08时至2月17日11时	过程强度	弱
天气类型	降雪、大风		
天气实况	①降雪：伊犁州和博州西部、塔城地区、阿克苏地区南部等地部分区域出现降雪，伊犁州部分地区累计降雪量3.1~6.7 mm，最大降雪中心为伊犁州伊宁站（图4.8a）。 ②大风：上述大部分地区5~6级西北风，北疆及东疆风口8~10级，阵风11级。		
灾害性天气	大风	①大风站数：20站8级以上西北大风，其中1站11级大风。 ②极大风：克拉玛依市金矿站，30 m/s（11级）。	

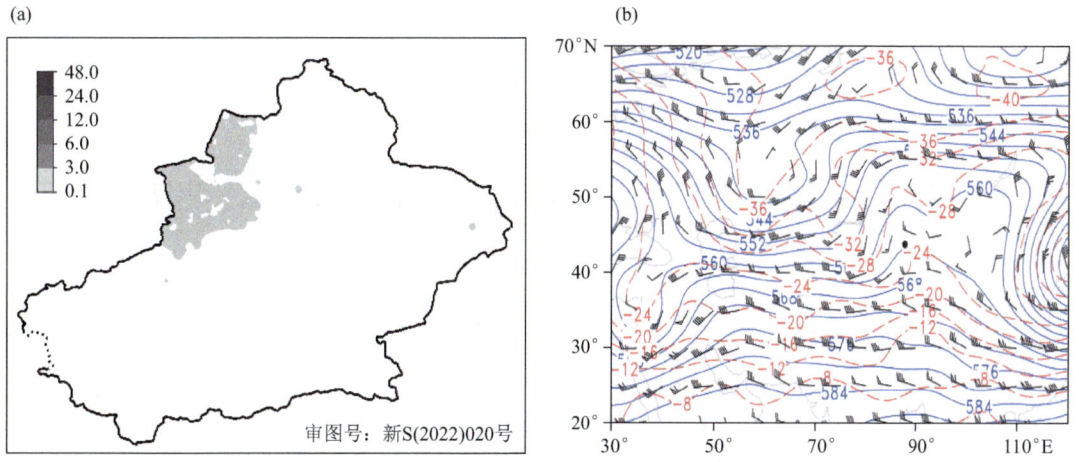

图 4.8　（a）2月16日08时至17日11时过程累计降水量（单位：mm），（b）2月16日20时500 hPa高度场（蓝实线，单位：dagpm）、风场（单位：m/s）、温度场（红虚线，单位：℃）

4.9　2月18日11时至2月20日10时北疆与东疆降雪、大风、降温

过程日期	2月18日11时至2月20日10时	过程强度	中弱
天气类型	降雪、大风、寒潮		
天气实况	①降雪：北疆各地、东疆和巴州部分地区出现降雪，伊犁州、塔城地区、克拉玛依市、乌鲁木齐市、昌吉州、哈密市等地的部分区域累计降雪量3.1~14.2 mm，最大降雪中心为哈密市巴里坤县下涝坝村站（图4.9a）。②降温：伊犁州、塔城地区、阿勒泰地区、喀什地区降温5℃左右，塔城地区、阿勒泰地区局地出现寒潮。③大风：上述大部分地区5~6级西北风，北疆、东疆风口8~11级。		
灾害性天气	大风	①大风站数：30站8级以上西北大风，其中18站10级以上大风，1站11级大风。②极大风：克拉玛依市金矿站，30 m/s（11级）。	
	大雪	①大雪：19日伊犁州3站。②暴雪：19日伊犁州1站，哈密市1站。	
	寒潮	①寒潮站数：共48站·次，其中7站·次强寒潮，2站·次特强寒潮。②日最大降温中心：喀什地区塔什库尔干县麻扎尔种羊场站，降温15.5℃（19日）。③过程最低气温：塔城地区托里县铁场沟镇站，-30.1℃（19日）。	

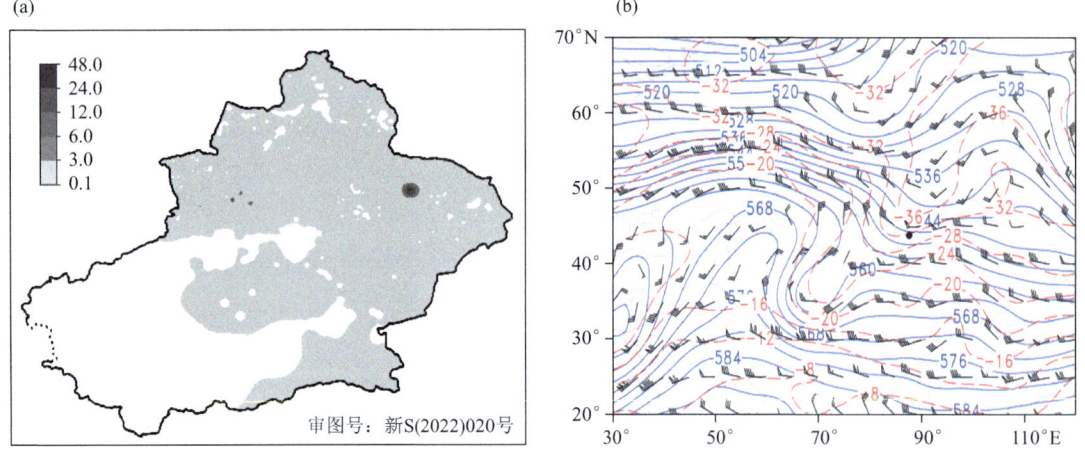

图4.9　(a)2月18日11时至20日10时过程累计降水量（单位：mm），(b)2月19日08时500 hPa高度场（蓝实线，单位：dagpm）、风场（单位：m/s）、温度场（红虚线，单位：℃）

4.10　2月23日02时至2月24日08时北疆北部降雪、大风

过程日期	2月23日02时至2月24日08时	过程强度	中弱
天气类型	降雪、大风		
天气实况	①降雪：塔城地区北部、阿勒泰地区和伊犁州的部分地区出现降雪，部分地区累计降雪量3.1~8.0 mm，最大降雪中心为阿勒泰地区布尔津县禾木乡站（图4.10a）。②降温：塔城地区、阿勒泰地区降温3~5℃。③大风：北疆东疆风口和克州、喀什、巴州部分地区出现西北风5~6级西北风，阵风10级。		
灾害性天气	大风	①大风站数：25站8级以上西北大风，其中3站10级大风。②极大风：克州阿合奇县哈拉布拉克乡吾奇开站，26.2 m/s（10级）。	
	大雪	23日阿勒泰地区3站，塔城地区3站。	

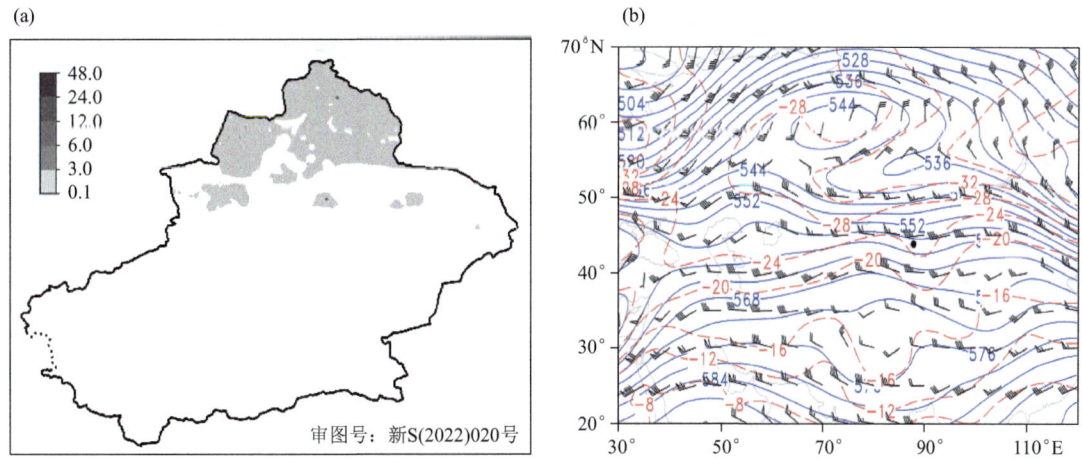

图 4.10 (a)2月23日02时至24日08时过程累计降水量(单位:mm),(b)2月23日08时500 hPa高度场(蓝实线,单位:dagpm)、风场(单位:m/s)、温度场(红虚线,单位:℃)

4.11 3月3日23时至3月5日14时东疆降雪、大风、降温

过程日期	3月3日23时至3月5日14时	过程强度	弱
天气类型	降雪、大风、寒潮		
天气实况	①降雪:伊犁州、塔城地区、阿勒泰地区北部、乌鲁木齐市南部山区、昌吉州、哈密市北部等地的部分区域出现降雪,其中哈密市局部累计降雪量3.1～7.3 mm;最大累计降雪中心在哈密市伊州区白石头乡站(图4.11a)。 ②降温:北疆北部降温5～8 ℃,局部出现寒潮。 ③大风:伊犁州、塔城地区、阿勒泰地区、哈密市等地的部分地区有5～6级西北风,北疆及东疆风口11级。		
灾害性天气	大风	①大风站数:40站8级以上西北大风,其中6站10级以上大风。 ②极大风:克拉玛依市金矿站,30.6 m/s(11级)。	
	大雪	5日哈密市伊州区白石头乡站。	
	寒潮	①寒潮站数:共56站·次,其中13站·次强寒潮,12站·次特强寒潮。 ②日最大降温中心:阿勒泰地区布尔津县禾木乡喀纳斯一道弯站,降温15.5 ℃(5日)。 ③过程最低气温:巴州和静县牧草监测站,−30.1 ℃(5日)。	

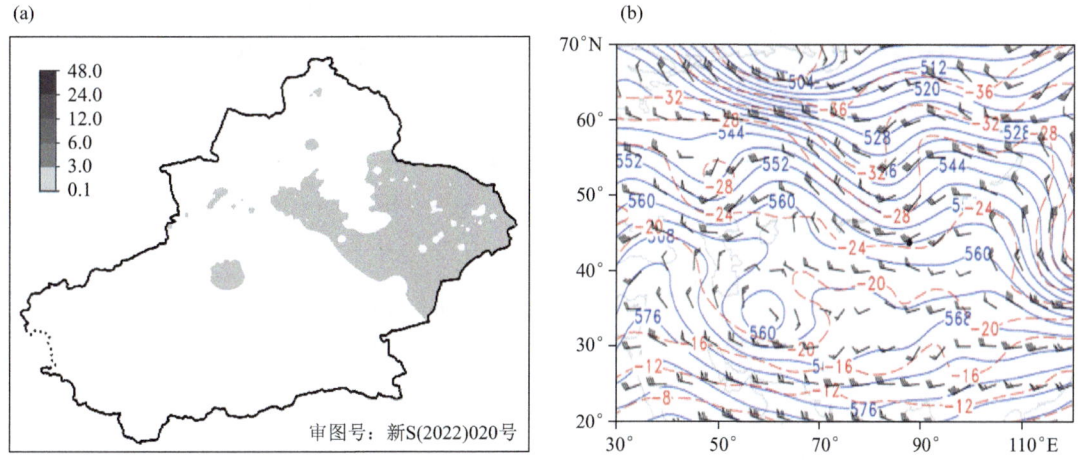

图 4.11 (a)3月3日23时至5日14时过程累计降水量(单位:mm),(b)3月4日08时500 hPa高度场(蓝实线,单位:dagpm)、风场(单位:m/s)、温度场(红虚线,单位:℃)

4.12 3月8日23时至3月9日20时天山山区及南疆西部降雪、大风、降温

过程日期	3月8日23时至3月9日20时		过程强度	弱
天气类型	降雪、大风、寒潮			
天气实况	①降雪:昌吉州东部、克州、喀什地区、和田地区等地的部分地区出现降雪,局部累计降雪量3.4~6.2 mm,最大降水中心为克州乌恰站(图4.12a)。 ②降温:巴州部分地区降温8~10 ℃,出现寒潮。 ③大风:巴州、喀什地区、克州等地出现5~6级偏东风。			
灾害性天气	大风	①大风站数:8站8级以上西北大风。 ②极大风:喀什地区塔什库尔干县班迪尔乡下板地水库站,21.1 m/s(9级)。		
	大雪	9日克州乌恰站。		
	寒潮	①寒潮站数:共62站·次,其中18站·次强寒潮,5站·次特强寒潮。 ②日最大降温中心:巴州若羌县英苏站,降温13.3 ℃(9日)。 ③过程最低气温:塔城地区托里县铁厂沟站,−37.9 ℃(9日)。		

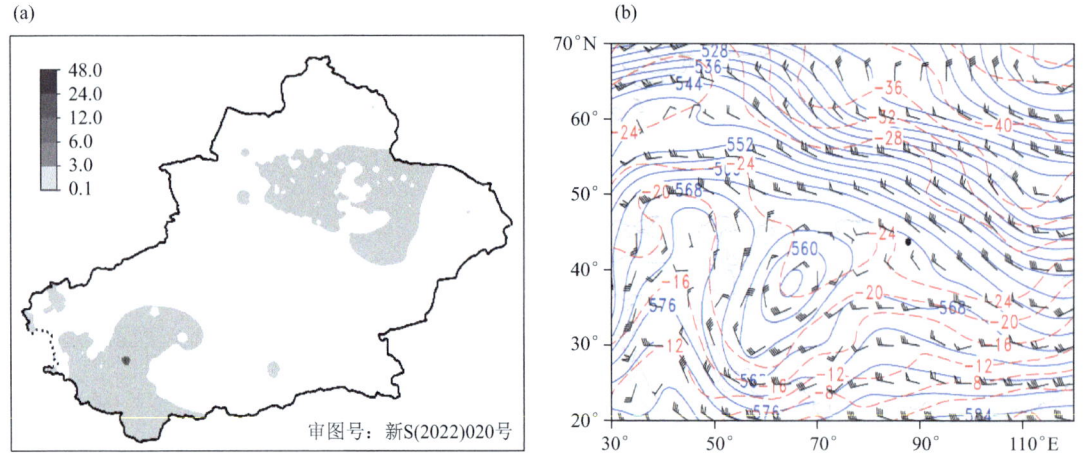

图4.12 (a)3月8日23时至9日20时过程累计降水量(单位:mm),(b)3月9日20时500 hPa高度场(蓝实线,单位:dagpm)、风场(单位:m/s)、温度场(红虚线,单位:℃)

4.13 3月10日20时至3月12日08时东疆雨雪、大风

过程日期	3月10日20时至3月12日08时		过程强度	弱
天气类型	雨雪、大风			
天气实况	①降水:哈密市和塔城地区北部、阿勒泰地区北部东部、乌鲁木齐市山区、昌吉州山区、克州等地的局部区域出现小雨或雪,其中哈密市局部累计降水量6.1~11.7 mm,最大累计降雪中心为哈密市伊州区白石头乡站(图4.13a)。 ②大风:塔城地区北部、阿勒泰地区北部东部、乌鲁木齐市山区、昌吉州山区、哈密市等部分地区出现5~6级西北风,风口阵风11级,巴州北部、阿克苏地区等部分地区4~5级偏东风。			
灾害性天气	大风	①大风站数:110站8级以上西北大风,其中5站10级大风。 ②极大风:巴州和静县阿拉沟乡奎先达坂站,28.8 m/s(11级)。		
	大雪	11日哈密市伊州区白石头乡站。		

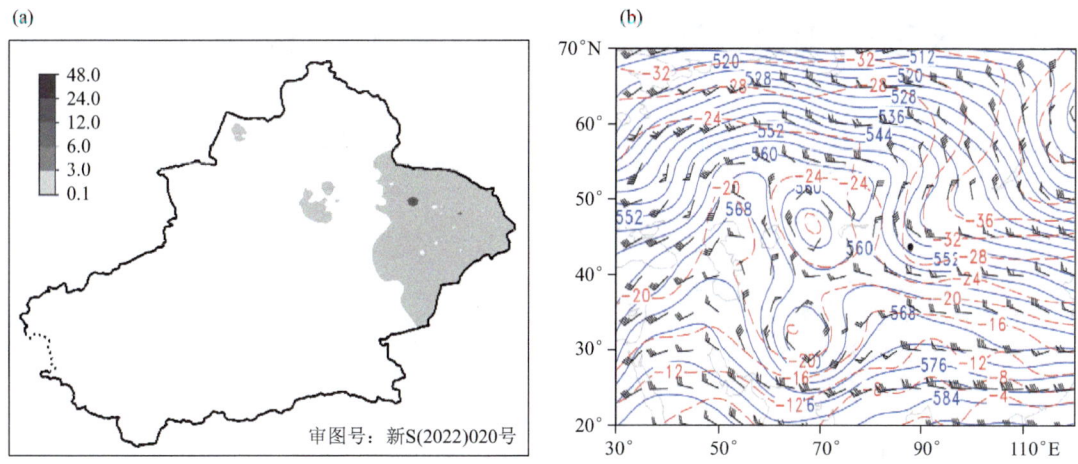

图 4.13 （a）3 月 10 日 20 时至 12 日 08 时过程累计降水量（单位：mm），（b）3 月 11 日 20 时 500 hPa 高度场（蓝实线，单位：dagpm）、风场（单位：m/s）、温度场（红虚线，单位：℃）

4.14 3月19日11时至3月21日11时北疆大部分区域雨雪、大风

过程日期	3月19日11时至3月21日11时		过程强度	中弱
天气类型	雨雪、大风、局地寒潮			
天气实况	①降水：伊犁州、博州、塔城地区、阿勒泰地区西部、克拉玛依市、石河子市、乌鲁木齐市南部山区、昌吉州等地的部分区域和哈密市的局部出现降雨，山区为雪，其中伊犁州山区、博州西部、塔城地区北部、克拉玛依市、石河子市等地的局部区域累计降水量 6.4~22.5 mm，最大累计降水中心为博州阿拉山口站（图 4.14a）。②大风：北疆、东疆风口风力 9~10 级，最大风力出现在哈密地区十三间房站（10 级）。			
灾害性天气	寒潮	①寒潮站数：共 28 站·次寒潮，其中强寒潮 5 站·次，特强寒潮 3 站·次。②日最大降温中心：吐鲁番市鄯善县七克台镇一队站，降温 16.5 ℃（20 日）。③过程最低气温：塔城地区托里县铁厂沟镇站，−24.9 ℃（21 日）。		
	大风	①大风站数：8 级以上大风 66 站，其中 10 级以上大风 1 站。②极大风：哈密市十三间房站，25.2 m/s（10 级）。		

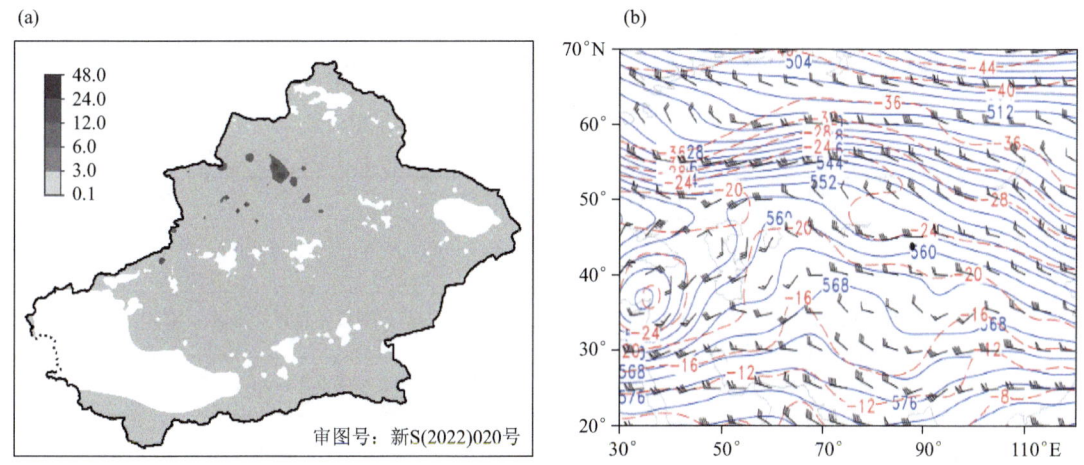

图 4.14 （a）3 月 19 日 11 时至 21 日 11 时过程累计降水量（单位：mm），（b）3 月 20 日 08 时 500 hPa 高度场（蓝实线，单位：dagpm）、风场（单位：m/s）、温度场（红虚线，单位：℃）

4.15 3月28日20时至3月30日08时北疆大部分区域雨雪、大风

过程日期	3月28日20时至3月30日08时	过程强度	弱
天气类型	雨雪、大风		
天气实况	①降水：伊犁州、塔城地区南部、阿勒泰地区、克拉玛依市、石河子市、乌鲁木齐市、昌吉州、哈密市北部等地的部分区域出现降雨或雨夹雪转雪，其中伊犁州山区、乌鲁木齐市山区、昌吉州东部山区、哈密市北部山区等地累计降水量3.1~9.2 mm，最大累计降水中心为哈密市伊州区白石头乡站(图4.15a)。②大风：北疆、东疆风口风力9~10级，最大风力出现在托克逊博斯坦乡站(11级)。		
灾害性天气	大雪	29日伊犁州尼勒克县2站。	
	大风	①大风站数：8级以上大风246站，其中10级以上大风23站。②极大风：吐鲁番市托克逊县博斯坦乡站，31.8 m/s(11级)。	

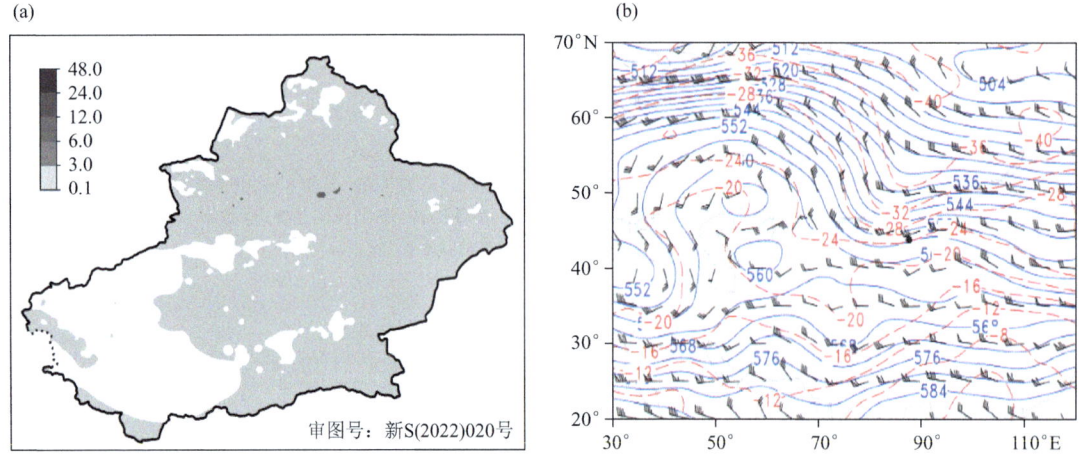

图4.15 (a)3月28日20时至30日08时过程累计降水量(单位:mm)，(b)3月29日08时500 hPa高度场(蓝实线，单位:dagpm)、风场(单位:m/s)、温度场(红虚线，单位:℃)

4.16 4月1日20时至4月4日22时南北疆西部雨雪、大风

过程日期	4月1日20时至4月4日22时	过程强度	弱
天气类型	雨雪、大风		
天气实况	①降水：伊犁州、克州山区等地的部分区域出现了雨或雪，其中伊犁州南部山区累计降水量为3.2~11.8 mm，最大累计降水中心为伊犁州昭苏县胡松图哈尔逊乡站(图4.16a)。②大风：北疆、东疆风口局地风力9~10级，最大风力出现在塔什库尔干下坂地水库站(11级)。		
灾害性天气	大风	①大风站数：8级以上大风106站，其中10级以上大风4站。②极大风：喀什地区塔什库尔干下坂地水库站，30.9 m/s(11级)。	

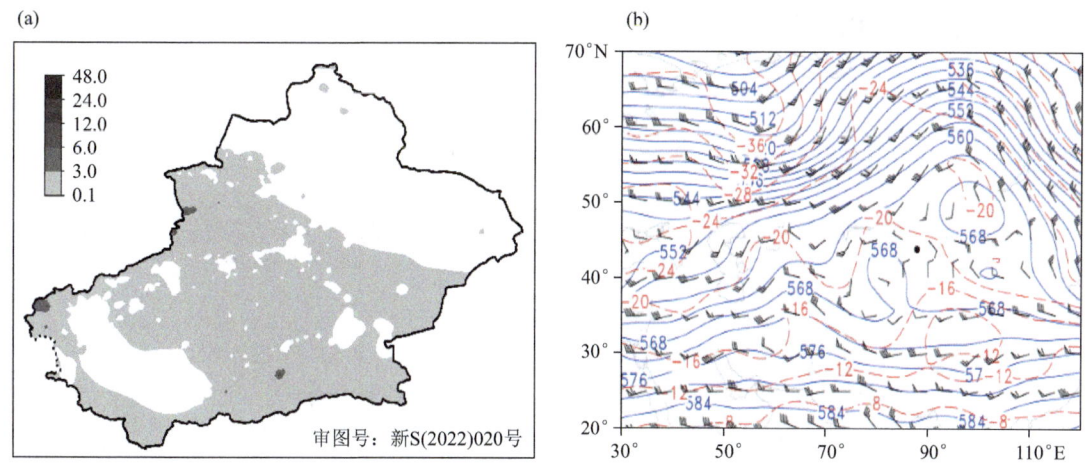

图 4.16 (a)4 月 1 日 20 时至 4 日 22 时过程累计降水量(单位:mm),(b)4 月 2 日 20 时 500 hPa 高度场
(蓝实线,单位:dagpm)、风场(单位:m/s)、温度场(红虚线,单位:℃)

4.17　4 月 13 日 17 时至 4 月 14 日 20 时北疆西部雨雪、风口大风

过程日期	4 月 13 日 17 时至 4 月 14 日 20 时	过程强度	弱
天气类型	雨雪、大风		
天气实况	①降水:伊犁州、博州、塔城地区、阿勒泰地区西部、克拉玛依市和昌吉州东部山区、克州山区等地的部分区域降雨(山区为雪),伊犁州西部、博州西部、塔城地区北部、阿勒泰地区西部等地的部分区域累计降水量 6.1～20.8 mm,最大累计降水中心为伊犁州霍尔果斯市阿拉马力站(图 4.17a)。②大风:北疆、东疆普遍伴有 5 级西北风,风口风力 8～9 级。		
灾害性天气	大风	①大风站数:8 级以上大风 61 站。②极大风:吐鲁番市托克逊县博斯坦乡站,24.2 m/s(9 级)。	

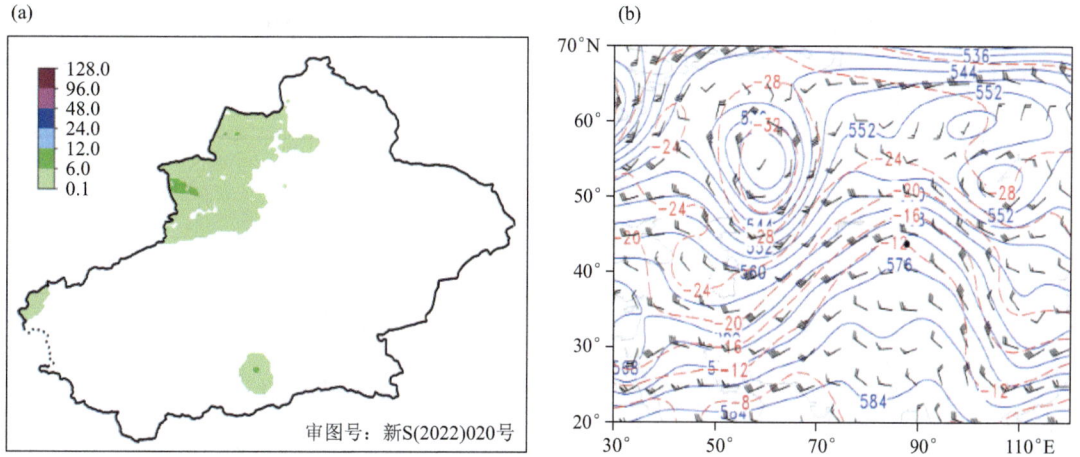

图 4.17 (a)4 月 13 日 17 时至 14 日 20 时过程累计降水量(单位:mm),(b)4 月 14 日 08 时 500 hPa 高度场
(蓝实线,单位:dagpm)、风场(单位:m/s)、温度场(红虚线,单位:℃)

4.18 4月23日08时至4月27日08时南疆西部降雨、大风

过程日期	4月23日08时至4月27日08时		过程强度	中弱
天气类型	降雨、短时强降水、大风			
天气实况	①降雨:喀什地区、克州、阿克苏地区、和田地区西部等地的部分区域和伊犁州、塔城地区北部、阿勒泰地区东部、昌吉州东部、哈密市北部等地的局部区域降雨,其中喀什地区、克州、阿克苏地区、和田地区西部的局部区域累计降雨量为6.3~32.5 mm,最大累计降水中心为喀什地区莎车县霍什拉甫乡阿尔塔什村站(图4.18a)。②大风:北疆、东疆和南疆东部出现5~6级偏东风,南疆西部出现5~6级偏西风,风口风力9~10级。			
灾害性天气	暴雨	①暴雨:24日喀什地区莎车县1站。②单日最大暴雨中心:喀什地区莎车县霍什拉甫乡阿尔塔什村气象观测站,24日32.5 mm。③短时强降水:喀什地区莎车县霍什拉甫乡阿尔塔什村气象观测站,26.5 mm(出现在4月23日23时)。		
	大风	①大风站数:8级以上大风173站,10级以上大风11站。②极大风:巴州轮台县野云沟乡龙口站,30.6 m/s(11级)。		

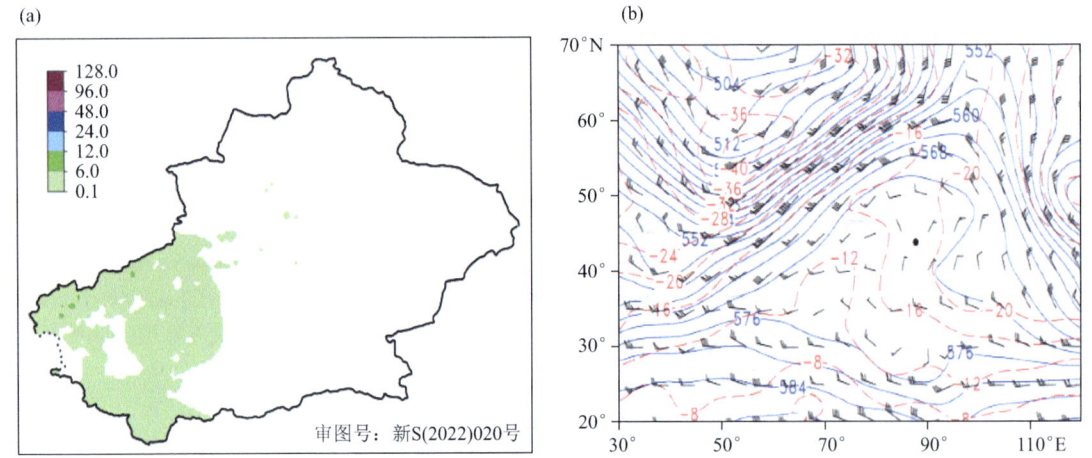

图4.18 (a)4月23日08时至4月27日08时过程累计降水量(单位:mm),(b)4月24日08时500 hPa高度场(蓝实线,单位:dagpm)、风场(单位:m/s)、温度场(红虚线,单位:℃)

4.19 4月29日14时至5月2日08时北疆大部分地区及南疆西部降雨、风口大风

过程日期	4月29日14时至5月2日08时		过程强度	中弱
天气类型	降雨、大风			
天气实况	①降雨:北疆大部和克州、和田地区、哈密市等地的局部区域出现降雨,其中伊犁州东部南部、博州西部、塔城地区北部山区、乌鲁木齐市南部山区、昌吉州山区部分区域累计降雨量为6.1~33.9 mm,最大累计降水中心为伊犁州特克斯县科克铁热克乡查干萨依牧业村站(图4.19a)。②大风:北疆、东疆和南疆西部出现5~6级偏北风,风口风力8~10级,阵风10~13级,最大风速中心为吐鲁番市山洪克尔碱站,38.2 m/s(13级)。			
灾害性天气	暴雨	①暴雨:30日伊犁州特克斯县1站。②单日最大暴雨中心:伊犁州特克斯县查干萨依牧业村站,30日27.3 mm。		
	大风	①大风站数:8级以上大风584站,10级以上68站,12级以上5站。②极大风:吐鲁番市托克逊县克尔碱站,38.2 m/s(13级)。		
灾情	博州精河县2020年4月29日10时,出现8~9级大风,造成人员及农作物受灾。			

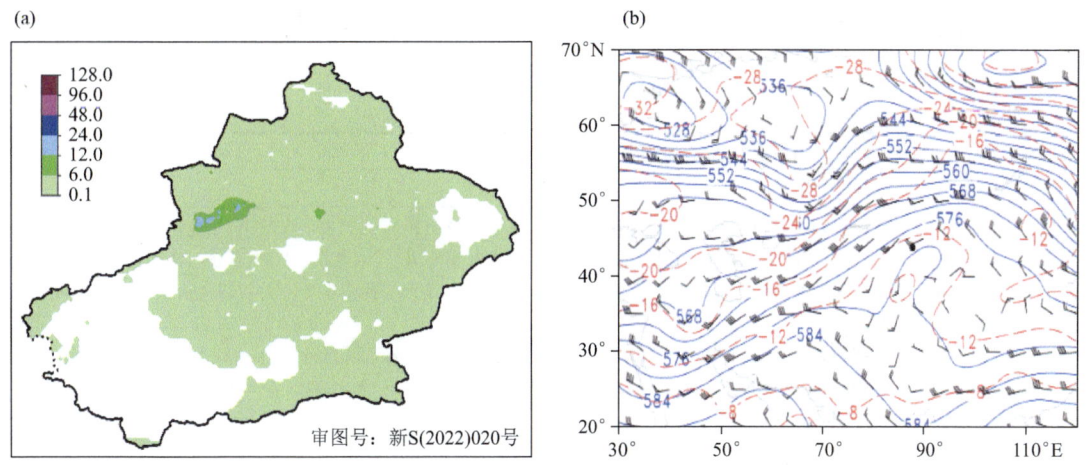

图 4.19　(a)4 月 29 日 14 时至 5 月 2 日 08 时过程累计降水量(单位:mm),(b)4 月 30 日 08 时 500 hPa 高度场(蓝实线,单位:dagpm)、风场(单位:m/s)、温度场(红虚线,单位:℃)

4.20　5 月 11 日 20 时至 5 月 14 日 20 时北疆大部分地区降雨、大风

过程日期	5 月 11 日 20 时至 5 月 14 日 20 时	过程强度	弱
天气类型	降雨、大风		
天气实况	①降雨:北疆大部分地区和克州、和田地区、阿克苏地区、巴州、吐鲁番市、哈密市等地的部分地区降雨(山区为雪),其中伊犁州山区、博州西部山区、塔城地区北部山区、阿勒泰地区北部、石河子市南部山区、乌鲁木齐市南部山区、昌吉州山区等地的部分区域累计雨量 6.1～34.0 mm,最大累计降水中心为博州博乐市赛里木湖西岸站(图 4.20a)。②大风:全疆大部分地区有 5 级左右西北风,风口风力 10～11 级。		
灾害性天气	大风	①大风站数:8 级以上大风 392 站,10 级以上 27 站。②极大风:伊犁州特克斯县喀拉干特站,31.2 m/s(11 级)。	

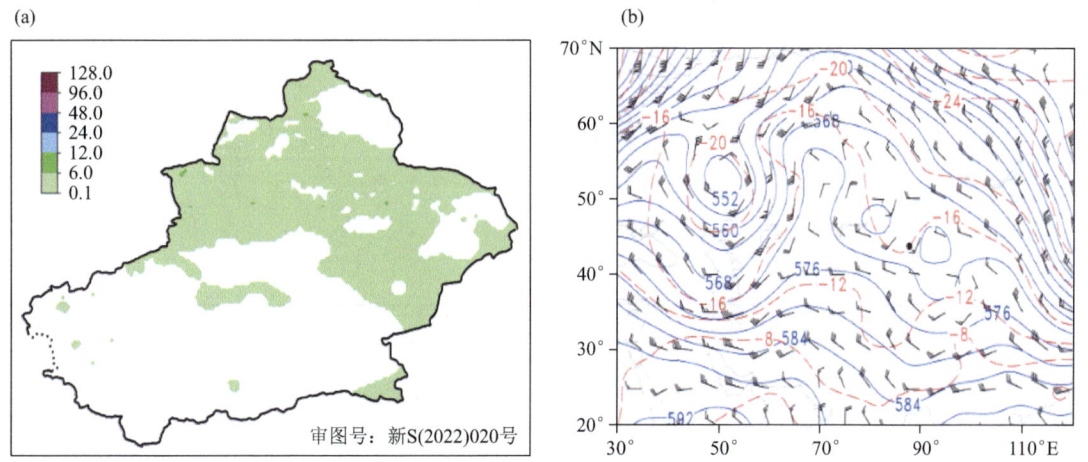

图 4.20　(a)5 月 11 日 20 时至 5 月 14 日 20 时过程累计降水量(单位:mm),(b)5 月 12 日 08 时 500 hPa 高度场(蓝实线,单位:dagpm)、风场(单位:m/s)、温度场(红虚线,单位:℃)

4.21 5月14日20时至5月17日20时南疆西部降雨、大风、沙尘暴

过程日期	5月14日20时至5月17日20时	过程强度	中弱
天气类型	降雨、短时强降水、大风、沙尘暴		
天气实况	①降雨：克州和伊犁州、博州西部、塔城地区南部山区、乌鲁木齐市山区、昌吉州山区、喀什地区、和田地区南部山区、阿克苏地区西部山区、巴州山区、哈密市山区等地的部分区域出现降雨，其中克州山区的部分区域和伊犁州山区、博州西部山区、喀什地区山区等地的局部区域累计降水量6.1~48.2 mm，最大累计降水中心为克州乌恰县膘尔托阔依乡阿合奇村站（图4.21a）。②大风：全疆大部分地区有5级左右西北风（南疆盆地中东部为偏东风），风口风力10~12级。③沙尘：喀什地区、和田地区、阿克苏地区、巴州等地出现浮尘或扬沙；其中喀什地区莎车县，和田地区皮山县、墨玉县、策勒县共4站出现沙尘暴，最低能见度125~500 m。		
灾害性天气	暴雨	①暴雨：15日克州乌恰县、阿克陶县10站，16日克州乌恰县1站，17日伊犁州昭苏县1站。②单日最大暴雨中心：克州乌恰县喀拉铁列克村站，15日34.9 mm。③短时强降水：克州乌恰县膘尔托阔依乡阿合奇村站最大小时雨强18.3 mm/h，出现在5月16日17时。	
	大风	①大风站数：8级以上大风470站，10级以上41站，12级以上2站。②极大风：克州乌恰县膘尔托阔依乡站，35 m/s（12级）。	

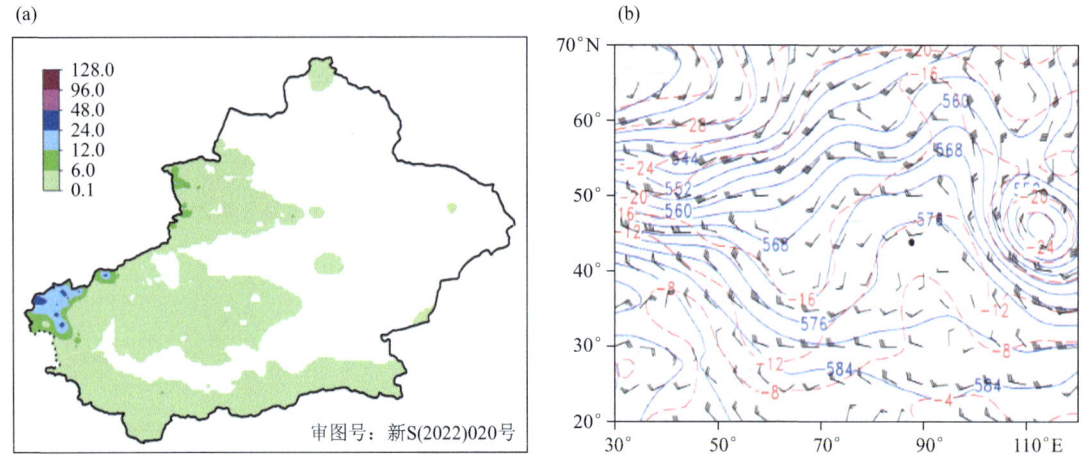

图4.21 （a）5月14日20时至5月17日20时过程累计降水量（单位：mm），（b）5月16日20时500 hPa高度场（蓝实线，单位：dagpm）、风场（单位：m/s）、温度场（红虚线，单位：℃）

4.22 5月22日20时至5月25日20时北疆大部分地区及南疆东部降雨、大风

过程日期	5月22日20时至5月25日20时	过程强度	弱
天气类型	降雨、大风、扬沙		
天气实况	①降雨：石河子市、乌鲁木齐市、昌吉州和塔城地区、阿勒泰地区、和田南部山区、巴州、哈密市等地的部分区域及伊犁州山区、博州西部、喀什地区山区、克州山区、阿克苏地区北部山区等地的局部区域出现降雨，其中伊犁州山区，乌鲁木齐市南部山区，昌吉州山区，巴州山区，哈密市北部山区等地的部分区域累计降水量6.1~27.4 mm，最大降水中心为奇台县碧流河站（图4.22a）。②大风：全疆大部分地区出现6级西北风，东疆风口风力8~12级。③扬沙：阿克苏地区、巴州出现扬沙。		
灾害性天气	大风	①大风站数：8级以上440站，其中10级以上48站。②极大风：轮台铁热克巴扎乡站，33.4 m/s（12级）。	

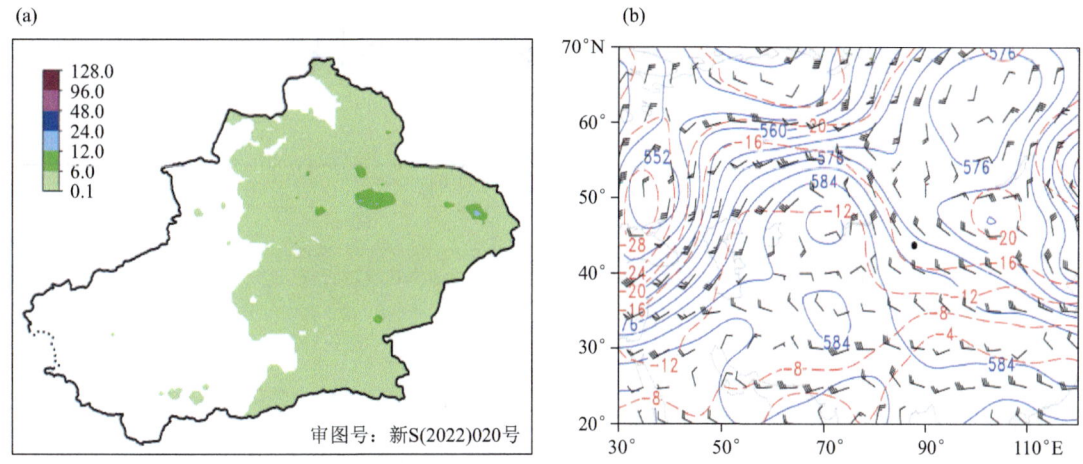

图 4.22 （a）5月22日20时至25日20时过程累计降水量（单位：mm），（b）5月23日20时500 hPa高度场（蓝实线，单位：dagpm）、风场（单位：m/s）、温度场（红虚线，单位：℃）

4.23　5月27日11时至5月30日02时北疆东部及东疆降雨、大风、沙尘暴

过程日期	5月27日11时至5月30日02时	过程强度	弱
天气类型	降雨、大风、沙尘暴		
天气实况	①降水：阿勒泰地区大部分区域、石河子市、乌鲁木齐市、昌吉州大部分区域、哈密市大部分区域和伊犁州东部、塔城地区南部、喀什地区山区、克州山区、巴州等地的部分区域及阿克苏地区的局部区域出现降雨，其中昌吉州西部山区、乌鲁木齐市山区累计降水量8.1～22.9 mm，最大降水中心为乌鲁木齐市达坂城区达坂城示范园站（图4.23a）。②大风：塔城地区北部、阿勒泰地区、克拉玛依市、吐鲁番市、哈密市等地出现5～6级西北风，阵风8～9级，北疆、东疆风口风力10～14级。③沙尘：巴州南部、吐鲁番市、哈密市等地出现沙尘暴。		
灾害性天气	大风	①大风站数：8级以上大风671站，其中10级以上大风83站。②极大风：托克逊博斯坦乡站，43.6 m/s（14级）。	
	沙尘暴	①沙尘暴站数：巴州若羌县、吐鲁番市、哈密市伊州区共4站。②最低能见度：巴州塔中站，200 m。	
灾情	阿勒泰地区大风，造成6867人受灾，农作物受灾2639 hm²，直接经济损失10012.97万元；吐鲁番市大风、沙尘，造成直接经济损失3347.43万元。		

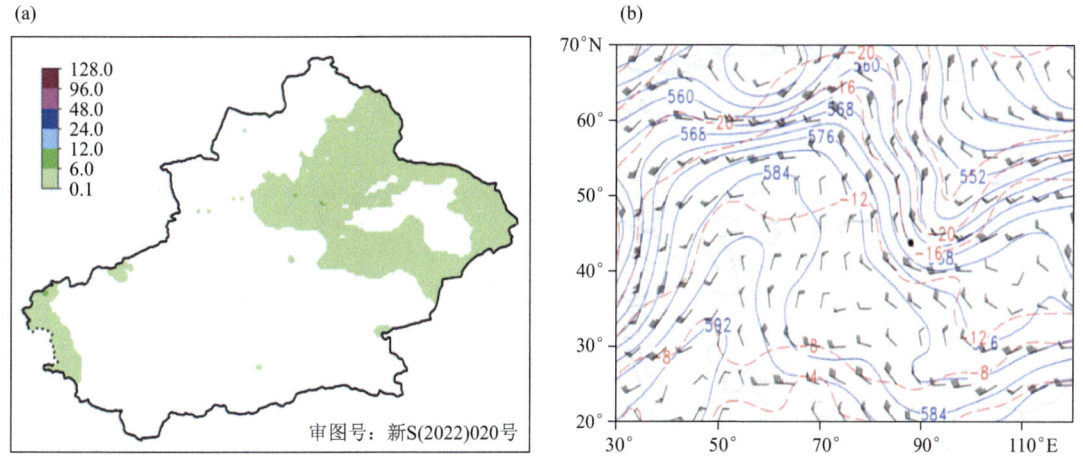

图 4.23 （a）5月27日11时至30日02时过程累计降水量（单位：mm），（b）5月28日20时500 hPa高度场（蓝实线，单位：dagpm）、风场（单位：m/s）、温度场（红虚线，单位：℃）

4.24 6月7日20时至6月10日08时南疆西部降雨、大风

过程日期	6月7日20时至6月10日08时	过程强度	弱
天气类型	降雨、大风		
天气实况	①降水:克州、阿克苏地区和伊犁州东部与南部、博州西部、阿勒泰地区北部山区、喀什地区、和田地区西部、巴州等地的部分区域及昌吉州西部、吐鲁番市、哈密市等地的局部区域降雨,伊犁州南部山区、喀什地区北部、克州、阿克苏地区西部北部山区等地的局部区域累计降水量6.1~34.7 mm,最大降水中心为阿克苏地区拜城县老虎台种养场板斯拉克站(图4.24a)。 ②大风:北疆东疆风口,喀什地区南部、克州、和田地区、巴州北部及南部等地的局部出现短时大风。		
灾害性天气	大风	①大风站数:8级大风131站,其中10级以上8站。 ②极大风:塔什库尔干县下坂地水库,34.3 m/s(12级)。	

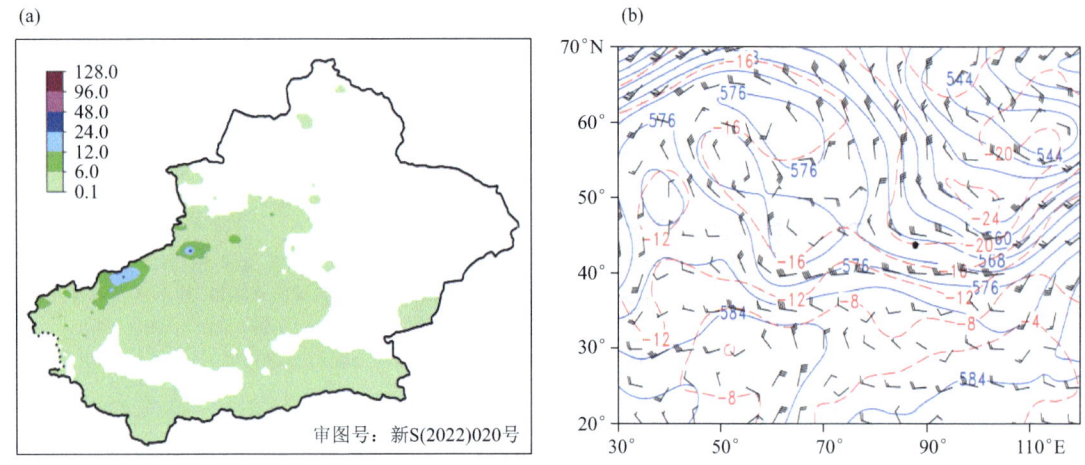

图4.24 (a)6月7日20时至10日08时过程累计降水量(单位:mm),(b)6月8日08时500 hPa高度场(蓝实线,单位:dagpm)、风场(单位:m/s)、温度场(红虚线,单位:℃)

4.25 6月10日08时至6月14日20时北疆西部和北部及南疆西部降雨、大风

过程日期	6月10日08时至6月14日20时	过程强度	弱
天气类型	降雨、大风		
天气实况	①降水:伊犁州、博州、喀什地区、克州、和田地区、阿克苏地区和巴州、吐鲁番市的部分区域及塔城地区北部及南部山区、阿勒泰地区北部东部山区、石河子市南部山区、乌鲁木齐市山区、昌吉州山区、哈密市等地的局部区域降雨,其中伊犁州、乌鲁木齐市南部山区、喀什地区、克州、和田地区、阿克苏地区北部、巴州山区等地的部分区域累计降水量0.1~55.1 mm,最大降雨中心为伊犁州特克斯站阿克塔什牧业村站(图4.25a)。 ②大风:南、北疆局部地区出现短时大风,风口风力10~15级。		
灾害性天气	暴雨	10日伊犁州特克斯县1站,11日阿克苏地区拜城县和库车县2站	
	大风	①大风站数:8级大风362站,其中10级以上16站。 ②极大风:和田地区一牧场站47 m/s(15级)。	
灾情	喀什地区巴楚县阿纳库勒乡5村出现冰雹,造成农作物受灾1927.5 hm²,直接经济损失1458.37万元。		

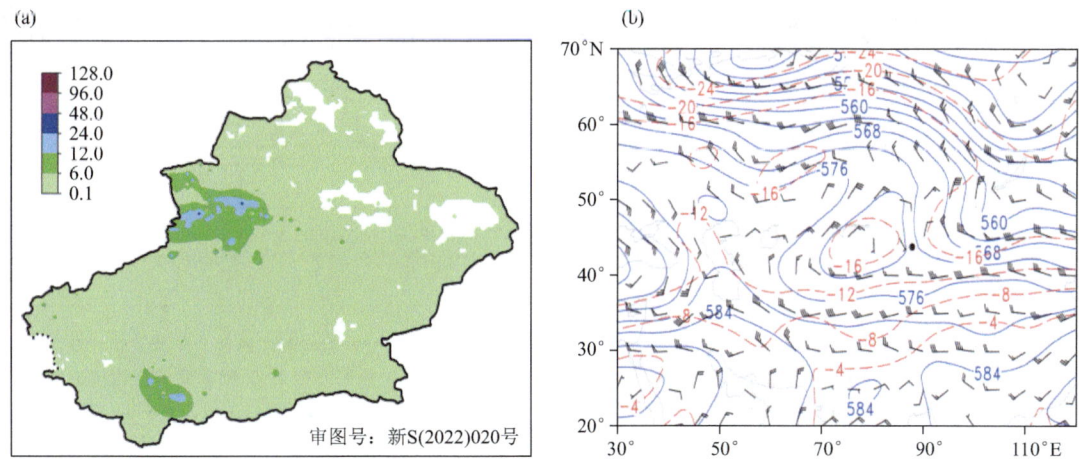

图 4.25 (a)6 月 10 日 08 时至 14 日 20 时过程累计降水量(单位:mm),(b)6 月 12 日 08 时 500 hPa 高度场(蓝实线,单位:dagpm)、风场(单位:m/s)、温度场(红虚线,单位:℃)

4.26　6月17日08时至6月20日14时南、北疆局地暴雨

过程日期	6 月 17 日 08 时至 6 月 20 日 14 时	过程强度	中弱
天气类型	降雨、大风		
天气实况	①降雨:北疆大部分地区和阿克苏北部、巴州北部、哈密市等地的部分区域以及喀什地区山区、克州山区等地局部区域降雨,其中伊犁州南部山区、博州西部、塔城地区、阿勒泰地区北部、乌鲁木齐市山区、昌吉州山区等地的局部区域累计降水量 6.1~48.5 mm,最大降雨中心为阿勒泰地区布尔津县禾木售票站(图 4.26a)。②大风:北疆和东疆有 5 级左右西北风,风口风力 9~12 级。		
灾害性天气	暴雨	18 日昌吉州阜康市、乌鲁木齐市达坂城区、阿克苏地区温宿县 3 站。	
	大风	①大风站数:8 级大风 370 站,其中 10 级以上 45 站。②极大风:托里县乌雪特站,33.9 m/s(12 级)。	

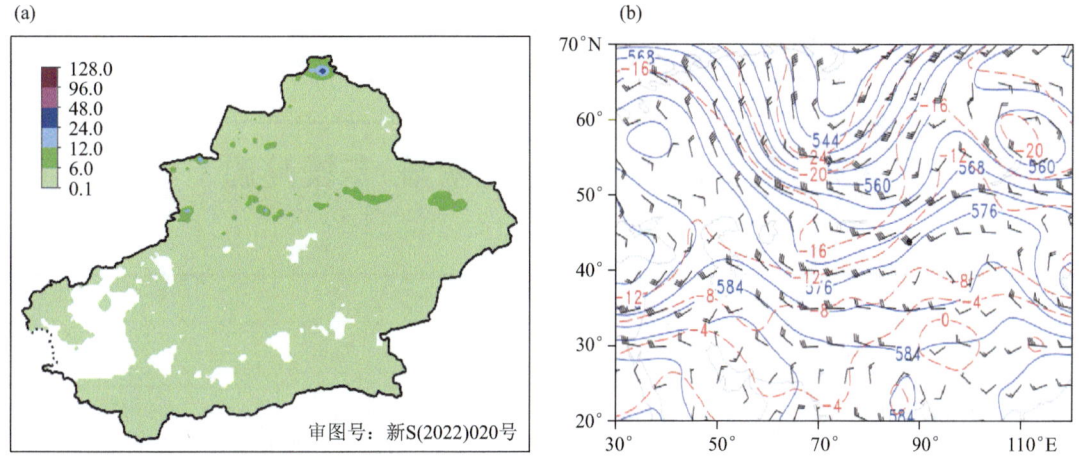

图 4.26 (a)6 月 17 日 08 时至 20 日 14 时过程累计降水量(单位:mm),(b)6 月 18 日 20 时 500 hPa 高度场(蓝实线,单位:dagpm)、风场(单位:m/s)、温度场(红虚线,单位:℃)

4.27 6月20日14时至6月21日20时北疆大部分地区及南疆西部降雨、大风

过程日期	6月20日14时至6月21日20时	过程强度	中弱
天气类型	降雨、大风、扬沙		
天气实况	①降雨:北疆大部分地区、哈密市北部和克州北部山区、和田地区南部山区、巴州等地的部分区域及喀什地区南部山区、阿克苏地区北部山区的局部区域出现降雨,其中伊犁州南部山区、塔城地区北部山区、阿勒泰地区西部山区、昌吉州山区、巴州南部山区等地的部分区域累计降水量6.1~30.0 mm,最大降雨中心为昌吉州木垒县大南站(图4.27a)。 ②大风:北疆、东疆及南疆偏西地区有4~5级偏西风,南疆东部有4~5级偏东风,风口风力10~14级。 ③扬沙:于田、民丰出现扬沙,最低能见度200 m。		
灾害性天气	暴雨	21日昌吉州山区5站暴雨。	
	大风	①大风站数:8级大风1091站,其中10级以上354站,12级以上36站。 ②极大风:吐鲁番市托克逊县山洪克尔碱站,44.9 m/s(14级)。	

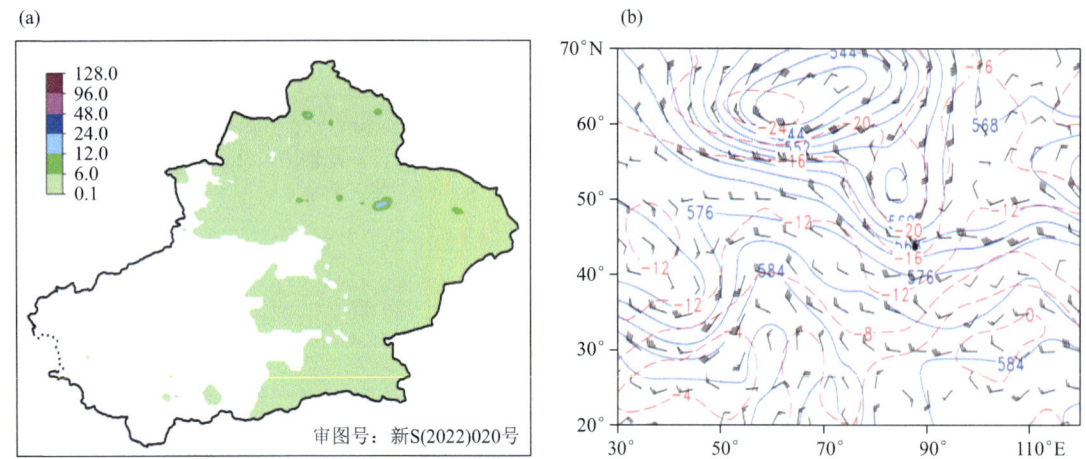

图4.27 (a)6月20日20时至21日20时过程累计降水量(单位:mm),(b)6月21日08时500 hPa高度场(蓝实线,单位:dagpm)、风场(单位:m/s)、温度场(红虚线,单位:℃)

4.28 6月22日08时至6月24日20时南疆、东疆高温

过程日期	6月22日08时至6月24日20时	过程强度	弱
天气类型	高温		
高温实况	①高温持续时间:3 d。 ②高温站次(国家站)数:全疆7个地(州)33个国家级气象站的日最高气温≥35℃,其中19站的日最高气温≥37℃ (图4.28a)。 ③高温范围最大日:6月23日,31个国家级气象站的日最高气温≥35℃,其中18站的日最高气温≥37℃。 ④日最高气温极值:6月23日出现在若羌站为,39.8℃。		

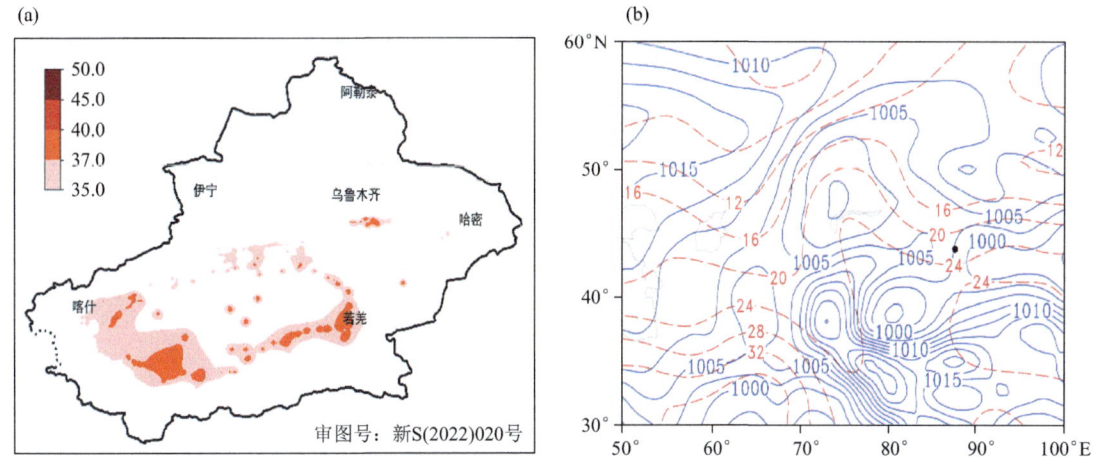

图 4.28 (a)6 月 22 日 08 时至 24 日 20 时高温过程实况图(单位:℃),(b)6 月 23 日 20 时海平面气压场
(蓝实线,单位:hPa)、850hPa 温度场(红虚线,单位:℃)

4.29 6月23日14时至6月26日18时南、北疆大部分地区分散性降雨、大风

过程日期	6月23日14时至6月26日18时	过程强度	中弱
天气类型	降雨、大风、沙尘暴		
天气实况	①降雨:北疆大部分地区和喀什地区南部、克州、阿克苏地区西部与北部、和田地区南部、巴州、哈密市北部的部分区域及吐鲁番市的局部地区降雨,其中伊犁州山区、博州东部、塔城地区南部山区、克州南部山区、阿克苏地区西部山区、和田地区南部山区、巴州南部山区、哈密市北部山区等地累计降雨量 6.1~28.5 mm,最大降水中心为伊犁州尼勒克县唐布拉站。(图 4.29a) ②大风:北疆、东疆及南疆偏西地区有 4~5 级偏西风,南疆东部有 4~5 级偏东风,风口风力 8~13 级。 ③沙尘:巴州南部、和田东部出现沙尘暴。		
灾害性天气	大风	①大风站数:8 级以上大风 750 站,其中 10 级以上 86 站。 ②极大风:昌吉州玛纳斯县黑梁湾站,39.1 m/s(13 级)。	
	沙尘暴	①沙尘暴站数:塔中、且末、民丰 3 站。 ②最低能见度:塔中、且末,300 m。	

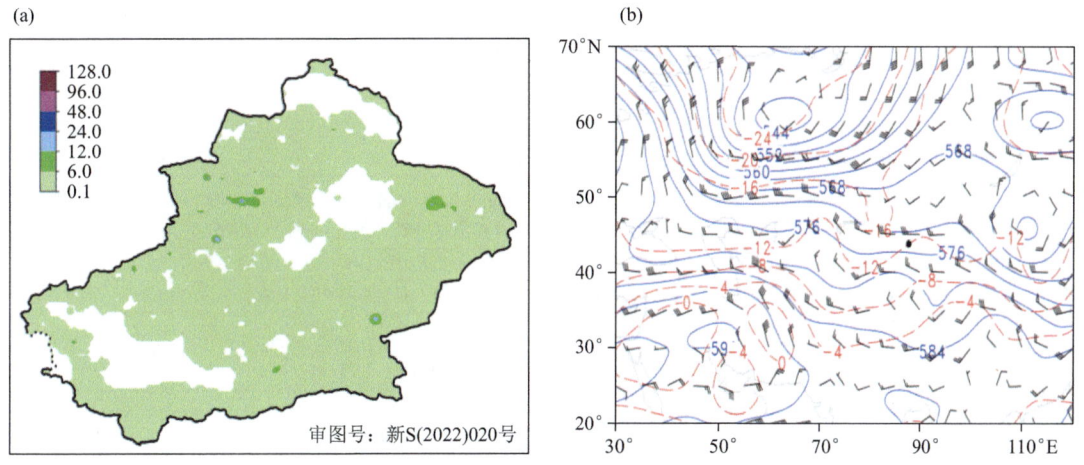

图 4.29 (a)6 月 23 日 14 时至 26 日 18 时过程累计降水量(单位:mm),(b)6 月 25 日 08 时 500 hPa 高度场
(蓝实线,单位:dagpm)、风场(单位:m/s)、温度场(红虚线,单位:℃)

4.30 7月4日16时至7月8日20时南、北疆大部分地区分散性降雨、大风

过程日期	7月4日16时至7月8日20时		过程强度	中弱
天气类型	降雨、大风			
天气实况	①降雨：北疆大部分地区和喀什地区、克州、阿克苏地区西部与北部、巴州北部、吐鲁番市、哈密市等地出现微到小雨，其中伊犁州东部南部、博州西部、塔城地区北部、阿勒泰地区西部与北部、阿克苏地区西部、巴州北部山区等地的部分区域累计降水量6.1～82.0 mm，最大降水中心为塔城地区塔城市阿西尔乡铁列克提站（图4.30a）。 ②风：全疆大部分地区出现6级左右西北风，风口风力9～13级。			
灾害性天气	暴雨	5日塔城地区北部7站，6日塔城市、乌什县、温泉县3站，7日昭苏县、尼勒克县、伊犁州78团、可克达拉市四师77团、特克斯县5站，8日阿勒泰市、塔城市4站。		
	大风	①大风站数：8级以上大风649站，10级以上大风102站。 ②极大风：塔城市和布克赛尔县夏孜盖镇站，40.3 m/s（13级）。		

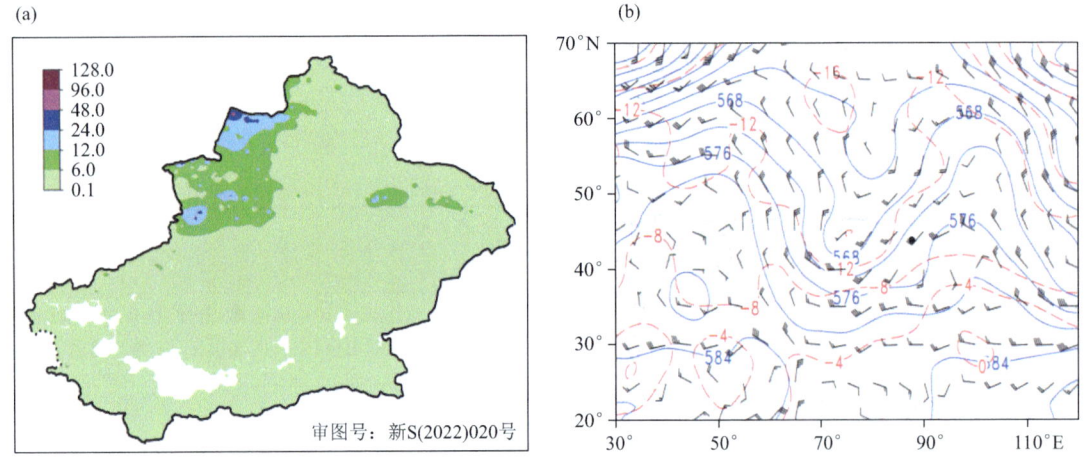

图4.30 （a）7月4日16时至8日20时过程累计降水量（单位：mm），（b）7月6日08时500 hPa高度场（蓝实线，单位：dagpm）、风场（单位：m/s）、温度场（红虚线，单位：℃）

4.31 7月13日20时至7月17日02时北疆大部分地区、南疆西部及东疆降雨、大风

过程日期	7月13日20时至7月17日02时		过程强度	中弱
天气类型	降雨、大风、沙尘暴			
天气实况	①降雨：北疆大部分地区、喀什地区、克州和和田地区、阿克苏地区、吐鲁番市、哈密市北部等地的部分区域以及巴州山区的局部区域降雨，其中塔城地区北部、阿勒泰地区、昌吉州山区、喀什地区、克州、和田地区、阿克苏地区等地的局部区域累计降雨量6.1～45.8 mm，最大降雨中心为克州乌恰县膘尔托阔依村站（图4.31a）。 ②大风：全疆大部分地区有6级左右西北风（南疆东部为偏东风），风口风力9～11级。 ③沙尘：巴州中部及和田大部分地区出现沙尘暴。			
灾害性天气	暴雨	14日克州2站，15日喀什地区、克州、和田地区7站，16日阿克苏地区3站。		
	大风	①大风站数：8级以上大风249站，其中10级以上15站。 ②极大风：吐鲁番市托克逊县阿拉沟水库站，30.2 m/s（11级）。		
	沙尘暴	①沙尘暴站数：铁干里克、塔中、和田、民丰、策勒5站。 ②最低能见度：策勒站，400 m。		

灾情	①克州阿图什市降雨、冰雹并有雷暴发生,造成上阿图什镇萨依村路桥桥头路基被冲毁,直接经济损失 5.00 万元。 ②克州乌恰县强降雨引发洪水,造成生态林地水土流失 3.9 hm²,灌溉渠、道路受损,边防公路及草场被泥石流覆盖,农田受灾 0.7 hm²,民房积水 9 间,羊圈积水 6 座,直接经济损失 29.70 万元。 ③喀什地区巴楚县强降雨和冰雹灾害,造成 1961 人受灾,农作物受灾 392.0 hm²,直接经济损失 235.20 万元。 ④阿克苏地区温宿县和阿拉尔暴雨造成农作物受灾 67.8 hm²,直接经济损失 3297.22 万元。

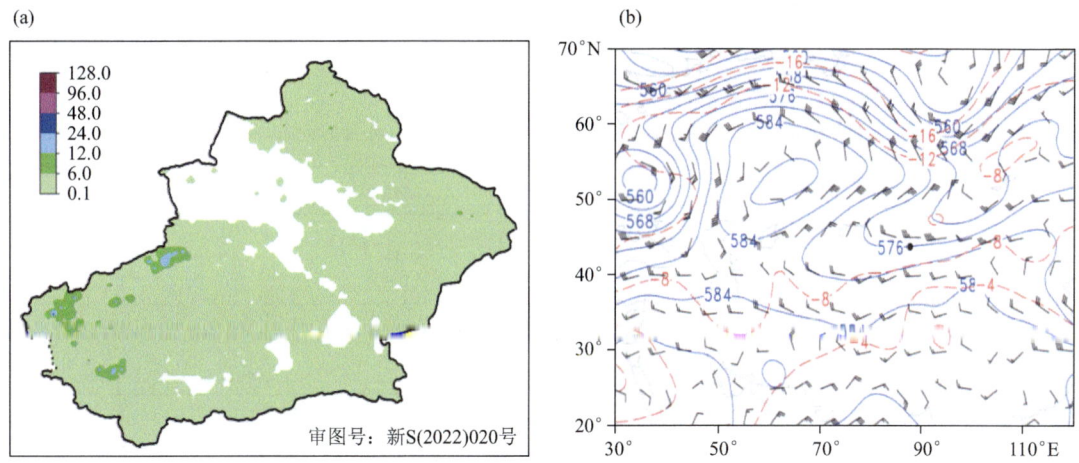

图 4.31 (a)7 月 13 日 20 时至 17 日 02 时过程累计降水量(单位:mm),(b)7 月 15 日 08 时 500 hPa 高度场(蓝实线,单位:dagpm)、风场(单位:m/s)、温度场(红虚线,单位:℃)

4.32 7月24日08时至7月31日20时天山北坡、南疆和东疆高温

过程日期	7月24日08时至7月31日20时	过程强度	弱
天气类型	高温		
高温实况	①高温持续时间:8 d。 ②高温站次(国家站)数:全疆 14 个地(州)49 个国家级气象站的日最高气温≥35 ℃,其中 19 站的日最高气温≥37 ℃,5 站≥40 ℃。(图 4.32a) ③高温范围最大日:7 月 26 日,46 个国家级气象站的日最高气温≥35 ℃,其中 14 站的日最高气温≥37 ℃,4 站≥40 ℃。 ④日最高气温极值:7 月 26 日出现在托克逊站,44.7 ℃。		

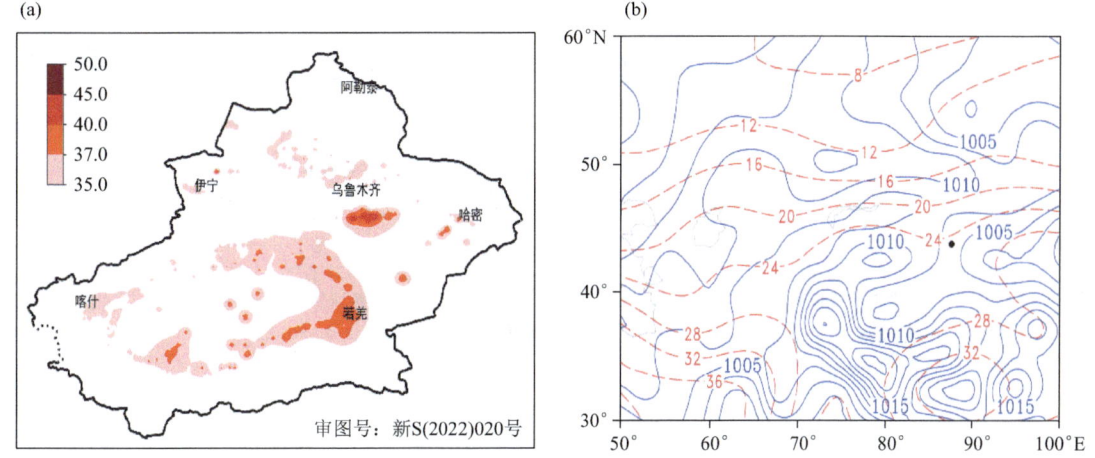

图 4.32 (a)7 月 24 日 08 时至 31 日 20 时高温过程实况(单位:℃),(b)7 月 26 日 20 时海平面气压场(蓝实线,单位:hPa)、850hPa 温度场(红虚线,单位:℃)

4.33 7月29日14时至7月30日20时北疆北部、昌吉州东部局地暴雨

过程日期	7月29日14时至7月30日20时	过程强度	中弱
天气类型	降雨、大风		
天气实况	①降雨:北疆大部分地区和阿克苏地区、巴州、哈密市北部等地的部分区域出现降雨,其中伊犁州、博州西部、塔城地区、阿勒泰地区、乌鲁木齐市山区、昌吉州、巴州北部、哈密市北部等地的部分区域累计降雨量6.1~51.4 mm,最大降雨中心为昌吉州阜康市四工河南台子站(图4.33a)。②大风:北疆大部分地区、克州、阿克苏地区、巴州、东疆等地出现4~5级短时大风,风口风力8~11级。		
灾害性天气	暴雨	30日塔城地区北部、阿勒泰地区北部、昌吉州东部山区、巴州北部山区9站。	
	大风	①大风站数:8级以上大风437站,其中10级以上32站。②极大风:巴州轮台县轮台机场站,29.3 m/s(11级)。	
灾情	巴州轮台县冰雹、大风、短时强降水造成1276人受灾;农作物受灾4401.2 hm²,其中成灾面积1851.2 hm²,绝收面积579.7 hm²,直接经济损失6447.87万元。		

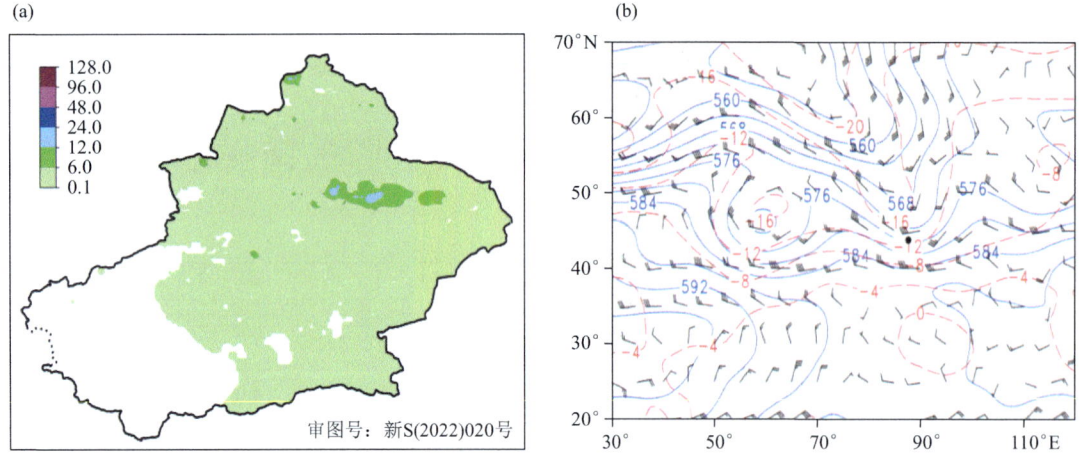

图4.33 (a)7月29日14时至30日20时过程累计降水量(单位:mm),(b)7月30日20时500 hPa高度场(蓝实线,单位:dagpm)、风场(单位:m/s)、温度场(红虚线,单位:℃)

4.34 8月1日08时至8月5日20时南北疆西部局地暴雨、大风、冰雹

过程日期	8月1日08时至8月5日20时	过程强度	中弱
天气类型	降雨、大风、冰雹		
天气实况	①降雨:南、北疆西部降雨,其中伊犁州东南部、博州西部、塔城地区、阿勒泰地区、石河子市南部、乌鲁木齐市南部、昌吉州西部、喀什地区、克州、巴州北部等地山区的局部区域累计降水量6.1~54.1 mm,最大降水中心为伊犁州昭苏县萨尔阔布乡萨尔阔布站54.1 mm(图4.34a)。②大风:北疆大部分地区、克州、阿克苏地区、巴州、东疆等地出现4~5级短时大风,风口风力8~11级。③冰雹:博州、昌吉州、伊犁州局地出现冰雹。		

续表

灾害性天气	暴雨	2日伊犁州昭苏县4站,阿勒泰地区可克达拉市1站,3日伊犁州东部南部山区7站,4日伊犁州南部山区3站、塔城地区北部山区3站,5日阿勒泰地区阿勒泰市1站、石河子市1站。
	大风	①大风站数:8级以上大风357站,其中10级以上大风45站。 ②极大风:巴州轮台县阳霞镇远景农场站,31.8 m/s(11级)。
	冰雹	①冰雹站数:8月3日16:15—18:30,博州温泉县;8月4日傍晚,昌吉州玛纳斯县;8月2日19—20时,伊犁州昭苏县洪纳海镇、乌尊布拉克乡、伊犁种马场3乡镇。 ②最大冰雹直径:伊犁州昭苏县冰雹直径0.3~1.0 cm。
灾情		①博州温泉县冰雹和短时强降雨造成585人受灾,农作物受灾面积4237.9 hm²(其中绝收面积143.32 hm²),直接经济损失1105.98万元。 ②昌吉州玛纳斯县冰雹和短时强降水,造成地牧道被冲毁13 km,农业灌溉混凝土渠被冲毁500 m。 ③伊犁州昭苏县暴雨冰雹造成884人受灾,农作物受灾面积1813.0 hm²(其中绝收面积320.0 hm²),直接经济损失797.78万元。

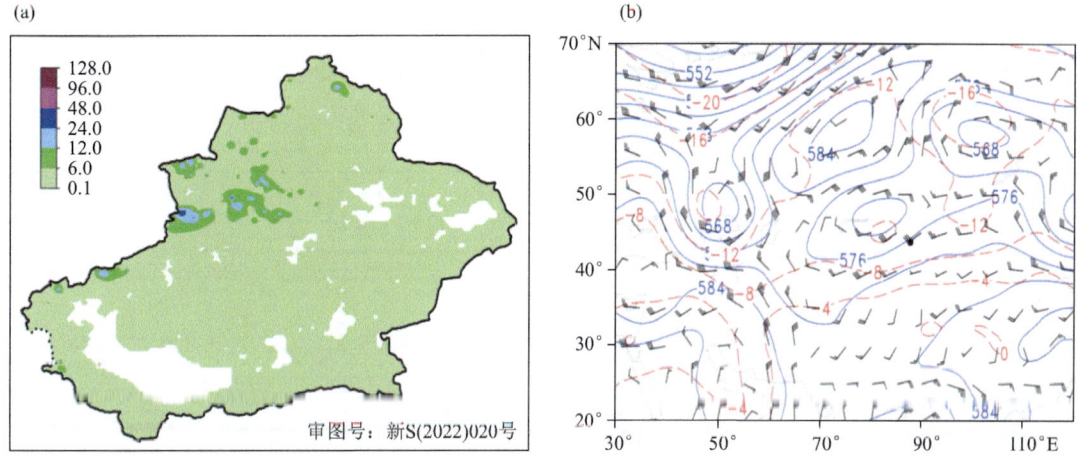

图4.34 (a)8月1日08时至5日20时过程累计降水量(单位:mm);(b)8月4日08时500 hPa高度场(蓝实线,单位:dagpm)、风场(单位:m/s)、温度场(红虚线,单位:℃)

4.35 8月9日08时至8月12日08时南北疆降雨,博州冰雹,风口大风

过程日期	8月9日08时至8月12日08时	过程强度	中弱
天气类型	降雨、大风、冰雹		
天气实况	①降雨:全疆大部分地区降雨,其中伊犁州、博州、塔城地区、阿勒泰地区西部、乌鲁木齐市南部山区、昌吉州山区、喀什地区、克州山区、阿克苏地区、巴州北部山区等地的部分区域累计降雨量6.1~56.1 mm。最大降水中心为阿勒泰地区吉木乃县拉斯特村南站(图4.35a)。 ②大风:全疆大部分地区出现5~6级西北风,北疆、东疆风口,喀什地区南部山区,巴州北部风力9~11级。		
灾害性天气	暴雨	10日克州阿克陶县、巴州和静县2站;11日阿勒泰地区吉木乃县、阿克苏地区新和县3站。	
	大风	①大风站数:8级以上大风487站,10级以上51站。 ②极大风:喀什地区塔什库尔干县下坂地水库站,31.2 m/s(11级)。	
	冰雹	博州博乐市出现冰雹天气。	

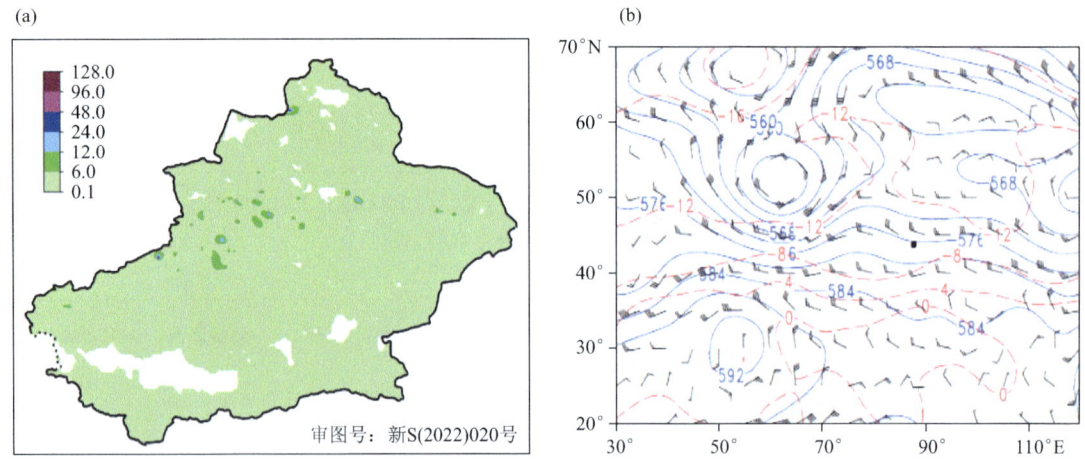

图 4.35 (a)8 月 9 日 08 时至 12 日 08 时过程累计降水量(单位:mm),(b)8 月 10 日 20 时 500 hPa 高度场
(蓝实线,单位:dagpm)、风场(单位:m/s)、温度场(红虚线,单位:℃)

4.36 8 月 16 日 08 时至 8 月 19 日 20 时天山北坡、南疆和东疆高温

过程日期	8 月 16 日 08 时至 8 月 19 日 20 时	过程强度	弱
天气类型	高温		
高温实况	①高温持续时间:4 d。 ②高温站次(国家站)数:全疆 9 个地(州)33 个国家级气象站的日最高气温≥35 ℃,其中 14 站的日最高气温≥37 ℃,2 站≥40 ℃(图 4.36a)。 ③高温范围最大日:8 月 18 日,30 个国家级气象站的日最高气温≥35 ℃,其中 11 站的日最高气温≥37 ℃,2 站≥40 ℃。 ④日最高气温极值:8 月 18 日出现在吐鲁番,41.6 ℃。		

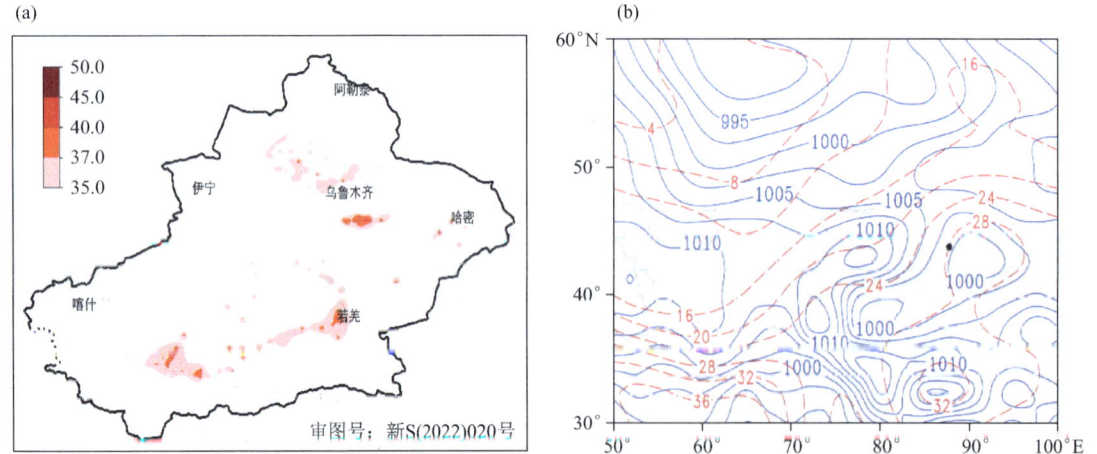

图 4.36 (a)8 月 16 日 08 时至 19 日 20 时高温过程实况图(单位:℃),(b)8 月 18 日 20 时海平面气压场
(蓝实线,单位:hPa)、850 hPa 温度场(红虚线,单位:℃)

4.37 8月18日08时至8月20日14时北疆、南疆西部和东疆降雨、风口大风

过程日期	8月18日08时至8月20日14时	过程强度	弱
天气类型	降雨、大风		
天气实况	①降雨:北疆大部分地区和喀什地区、克州、和田地区西部、阿克苏地区西部北部、巴州北部、吐鲁番市北部、哈密市北部等地的部分区域出现降雨(山区出现雨转雪或雪),其中伊犁州、塔城地区南部北部山区、阿勒泰地区北部、昌吉州山区、喀什地区南部山区、克州山区、阿克苏地区西部北部山区等地的部分区域和博州西部、石河子市南部山区、乌鲁木齐市南部山区、巴州北部山区、吐鲁番市北部山区、哈密市北部山区的局部区域累计降水量6.1~31.7 mm。最大降水中心为伊犁州昭苏县森木塔斯村站(图4.37a)。 ②大风:全疆大部分地区出现5级左右西北阵风,北疆、东疆风口风力11~13级。		
灾害性天气	暴雨	19日巴州和静县1站。	
	大风	①大风站数:8级以上大风402站,10级以上36站,12级以上3站。 ②极大风:喀什地区巴楚县314国道1230 km站,38.1 m/s(13级)。	

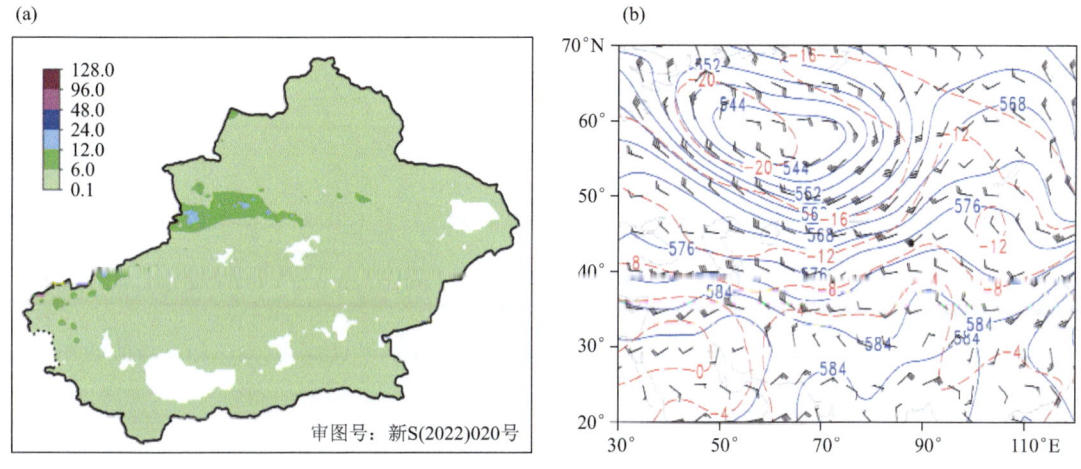

图4.37 (a)8月18日08时至20日14时过程累计降水量(单位:mm),(b)8月19日08时500 hPa高度场(蓝实线,单位:dagpm)、风场(单位:m/s)、温度场(红虚线,单位:℃)

4.38 8月20日17时至8月22日20时天山两侧局地暴雨、风口大风

过程日期	8月20日17时至8月22日20时	过程强度	中弱
天气类型	降雨、大风		
天气实况	①降雨:伊犁州、博州、喀什地区、克州、阿克苏地区、哈密市等地的部分区域出现降雨,其中伊犁州南部、克州山区、阿克苏地区西部北部等地的局部区域累计降水量6.1~93.0 mm。最大降水中心为克州乌恰县膘尔托阔依村站(图4.38a)。 ②大风:伊犁州、博州、塔城地区、克州、喀什地区等地的部分区域伴有5级左右西北阵风,风口风力9~11级。		
灾害性天气	暴雨	21日克州乌恰县、阿克苏地区温宿县共3站。	
	大风	①大风站数:8级以上大风311站,10级以上20站。 ②极大风:喀什地区塔什库尔干县下坂地水库站,29.9 m/s(11级)。	

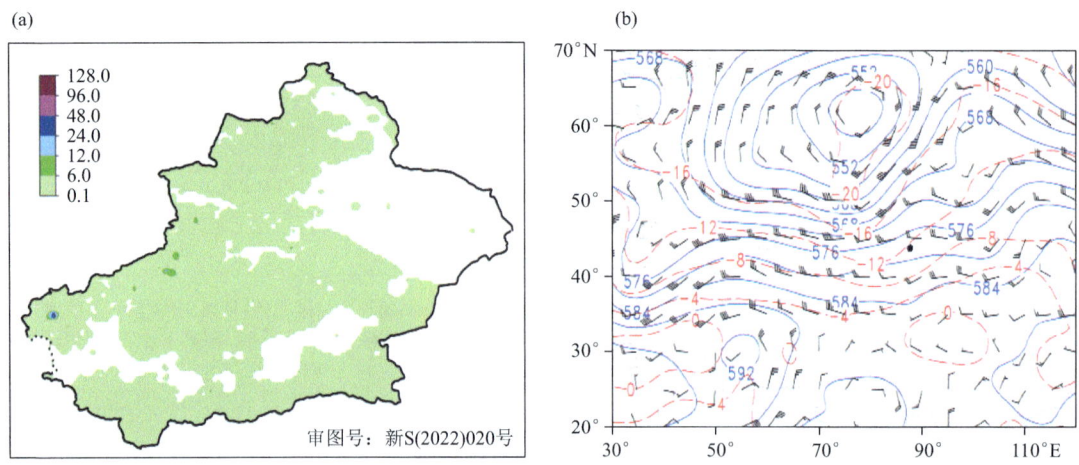

图 4.38 (a)8月20日17时至22日20时过程累计降水量(单位:mm),(b)8月21日20时500 hPa高度场(蓝实线,单位:dagpm)、风场(单位:m/s)、温度场(红虚线,单位:℃)

4.39 8月23日08时至8月26日20时天山北坡、南疆和东疆高温

过程日期	8月23日08时至8月26日20时	过程强度	弱
天气类型	高温		
高温实况	①高温持续时间:4 d。 ②高温站次(国家站)数:全疆14个地(州)60个国家级气象站的日最高气温≥35 ℃,其中31站的日最高气温≥37 ℃,5站≥40 ℃(图4.39a)。 ③高温范围最大日:8月25日,57个国家级气象站的日最高气温≥35 ℃,其中31站的日最高气温≥37 ℃,5站≥40 ℃。 ④日最高气温极值:8月25日出现在吐鲁番东坎站,43.4 ℃。		

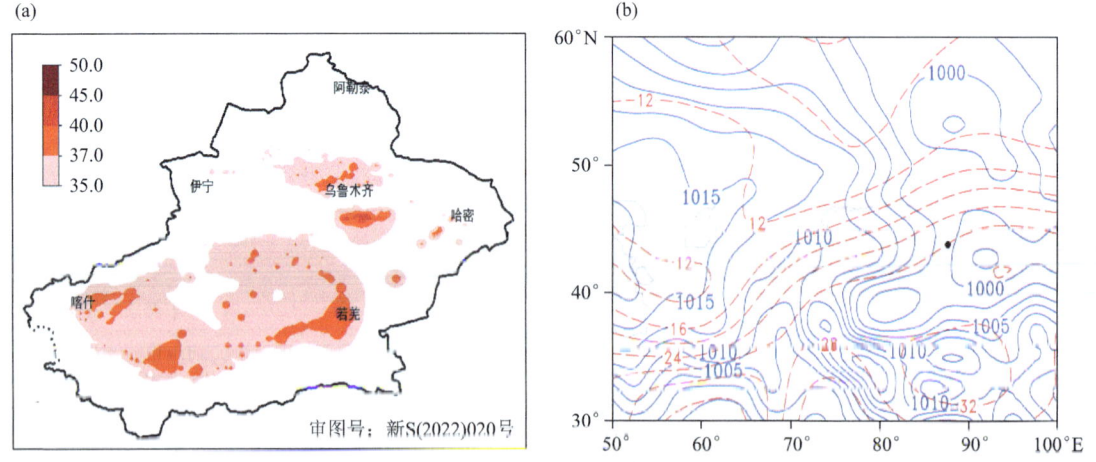

图 4.39 (a)8月23日08时至26日20时高温过程实况图(单位:℃),(b)8月25日20时海平面气压场(蓝实线,单位:hPa)、850 hPa温度场(红虚线,单位:℃)

4.40　9月10日08时至9月11日15时哈密市局地暴雨、巴州冰雹

过程日期	9月10日08时至9月11日15时		过程强度	中弱
天气类型	降雨、大风、冰雹			
天气实况	①降雨：阿勒泰地区、克拉玛依市、石河子市、乌鲁木齐市南部山区、昌吉州、喀什地区南部山区、克州山区、阿克苏地区北部、巴州北部、哈密市北部等地的部分区域和伊犁州、塔城地区等地的局部出现降雨（山区为雨夹雪或雪），其中阿克苏地区北部、巴州北部、哈密市北部局地累计降水量6.1～34.3 mm。最大降水中心为哈密市伊州区白石头乡站（图4.40a）。 ②大风：东疆、南疆东部区域出现5～6级西北风，风口风力9～11级。			
灾害性天气	暴雨	11日哈密市伊州区、伊吾县共3站。		
	大风	①大风站数：8级以上大风221站，10级以上26站，12级以上4站。 ②极大风：哈密市十三间房站，32.4 m/s（11级）。		
	冰雹	巴州库尔勒市、轮台县、尉犁县出现冰雹。		

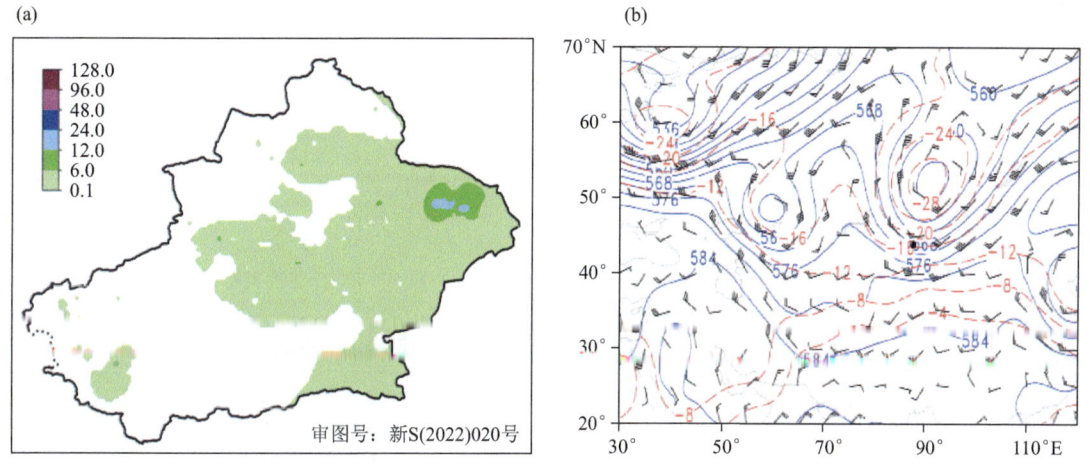

图4.40　(a)9月10日08时至9月11日15时过程累计降水量（单位：mm），(b)9月11日08时500 hPa高度场（蓝实线，单位：dagpm）、风场（单位：m/s）、温度场（红虚线，单位：℃）

4.41　9月12日08时至9月14日08时南北疆西部及东疆降雨、大风

过程日期	9月12日08时至9月14日14时		过程强度	中弱
天气类型	降雨、大风			
天气实况	①降雨：伊犁州、博州和塔城地区南部、石河子市南部、克州、阿克苏地区、巴州北部的部分区域及阿勒泰地区东部山区、昌吉州西部、乌鲁木齐市南部山区、喀什地区、哈密市等地的局部区域出现降雨（山区为雨夹雪或雪），其中伊犁州山区、博州西部、乌鲁木齐市南部山区、克州山区、阿克苏地区北部山区、巴州北部、哈密市北部等地的局部区域累计降水量6.1～36.5 mm。最大降水中心为哈密市巴里坤县军马场八连口门子站（图4.41a）。 ②大风：全疆大部分地区出现5级左右西北阵风，北疆、东疆风口风力8～10级。			
灾害性天气	暴雨	13日伊犁州昭苏县1站。		
	大风	①大风站数：8级以上大风97站，10级以上2站。 ②极大风：巴州江巴口子站，27.3 m/s（10级）。		

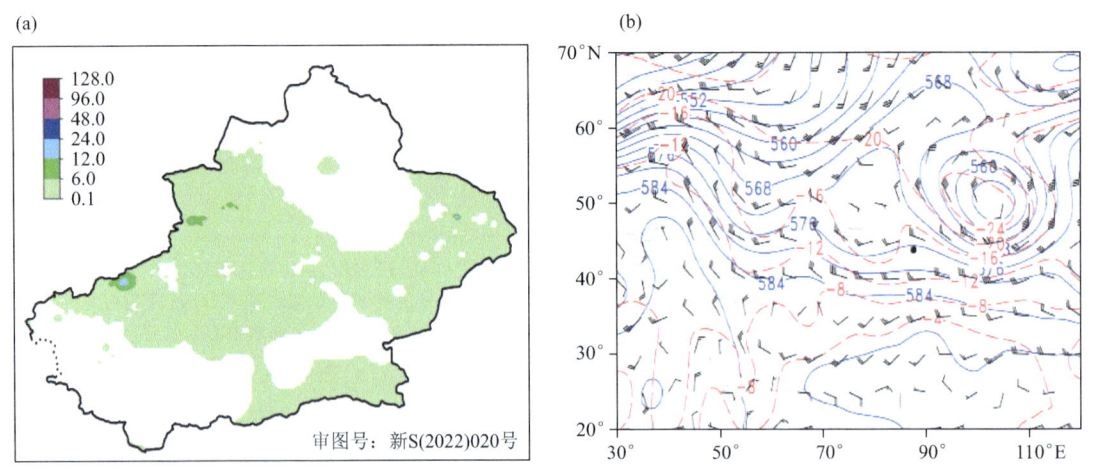

图4.41 (a)9月12日08时至9月14日08时过程累计降水量(单位:mm),(b)9月13日08时500 hPa高度场(蓝实线,单位:dagpm)、风场(单位:m/s)、温度场(红虚线,单位:℃)

4.42　9月14日14时至9月16日14时南疆西部降雨、大风

过程日期	9月14日14时至9月16日14时	过程强度	弱
天气类型	降雨、大风		
天气实况	①降雨:伊犁州、博州、塔城地区、石河子市南部、乌鲁木齐市、昌吉州、喀什地区、克州、阿克苏地区、巴州等地的部分区域及阿勒泰地区东部山区、吐鲁番市北部山区、哈密市等地的局部区域出现降雨(山区为雨夹雪或雪),其中塔城地区北部、克州山区、阿克苏地区西部北部局地累计降水量6.1~29.3 mm。最大降水中心为阿克苏地区柯坪县哈拉坤林管站(图4.42a)。 ②风:全疆大部分地区出现4~5级西北阵风(南疆东部为偏东风),北疆、东疆风口风力9~10级。		
灾害性天气	暴雨	15日阿克苏地区柯坪县1站。	
	大风	①大风站数:8级以上大风97站,10级以上2站。 ②极大风:阿克苏市印干山站,25.8 m/s(10级)。	

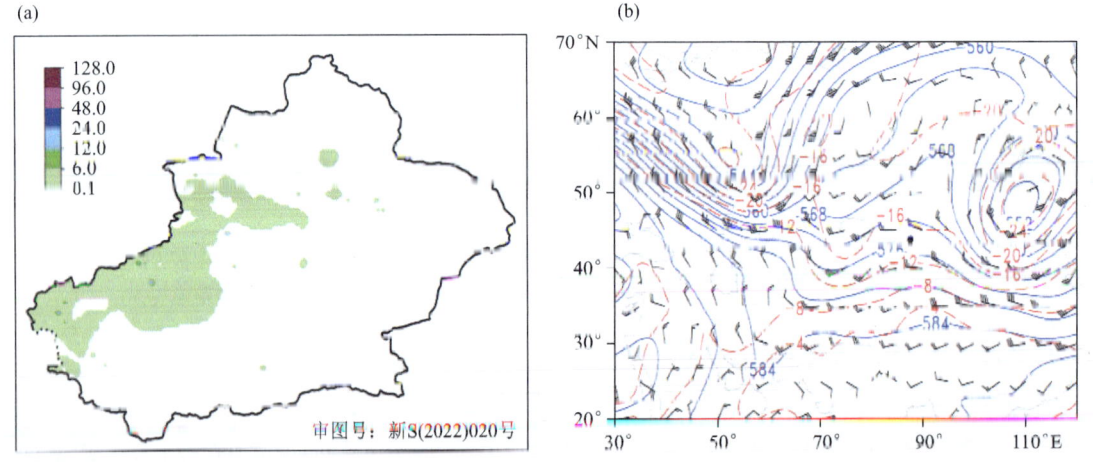

图4.42 (a)9月14日14时至9月16日14时过程累计降水量(单位:mm),(b)9月15日08时500 hPa高度场(蓝实线,单位:dagpm)、风场(单位:m/s)、温度场(红虚线,单位:℃)

4.43　9月23日11时至9月27日14时北疆北部雨雪、大风、降温

过程时间	9月23日11时至9月27日14时	过程强度	中弱
天气类型	雨雪、大风、局地寒潮		
天气实况	①雨雪：塔城地区北部、阿勒泰地区和伊犁州山区、博州西部山区、乌鲁木齐市山区、昌吉州东部、克州山区、巴州北部山区、哈密市北部等地出现降雨（山区为雨夹雪或雪），其中伊犁州山区、博州西部山区、塔城地区北部、阿勒泰地区北部的部分区域累计降水量6.1～25.0 mm。最大降水中心位于阿勒泰地区布尔津县吉克普林站（图4.43a）。 ②降温：北疆大部分地区气温下降5～8 ℃，塔城地区北部山区、阿勒泰地区、昌吉州山区等地气温下降8～12 ℃。 ③大风：北疆大部分地区和喀什地区、克州出现6级左右西北风，风口风力10～12级。		
灾害性天气	大风	①大风站数：8级以上大风324站，10级以上48站，12级以上1站。 ②极大风：塔城地区锡伯图河站，36.7 m/s（12级）。	
	寒潮	①寒潮站次数：共43站·次寒潮，其中强寒潮16站·次，特强寒潮4站·次。 ②日最大降温中心：昌吉州奇台县机场站，降温15.3 ℃（26日）。 ③过程最低气温：阿勒泰地区富蕴县国际滑雪场1号站，－12.3 ℃（27日）。	

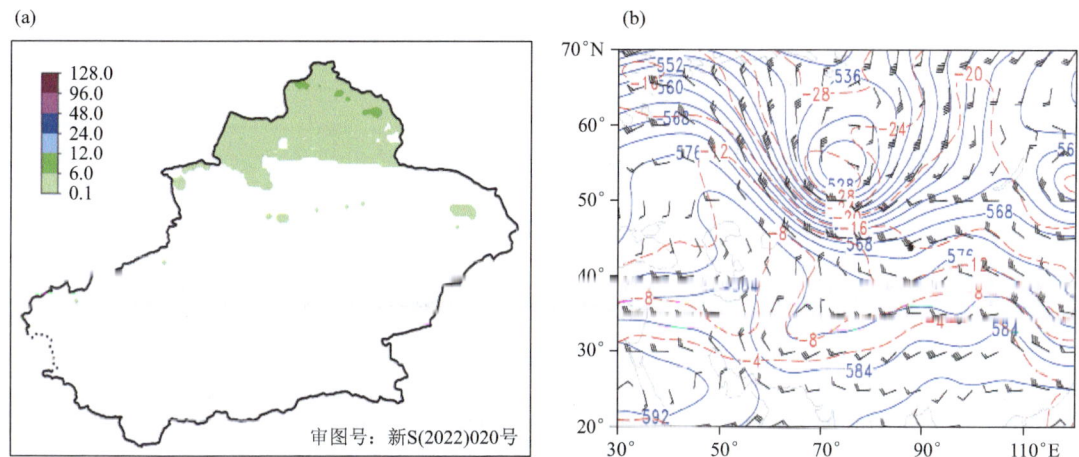

图4.43　(a)9月23日11时至27日14时过程累计降水量（单位：mm），(b)9月24日08时500 hPa高度场（蓝实线，单位：dagpm）、风场（单位：m/s）、温度场（红虚线，单位：℃）

4.44　9月27日14时至9月30日20时北疆大部分地区雨雪、大风、降温

过程日期	9月27日14时至9月30日20时	过程强度	中弱
天气类型	雨雪、大风、局地寒潮		
天气实况	①雨雪：北疆大部分地区和克州、阿克苏地区、巴州北部、哈密市等地的部分区域出现降雨（山区为雨夹雪或雪），其中伊犁州山区、阿勒泰地区北部等地的部分区域和塔城地区北部、哈密市北部山区局地累计降水量3.1～13.3 mm。最大降水中心位于哈密市伊州区白石头乡站（图4.44a）。 ②降温：北疆大部分地区降温5～8 ℃。 ③大风：北疆大部分地区、喀什、克州、阿克苏地区、巴州、吐鲁番市、哈密市出现5～6级西北阵风，风口风力9～10级，东疆风口阵风11～12级，南疆盆地东部出现5级偏东风。		

灾害性天气	大雪	30日哈密市伊州区1站。
	寒潮	①寒潮站次数:共88站·次寒潮,其中强寒潮11站·次,特强寒潮1站·次。 ②日最大降温中心:巴州库尔勒市实验中学站12.1 ℃(29日)。 ③过程最低气温:阿勒泰地区富蕴县国际滑雪场1号站－13.1 ℃(30日)。
	大风	①大风站数:8级以上大风199站,10级以上27站,12级以上3站。 ②极大风:吐鲁番市托克逊县山洪克尔碱站,36.4 m/s(12级)。

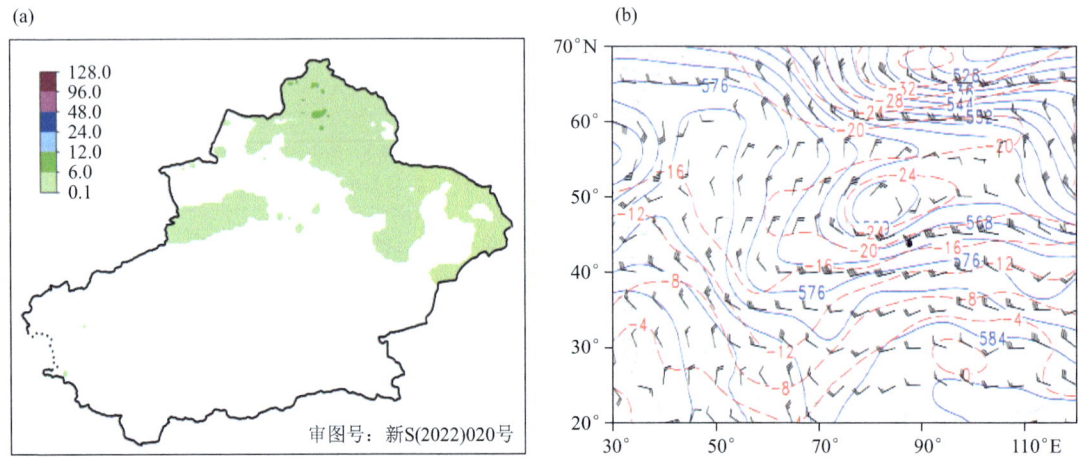

图4.44 (a)9月27日14时至30日20时过程累计降水量(单位:mm),(b)9月28日20时500 hPa高度场(蓝实线,单位:dagpm)、风场(单位:m/s)、温度场(红虚线,单位:℃)

4.45 10月9日2时至10月10日14时北疆雨雪、大风、降温

过程日期	10月9日02时至10月10日14时	过程强度	弱
天气类型	雨雪、大风、局地寒潮		
天气实况	①雨雪:伊犁州、塔城地区、阿勒泰地区、克拉玛依市、石河子市、乌鲁木齐市、昌吉州、克州山区、哈密市等地的部分区域出现降雨或雨夹雪转雪,其中伊犁州、克拉玛依市、克州山区等地的局部区域累计降水量3.1～11.2 mm。最大降水中心位于克州乌恰县吐尔尕特站(图4.45a)。 ②大风:东疆和克州、阿克苏西北部、巴州北部等地的局地6级左右偏西或西北阵风,风口风力9～11级,南疆盆地东部出现5级左右偏东风。 ③降温:塔城地区北部、阿勒泰地区、克拉玛依市、乌鲁木齐市山区最低气温下降8～11 ℃,塔城地区北部局部降温8～10 ℃。		
灾害性天气	大风	①大风站数:8级以上大风58站,10级以上6站。 ②极大风:吐鲁番市托克逊县克尔碱镇站,30.4 m/s(11级)。	
	寒潮	①寒潮站次数:共11站·次,其中强寒潮0站·次。 ②日最大降温中心:塔城地区裕民县吉也克镇毕提坤村站,降温11.1 ℃(10日)。 ③过程最低气温:博州温泉县温泉卡昝站,－11.8 ℃(10日)。	

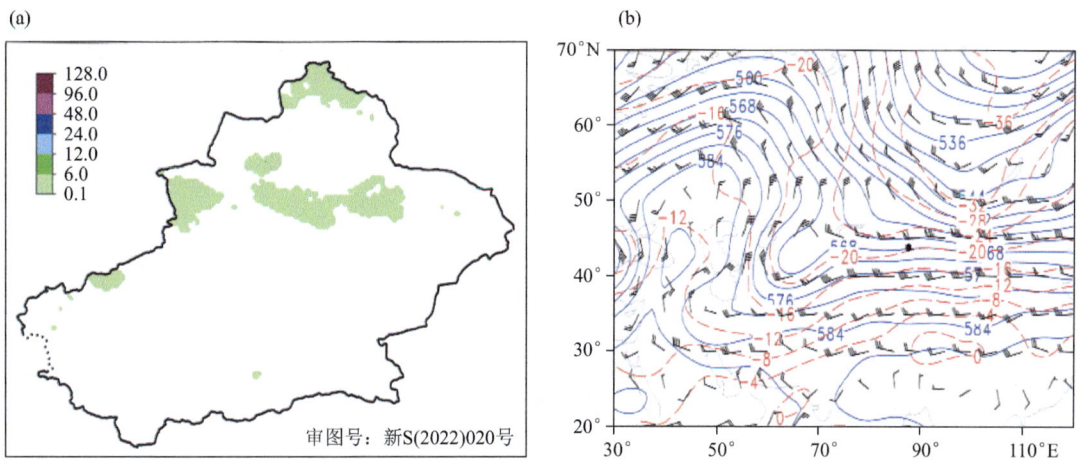

图 4.45 （a）10月9日2时至10日14时过程累计降水量（单位：mm），（b）10月9日20时500 hPa高度场（蓝实线，单位：dagpm）、风场（单位：m/s）、温度场（红虚线，单位：℃）

4.46　10月10日20时至10月14日17时北疆北部及南疆西部雨雪、大风、降温

过程时间	10月10日20时至10月14日17时		过程强度	中弱
天气类型	雨雪、大风、局地寒潮			
天气实况	①雨雪：阿勒泰地区、喀什地区、克州、哈密市北部等地的部分区域和伊犁州、塔城地区、克拉玛依市、石河子市南部山区、乌鲁木齐市南部山区、昌吉州等地的局部区域出现降雨或雨夹雪转雪，其中阿勒泰地区北部、喀什地区山区、克州山区等地的局部区域累计降水量3.1～6.0 mm，喀什地区山区、克州山区累计降水量6.1～24.9 mm。最大降水中心位于克州乌恰县吐尔尕特站（图4.46a）。 ②大风：伊犁州、塔城地区、阿勒泰地区、克州、哈密市等地的局部5～6级，风口出现8级左右偏西或西北阵风。 ③降温：北疆大部分地区、南疆西部降温5～8 ℃，局地降温8～10 ℃。			
灾害性天气	大雪	①大雪：13日哈密市伊州区1站、巴里坤县1站。 ②暴雪：11日克州乌恰县吐尔尕特1站。		
	寒潮	①寒潮站次数：共34站·次，其中3站·次强寒潮。 ②日最大降温中心：巴州库尔勒市阿瓦提农场农ည站，降温10.8 ℃（13日）。 ③过程最低气温：哈密市伊州区白石头乡站，−15.7 ℃（11日）。		
	大风	①大风站数：8级以上大风57站，10级以上5站，12级以上1站。 ②极大风：特克斯县喀拉峻湖站，35.6 m/s（12级）。		

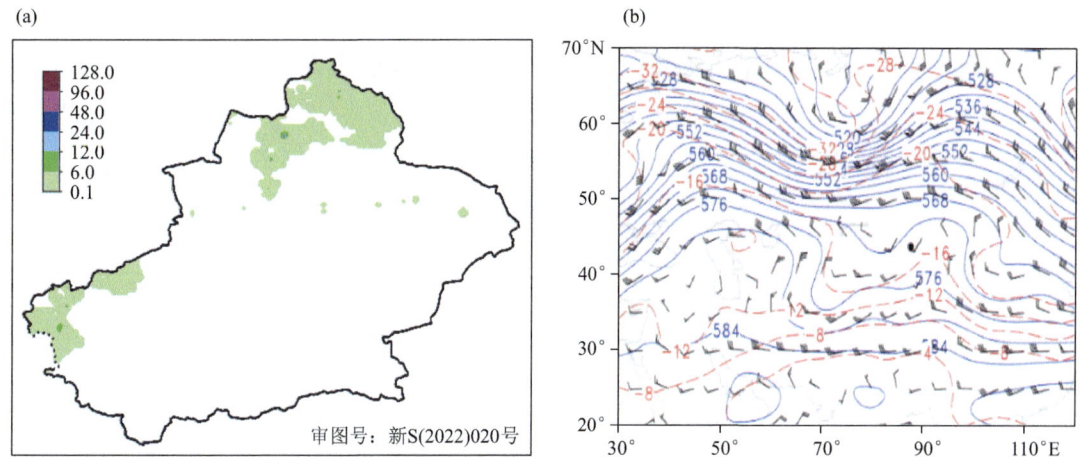

图 4.46　10月10日20时至14日17时过程累计降水量（单位：mm），（b）10月12日08时500 hPa高度场（蓝实线，单位：dagpm）、风场（单位：m/s）、温度场（红虚线，单位：℃）

4.47　10月18日20时至10月20日08时阿勒泰局地雨雪、降温、大风

过程时间	10月18日20时至10月20日08时	过程强度	中弱
天气类型	雨雪、大风、局地寒潮		
天气实况	①雨雪:阿勒泰地区北部、东部的部分区域出现降雨或雨夹雪转雪,其中阿勒泰地区北部山区的局部区域累计降水量3.1~4.7 mm。最大降水中心位于阿勒泰地区富蕴县可可托海镇可可托海景区站(图4.47a)。②大风:北疆大部分地区出现5~6级西北风,北疆、东疆风口风力8~11级。③降温:北疆偏西偏北地区降温5~8 ℃,局地降温8~12 ℃。		
灾害性天气	寒潮	①寒潮站次数:共51站·次,其中7站·次强寒潮。②日最大降温中心:克拉玛依市乌尔禾区百口泉站,降温12.0℃(20日)。③过程最低气温:阿勒泰地区布尔津县禾木乡站,—8.7℃(20日)。	
	大风	①大风站数:8级以上大风185站,10级以上18站。②极大风:阿勒泰地区吉木乃县冰川站,28.8 m/s(11级)。	

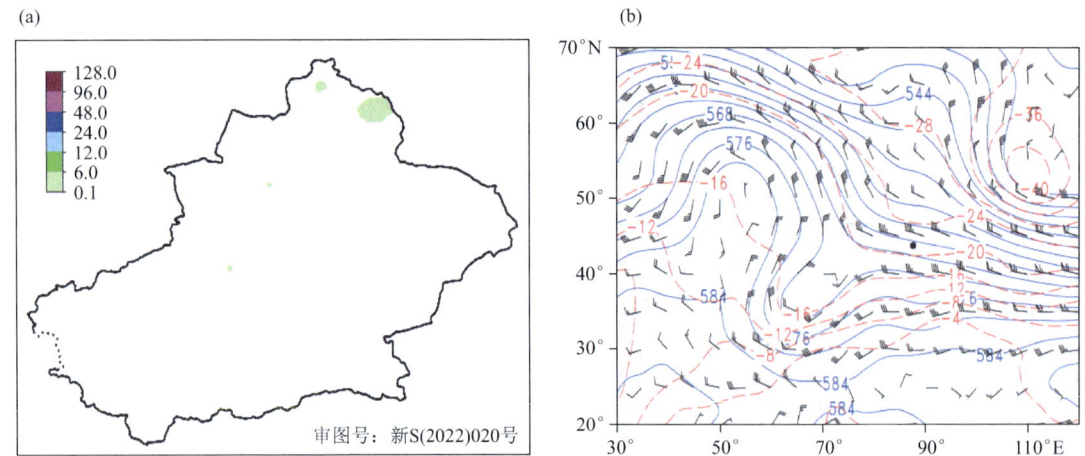

图4.47　(a)10月18日20时至20日08时过程累计降水量(单位:mm),(b)10月18日08时500 hPa高度场(蓝实线,单位:dagpm)、风场(单位:m/s)、温度场(红虚线,单位:℃)

4.48　10月23日20时至10月25日05时北疆西部雨雪、大风、局地寒潮

过程时间	10月23日20时至10月25日05时	过程强度	中弱
天气类型	雨雪、大风、局地寒潮		
天气实况	①雨雪:北疆西部、天山北坡出现降雨或雨夹雪转雪,其中伊犁州和阿勒泰地区北部山区的局部区域累计降水量3.1~6.0 mm,伊犁州山区局地累计降水量6.1~25.3 mm。最大降水中心位于伊犁州霍城县萨尔布拉克镇切得萨尔布拉克村克别乃克站(图4.48a)。②大风:北疆大部地区和克州、喀什市、巴州北部等地的部分区域出现6级左右西北风,北疆、东疆风口风力8~10级。③降温:北疆北部、南疆西部降温5~8 ℃,局地降温8~10℃。		

灾害性天气	大雪	①大雪:24日伊犁州南部、阿勒泰地区西部26站。 ②暴雪:24日伊犁州南部、阿勒泰地区西部4站。
	寒潮	①寒潮站次数:48站·次,其中11站·次达强寒潮。 ②日最大降温中心:博州精河县托托艾比湖区站,降幅11.7 ℃(25日)。 ③过程最低气温:阿勒泰地区阿勒泰市野卡峡野雪公园站,−19.5 ℃(25日)。
	大风	①大风站数:8级以上大风103站,10级以上9站。 ②极大风:哈密市伊州区十三间房站,27.1 m/s(10级)。

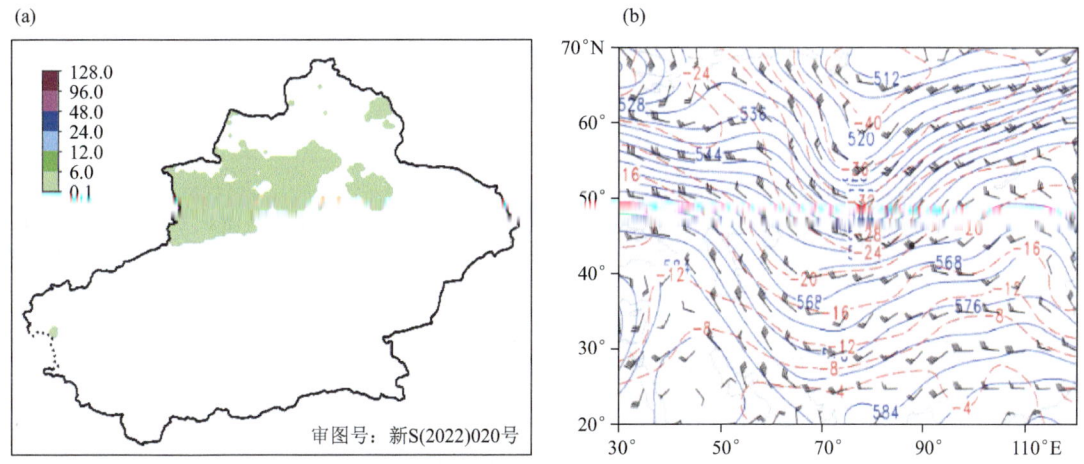

图4.48 (a)10月23日20时至25日05时过程累计降水量(单位:mm),(b)10月24日08时500 hPa高度场(蓝实线,单位:dagpm)、风场(单位:m/s)、温度场(红虚线,单位:℃)

4.49 10月28日11时至10月30日17时天山山区雨雪、大风,喀什局地寒潮

过程日期	10月28日11时至10月30日17时	过程强度	中弱
天气类型	雨雪、大风、局地寒潮、扬沙		
天气实况	①雨雪:伊犁州、塔城地区北部、阿勒泰地区、石河子市、乌鲁木齐市、昌吉州、克州山区、哈密市北部的部分地区和喀什地区的局部区域出现降雨或雨夹雪转雪,其中伊犁州、塔城地区北部、阿勒泰地区北部、乌鲁木齐市山区、昌吉州东部、哈密市北部的部分区域累计降水量3.1~6.0 mm,伊犁州东部山区、阿勒泰地区北部山区、哈密市北部山区累计降水量6.2~9.9 mm。最大降水中心位于伊犁州察布查尔坎乡塔西阔满站(图4.49a)。 ②大风、扬沙:北疆、东疆风口和克州山区出现8级左右偏西或西北阵风,哈密市北部淖毛湖站出现扬沙天气。 ③降温:南疆西部降温5~8 ℃,局地降温8~12 ℃。		
灾害性天气	大雪	29日伊犁州新源县1站,30日伊犁州察布查尔县1站、哈密市伊州区1站。	
	寒潮	①寒潮站次数:77站·次,其中17站·次达强寒潮。 ②日最大降温中心:克州阿克陶县布伦口乡苏巴什村站,降温11.7 ℃(30日)。 ③过程最低气温:喀什地区塔什库尔干县麻扎尔站,−19.0 ℃(30日)。	
	大风	①大风站数:8级以上大风145站,10级以上15站。 ②极大风:哈密市伊州区十三间房站,30.6 m/s(11级)。	

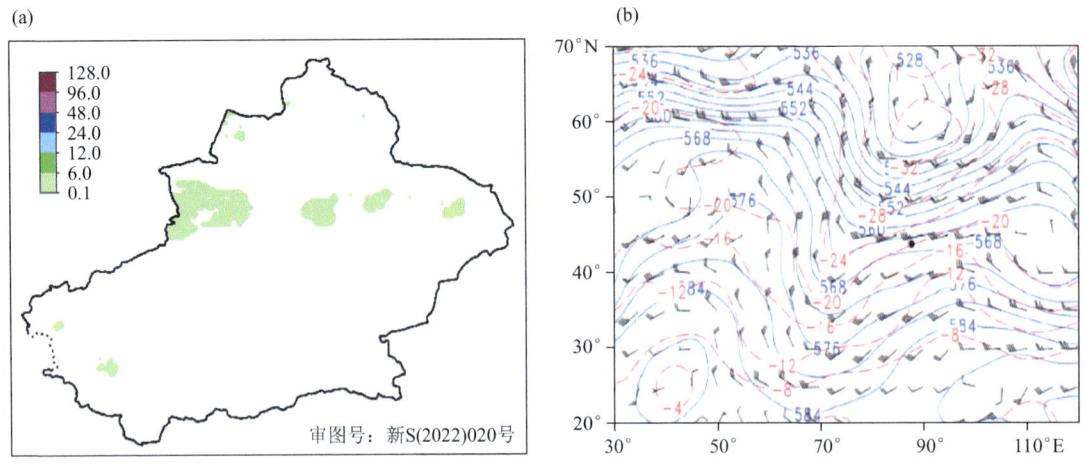

图 4.49　(a)10 月 28 日 11 时至 30 日 17 时过程累计降水量(单位:mm),(b)10 月 29 日 08 时 500 hPa 高度场
(蓝实线,单位:dagpm)、风场(单位:m/s)、温度场(红虚线,单位:℃)

4.50　11 月 4 日 08 时至 11 月 5 日 20 时北疆与东疆雨雪、大风、降温

过程日期	11 月 4 日 08 时至 11 月 5 日 20 时		过程强度	中弱
天气类型	雨雪、大风、局地寒潮			
天气实况	①雨雪:阿勒泰地区北部与东部的部分地区和塔城北部山区、乌鲁木齐市、昌吉州东部山区、哈密市等地局部区域出现微到降雨或雨夹雪转雪,其中哈密市局地累计降水量3.1~6.0 mm。最大降水中心位于哈密市伊州区白石头乡(图4.50a)。 ②大风:北疆大部分地区、克州、巴州北部、东疆等地出现5~6级西北风,北疆、东疆风口和克州山区出现8级左右偏西或西北阵风。 ③降温:北疆偏西地区降温5~8 ℃,局地降温8~10℃。			
灾害性天气	寒潮	①寒潮站次数:11站·次达寒潮。 ②日最大降温中心:塔城地区裕民县吉也克镇毕提坤村站,降温11.7 ℃(5日)。 ③过程最低气温:阿勒泰地区哈巴河县铁热克提乡那仁牧场站,-16.2 ℃(5日)。		
	大风	①大风站数:8级以上大风193站,10级以上21站。 ②极大风:塔城地区托里县后山金矿站,31.8 m/s(11级)。		

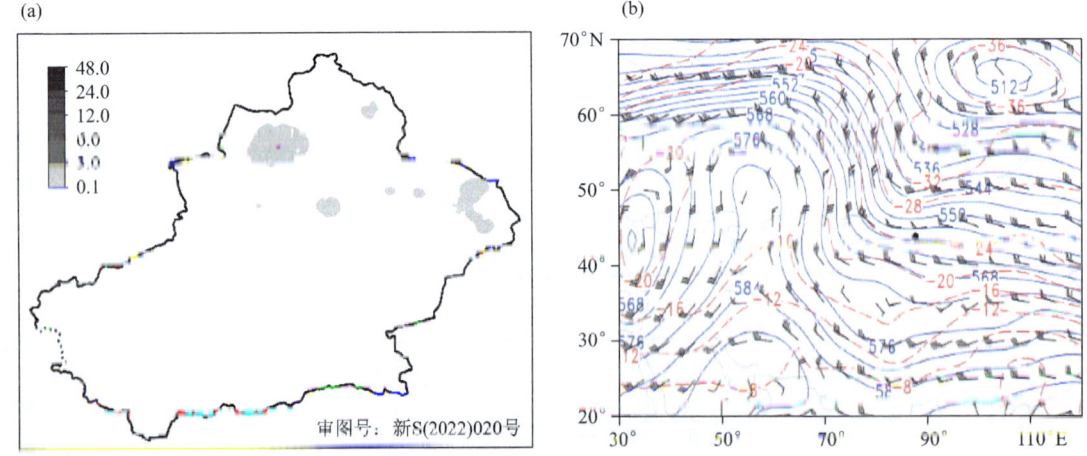

图 4.50　(a)11 月 4 日 08 时至 5 日 20 时过程累计降水量(单位:mm),(b)11 月 4 日 08 时 500 hPa 高度场
(蓝实线,单位:dagpm)、风场(单位:m/s)、温度场(红虚线,单位:℃)

4.51　11月12日20时至11月14日20时北疆西部和北部雨雪、大风

过程日期	11月12日20时至11月14日20时	过程强度	中弱
天气类型	雨雪、大风		
天气实况	①雨雪：伊犁州、博州西部、塔城地区北部、阿勒泰地区北部的部分地区和克州山区等地局部区域出现降雨或雨夹雪转雪，上述地区局部累计降水量3.1~6.0 mm，其中塔城地区北部、阿勒泰地区北部局地累计降水量6.1~14.1 mm，最大降水中心位于阿勒泰地区布尔津县吉克普林站(图4.51a)。②大风：伊犁州、博州西部、塔城地区北部、阿勒泰地区北部出现5~6级西北风，北疆、东疆风口和巴州北部出现8级以上偏西或西北阵风。		
灾害性天气	大雪	①大雪：13日阿勒泰地区阿勒泰市、布尔津县13站。②暴雪：13日阿勒泰地区阿勒泰市、布尔津县2站。	
	大风	①大风站数：8级以上大风44站，10级以上2站。②极大风：哈密市伊州区十三间房站，25.3 m/s(10级)。	

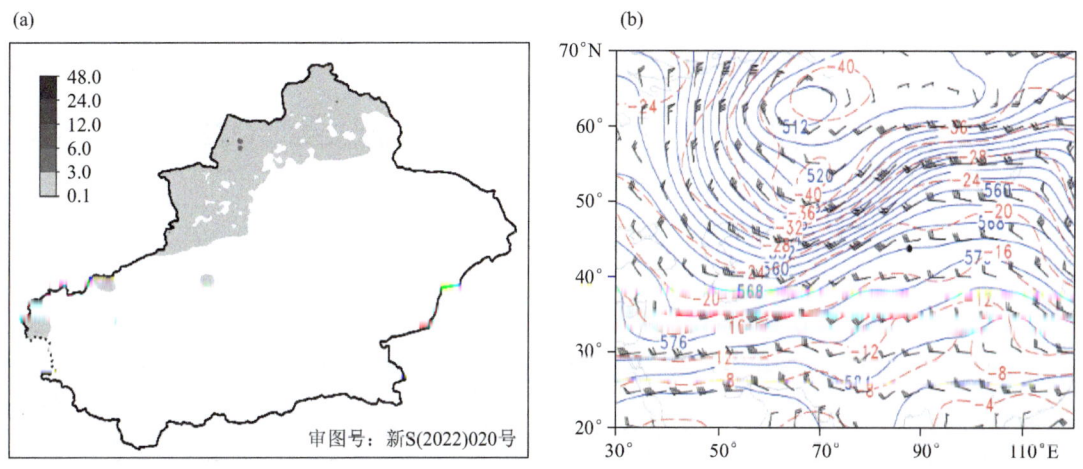

图 4.51　(a)11月12日20时至14日20时过程累计降水量(单位：mm)，(b)11月12日20时 500 hPa高度场
(蓝实线，单位：dagpm)、风场(单位：m/s)、温度场(红虚线，单位：℃)

4.52　11月18日20时至11月20日20时天山北坡、南疆西部和东疆降雪、大风

过程日期	11月18日20时至11月20日20时	过程强度	弱
天气类型	降雪、大风		
天气实况	①降雪：伊犁州、塔城地区、石河子市、乌鲁木齐市、昌吉州南部、喀什地区、克州、阿克苏地区、哈密市北部的部分地区和阿勒泰地区、吐鲁番市等地局部区域出现降雪，其中伊犁州、乌鲁木齐市、阿克苏地区、哈密市北部局部区域累计降水量3.1~6.7 mm，最大降雪中心位于克州阿合奇站(图4.52a)。②大风：上述地区出现5~6级西北风，北疆、东疆风口和巴州北部出现8级以上偏西或西北阵风。		

灾害性天气	大雪	20日克州阿合奇站。
	大风	①大风站数:8级以上大风57站,10级以上5站,12级以上1站。 ②极大风:哈密市伊州区十三间房站,34.1 m/s(12级)。

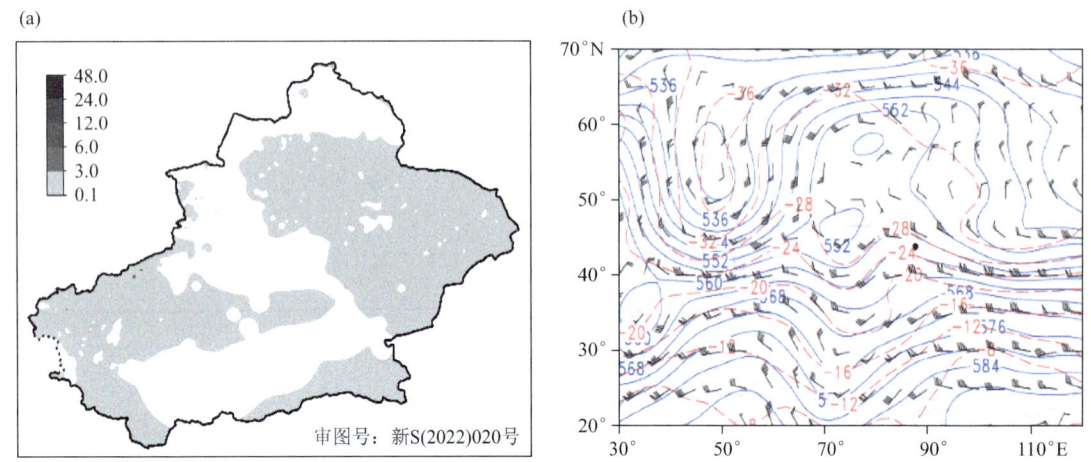

图4.52 (a)11月18日20时至20日20时过程累计降水量(单位:mm),(b)11月19日08时500 hPa高度场(蓝实线,单位:dagpm)、风场(单位:m/s)、温度场(红虚线,单位:℃)

4.53 11月25日20时至11月27日14时南疆西部降雪

过程日期	11月25日20时至11月27日14时	过程强度	弱
天气类型	降雪		
天气实况	降雪:伊犁州山区、博州西部山区、乌鲁木齐市山区、昌吉州山区、克州北部山区、阿克苏地区北部山区、巴州北部山区、哈密市等地的部分区域出现降雪,其中克州北部山区、阿克苏地区北部山区、巴州北部山区等地的局部区域累计降雪量3.1~4.5 mm,最大降雪中心为拜城县老虎台种羊场板斯拉克站(图4.53a)。		

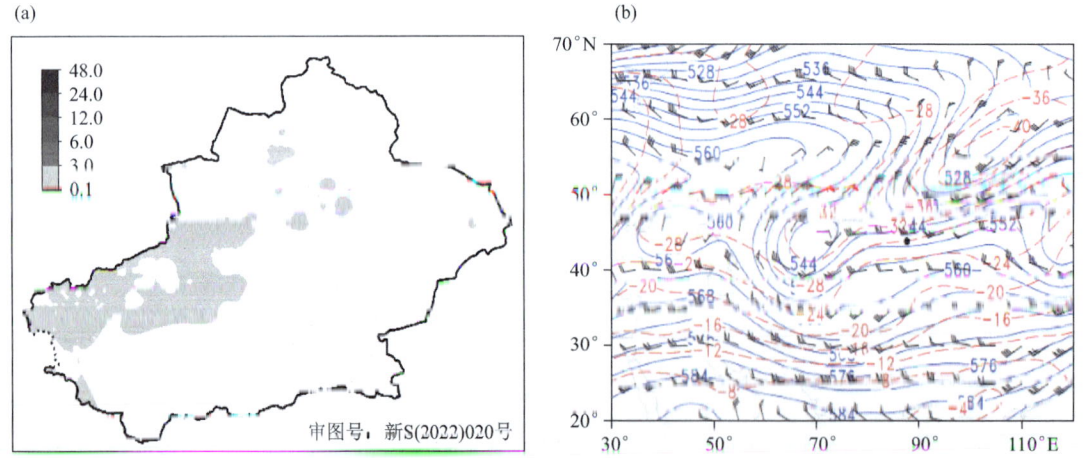

图4.53 (a)11月25日20时至27日14时过程累计降水量(单位:mm),(b)11月26日08时500 hPa高度场(蓝实线,单位:dagpm)、风场(单位:m/s)、温度场(红虚线,单位:℃)

4.54　12月4日08时至12月6日05时北疆西部及东疆北部降雪、大风

过程日期	12月4日08时至12月6日05时	过程强度	弱
天气类型	降雪、大风		
天气实况	①降雪:伊犁州、博州、塔城地区等地的部分区域和克拉玛依市、乌鲁木齐市、喀什地区、克州、哈密市北部等地的局部区域出现降雪,其中伊犁州、博州、塔城地区、克拉玛依市、哈密市局部累计降雪量3.1～6.0 mm,伊犁州、克拉玛依市累计降雪量6.1～7.5 mm。最大降雪中心位于伊犁州尼勒克县科蒙乡莫托沟站(图4.54a)。 ②大风:北疆西部与北部、喀什地区、克州、和田地区、巴州、东疆等地的部分区域出现5～6级西北风,风口风力8～10级。		
灾害性天气	大雪	5日伊犁州霍尔果斯市、霍城县3站。	
	大风	①大风站数:8级以上大风19站,10级以上1站。 ②极大风:喀什地区叶城县新藏公路奇台达坂站,26.3 m/s(10级)。	

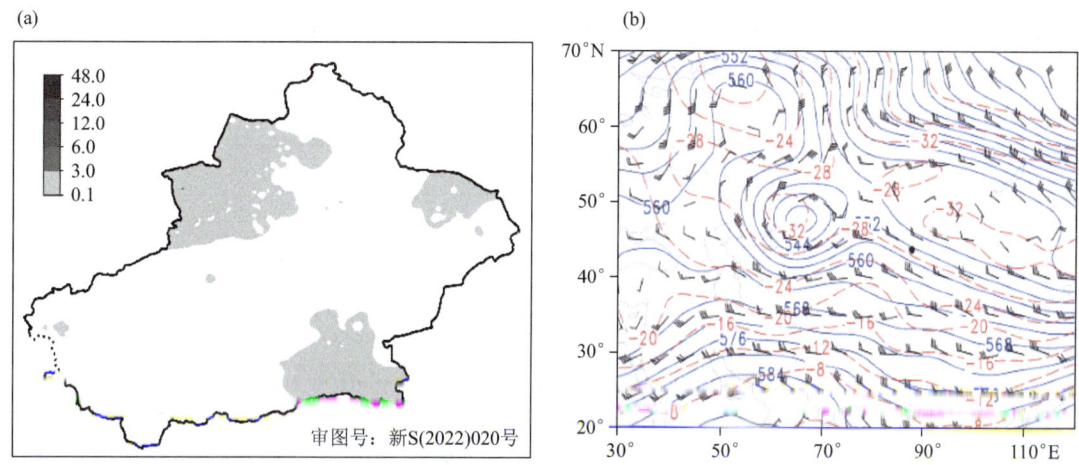

图4.54　(a)12月4日08时至6日05时过程累计降水量(单位:mm),(b)12月4日08时500 hPa高度场(蓝实线,单位:dagpm)、风场(单位:m/s)、温度场(红虚线,单位:℃)

4.55　12月9日12时至12月12日05时北疆北部降雪、大风、降温

过程日期	12月9日12时至12月12日05时	过程强度	中弱
天气类型	降雪、大风、局地寒潮		
天气实况	①降雪:阿勒泰地区和塔城地区、昌吉州东部的部分区域及伊犁州东部和南部山区、喀什地区、克州、巴州北部山区、哈密市等地的局部出现降雪,其中阿勒泰地区的部分区域和伊犁州、塔城地区北部的局部区域累计降雪量3.1～7.9 mm。最大降雪中心位于阿勒泰地区哈巴河站(图4.55a)。 ②大风:上述区域出现5级左右偏西北风,东疆风口风力9～10级。 ③降温:北疆北部、天山北坡、东疆的部分地区降温5～8 ℃,局地降温8～14 ℃。		
灾害性天气	寒潮	①寒潮站次数:120站·次,其中强寒潮30站·次,特强寒潮15站·次。 ②日最大降温中心:塔城地区裕民县吉也克镇东村站,降温14.8 ℃(12日)。 ③过程最低气温:阿勒泰地区阿勒泰市阿拉哈克镇齐背岭水库站,-38.2 ℃(12日)。	
	大风	①大风站数:8级以上大风48站,10级以上9站。 ②极大风:哈密市伊吾县前山乡一村站,28.9 m/s(11级)。	

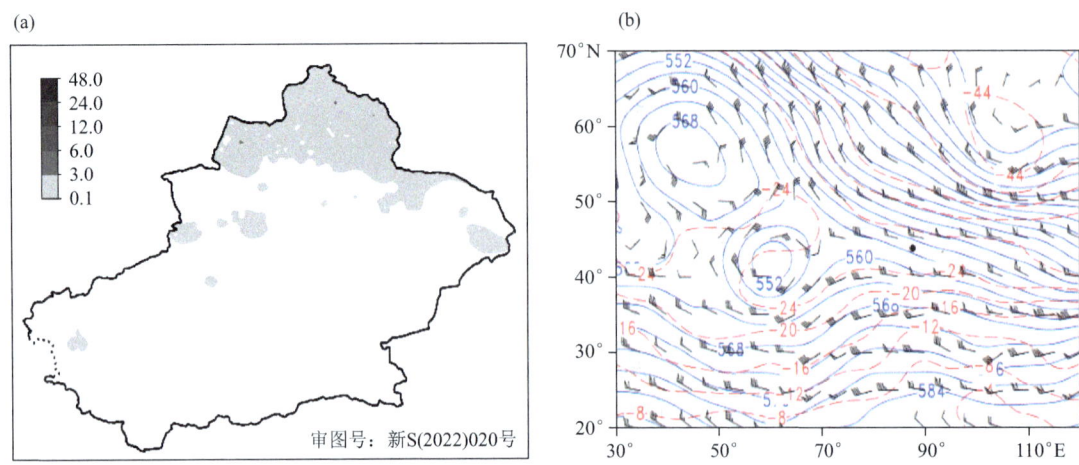

图4.55 (a)12月9日12时至12日05时过程累计降水量(单位:mm),(b)12月9日20时500 hPa高度场(蓝实线,单位:dagpm)、风场(单位:m/s)、温度场(红虚线,单位:℃)

4.56 12月12日18时至12月17日05时南疆西部降雪、降温

过程日期	12月12日18时至12月17日05时	过程强度	中弱
天气类型	降雪、局地寒潮		
天气实况	①降雪:喀什地区、克州、阿克苏地区的部分区域和塔城地区南部、乌鲁木齐市南部山区、昌吉州山区、和田地区西部、巴州北部山区、哈密市等地的局部区域出现降雪,其中喀什地区、克州、和田地区西部、阿克苏地区等地的局部区域累计降雪量3.1~7.4 mm。最大降水中心位于喀什地区岳普湖县(图4.56a)。 ②降温:北疆北部、南疆西部的部分地区降温5~8 ℃,局地降温8~14 ℃。		
灾害性天气	寒潮	①寒潮站次数:9站·次,其中强寒潮2站·次,特强寒潮1站·次。 ②日最大降温中心:喀什地区塔什库尔干县麻扎尔种羊场站,降温12.4 ℃(13日)。 ③过程最低气温:喀什地区巴州和静县巴音布鲁克站,-39.1 ℃(16日)。	

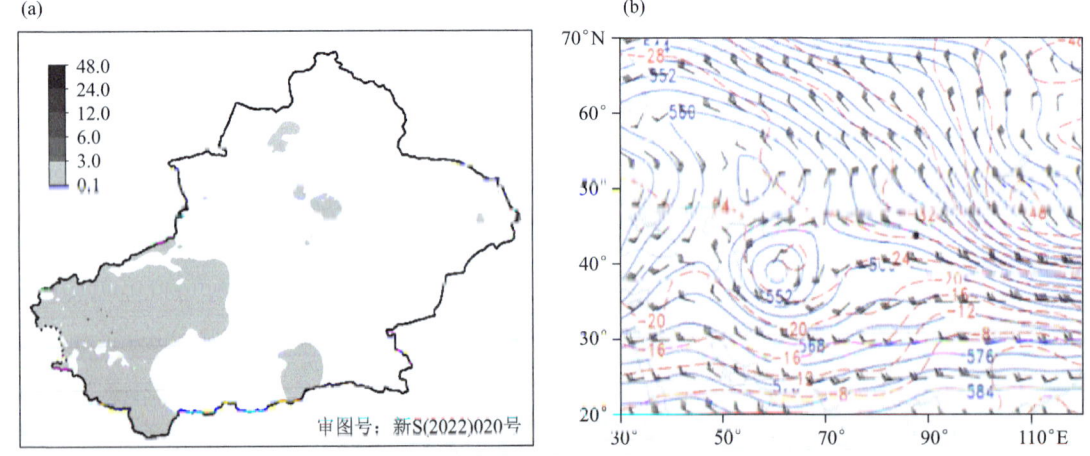

图4.56 (a)12月12日18时至17日05时过程累计降水量(单位:mm),(b)12月12日20时500 hPa高度场(蓝实线,单位:dagpm)、风场(单位:m/s)、温度场(红虚线,单位:℃)

4.57 12月26日20时至12月28日20时北疆西部、天山北坡及东疆降雪、降温

过程日期	12月26日20时至12月28日20时	过程强度	中弱
天气类型	降雪、局地寒潮		
天气实况	①降雪:伊犁州、博州东部、塔城地区南部、石河子市、乌鲁木齐市、昌吉州、哈密市北部、巴州北部等地的部分区域出现小雪,其中伊犁州、塔城地区南部、乌鲁木齐市等地的局部区域累计降雪量3.1~6.0 mm,伊犁州6站累计降雪量6.1~9.6 mm,最大降水中心位于伊犁州新源县阿勒玛勒乡站(图4.57a)。 ②降温:北疆偏西和偏北地区、天山北坡的部分地区降温5~8 ℃,局地降温8~10 ℃。		
灾害性天气	大雪	27日伊犁州尼勒克1站、昌吉州玛纳斯县1站。	
	寒潮	①寒潮站次数:64站·次,其中强寒潮25站·次、特强寒潮7站·次。 ②日最大降温中心:昌吉州木垒县色皮口,降温15.1 ℃(28日)。 ③过程最低气温:阿勒泰地区富蕴县吐尔洪乡拜依格托别村,−40.0 ℃(28日)。	

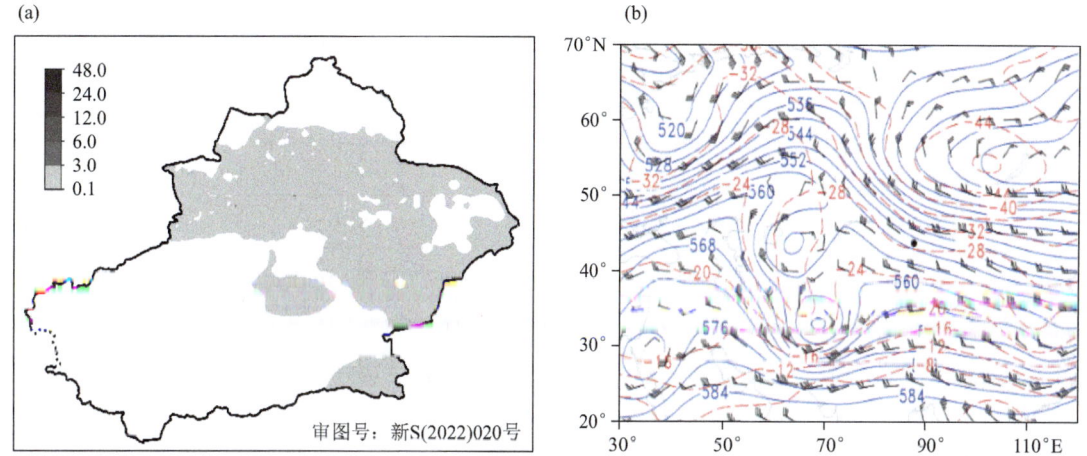

图4.57 (a)12月26日20时至28日20时过程累计降水量(单位:mm),(b)12月27日08时500 hPa高度场(蓝实线,单位:dagpm)、风场(单位:m/s)、温度场(红虚线,单位:℃)

附录A 新疆天气过程强度业务标准

变　温	过程降水	风　力	过程强度
≤5～8℃	微到小量(个别中量)	4～5级,风口6级	弱
≤5～8℃	小量(个别中量) 小量(个别大量)	5级,风口6～7级	中弱
≤5～8℃	中量(个别小量) 小量(个别大量)	5级,风口7～8级	中度
≥8～10℃	小量(个别微量) 小量(个别中量) 中量(个别小量)	6级,风口8～9级	中强
≤5～8℃	中量(个别大量) 中到大量	6级,风口8～9级	中强
≥10℃	微到小量	6级,风口8～9级	中强
≥8～10℃	中到大量	6级,风口9～10级	强
≥10℃	中量(个别小量)	6级,风口9～10级	强
≥13℃	微到小量	6级,风口9～10级	强
≤5～8℃	大量或大到暴量	6级,风口9～10级	强
≥8～10℃	大量	6级,风口9～10级	特强
≥13℃	≥中量	6级,风口9～10级	特强
≥5～8℃	微到小量		中度

附录 B 新疆气象台高温天气过程标准

（业务试行稿 2020 年 5 月）

1 范围

本标准给出了新疆高温天气过程的等级及划分方法。

本标准适用于新疆高温天气过程的监测、评估及预报服务。

2 术语和定义

2.1 高温天气

日最高气温≥35℃的天气。

2.2 高温日

某日有 1 个或以上站点的日最高气温≥35℃（吐-鄯-托盆地 37℃以上），则将该日记为一个高温日。

2.3 过程高温日

设定全疆范围内某天有 1 成或以上的站点出现高温天气。

3 新疆高温天气过程的判识

根据全疆气象观测站资料,从满足一个过程高温日标准开始,至不满足过程高温日标准的前一天结束且须持续 3 d 或以上,可判定全疆出现高温天气过程,对于大于 5 d 的高温过程,允许期间仅 1 d 的高温站数可少于 1 成。

4 等级划分

4.1 等级

新疆高温天气过程划分为四个等级,分别为特强、强、中等、弱。

4.2 划分方法

4.2.1 划分指标

新疆高温天气过程等级根据新疆高温天气过程等级指标（I）进行划分,见表 B.1。

表 B.1 新疆高温天气过程等级划分标准（含区域气象站）

新疆高温天气过程等级	新疆高温天气过程等级指标
特强	$I \geqslant 1.5$
强	$1.2 \leqslant I < 1.5$
中等	$0.7 \leqslant I < 1.2$
弱	$I < 0.7$

4.2.2 I 的计算方法

I 的计算公式见式(B.1)：

$$I = \sum_{k=1}^{3} T_k \times W_k \qquad (B.1)$$

式中，I——新疆高温天气过程等级指标；

T_k——日最高气温分级，取值分别为 1,2,3，对应 [35℃,37℃)，[37℃,40℃)，[40℃,+∞) 三个温度区间；

W_k——T_k 对应的站点数占总站点数的比例。

附录 C 新疆气象台天气过程档案制作规范(试行)

一、天气过程档案的制作和存放

1. 天气过程结束后,定量降水岗值班员在 12 h 之内确定天气过程的起止时间,并安排过程结束当日值班的短时临近监测、预警岗白班人员制作。

2. 短时临近监测、预警岗白班值班员在接到定量降水岗值班员安排的 72 h 内,完成天气过程数据的生成、天气过程图的绘制和天气实况、环流形势演变的文字撰写,经定量降水岗值班员和首席预报员审核、确定天气过程强度后,使用软件完成天气过程图与天气实况、环流形势演变文字的合成并使用 A4 纸彩色打印、存档,同时填写天气过程检索纸质档案(见附件 C.3)和电子档案(见附件 C.4),最后将上述所有电子文件上传到 10.185.104.89\tqgcsj\tqgcbmp 相应年份文件夹中。

二、天气过程的命名规则

天气过程文件命名规则为:AAA-YYYYMMDDHH－mmddhh,其中 AAA:该天气过程在当年的顺序编号,YYYY:开始年份,MM:开始月份,DD:开始日期,HH:开始时间(北京时,下同),mm:结束月份,dd:结束日期,hh:结束时间。

三、天气过程档案制作的要求

1. 绘制天气过程图时,图中需显示站点降水量、过程降温(≥5℃)、极大风速(≥17 m/s),并使用天气符号标注大风、沙尘区(见附录 C.1)。

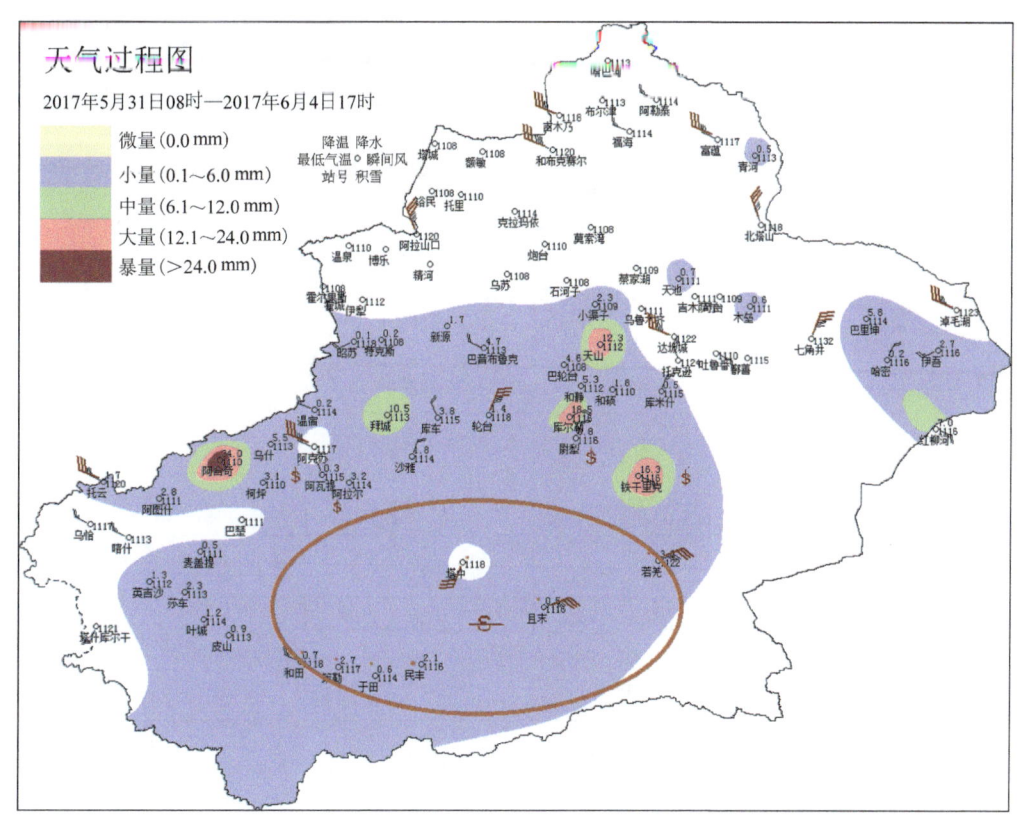

附录 C.1 天气过程图绘制示例

2. 在天气实况的文字描述中,应对降水、降温、风沙等天气逐一进行详细说明。如:南疆大部分地区、伊犁州南部东部、乌鲁木齐市山区、昌吉州山区、哈密市出现小雨(依据新疆降水量级标准,详见附件 C.1),克州北部、阿克苏西部北部、巴州共 28 站暴雨,克州北部山区 5 站大暴雨。过程最大降水中心分别为巴州且末县阿羌乡依山干河站、克州阿合奇县哈拉布拉克乡站,累计降水量 85.7 mm、78.7 mm,9 站出现短时强降水,最大小时雨强 20.5 mm/h,6 月 1 日 13—14 时出现在阿克苏地区柯坪县苏巴什村。全疆大部分地区先后出现 4~5 级西北风,共 172 站 8 级以上(标准详见附件 C.2),极大风速出现在巴州和静县黄水沟山口站,32.1 m/s。5 月 31 日至 6 月 1 日,和田地区、巴州和阿克苏地区局部共 10 站出现扬沙或沙尘暴,其中于田、民丰、塔中、且末 4 站出现沙尘暴,民丰、且末最低能见度 300 m,出现强沙尘暴。

3. 环流形势演变描述应完整、清晰。如:500 hPa 欧亚范围中高纬度以"两槽两脊"经向环流为主,中低纬度"两脊一槽",伊朗到里海—咸海高压脊与华南到新疆高压脊之间中亚槽加深并有气旋式环流,里海—咸海高压脊东扩,推动中亚槽东移进入南疆,与此同时,西伯利亚低压槽东移引导地面冷高压进入北疆,冷空气沿天山北坡堆积,从天山东部豁口翻山进入东疆,然后回流"东灌"进入南疆盆地,形成南疆盆地东部地面至低空一定厚度的偏东气流,"东西夹攻"南疆降水开始,中亚槽进入南疆,部分沿西天山南坡缓慢东北移与低空切变线共同影响造成克州北部和阿克苏西部暴雨,向山的偏东气流为暴雨增幅;另一部分沿昆仑山北坡东移与低空切变线、地面冷锋共同影响造成巴州南部的暴雨天气。

4. 在进行天气过程图与天气实况、环流形势演变文字的合成时,要注意合成软件字数限制,保证合成图上文字的完整。

5. 天气过程强度的确定(详见附录 A),夏季以降水为主,春、秋、冬季要综合考虑降水、风沙、降温;如仅在新疆某一区域出现某类强天气,过程强度应标注为:××区域+天气过程强度,如:北疆寒潮、南疆西部大降水;稳定环流背景下多个短波槽影响的天气过程(2~4 d 内)可合并制作为一个天气过程,需在环流形势演变的文字描述中说明有几个短波槽及其影响时段。

附件 C.1　新疆降水量级标准(修订版)

	雨			雪	
量级	12 h 标准/mm	24 h 标准/mm	量级	12 h 标准/mm	24 h 标准/mm
微雨	0.0~0.1	0.0~0.2	微雪	0.0~0.1	0.0~0.2
小雨	0.2~5.0	0.3~6.0	小雪	0.2~2.5	0.3~3.0
小到中雨	3.1~7.5	4.5~9.0	小到中雪	1.6~3.5	2.5~4.5
中雨	5.1~10.0	6.1~12.0	中雪	2.6~5.0	3.1~6.0
中到大雨	7.6~15.0	9.1~18.0	中到大雪	3.6~7.5	4.6~9.0
大雨	10.1~20.0	12.1~24.0	大雪	5.1~10.0	6.1~12.0
大到暴雨	15.1~30.0	18.1~36.0	大到暴雪	7.6~15.0	9.1~18.0
暴雨	20.1~40.0	24.1~48.0	暴雪	10.1~20.0	12.1~24.0
大暴雨	40.1~80.0	48.1~96.0	大暴雪	20.1~40.0	24.1~48.0
特大暴雨	≥80.0	≥96.0	特大暴雪	≥40.0	≥48.0

附件 C.2　风力等级特征及换算表（蒲福风力等级表，GB/T 28591—2012）

风力等级	海面状况		海岸船只征象	陆地地面物征象	相当于空旷平地上标准高度10 m处的风速		
	海浪高/m				m/s	km/h	knot*
	一般	最高					
0	—	—	静	静，烟直上	0~0.2	小于1	小于1
1	0.1	0.1	平常渔船略觉摇动	烟能表示风向，但风向标不能动	0.3~1.5	1~5	1~3
2	0.2	0.3	渔船张帆时，每小时可随风移行2~3 km	人面感觉有风，树叶微响，风向标能转动	1.6~3.3	6~11	4~6
3	0.6	1.0	渔船渐觉颠簸，每小时可随风移行5~6 km	树叶及微枝摇动不息，旌旗展开	3.4~5.4	12~19	7~10
4	1.0	1.5	渔船满帆时，可使船身倾向一侧	能吹起地面灰尘和纸张，树枝摇动	5.5~7.9	20~28	11~16
5	2.0	2.5	渔船缩帆（即收去帆之一部分）	有叶的小树摇摆，内陆的水面有小波	8.0~10.7	29~38	17~21
6	3.0	4.0	渔船加倍缩帆，捕鱼须注意风险	大树枝摇动，电线呼呼有声，举伞困难	10.8~13.8	39~49	22~27
7	4.0	5.5	渔船停泊港中，在海者下锚	全树摇动，迎风步行感觉不便	13.9~17.1	50~61	28~33
8	5.5	7.5	进港的渔船皆停留不出	微枝拆毁，人行向前，感觉阻力甚大	17.2~20.7	62~74	34~40
9	7.0	10.0	汽船航行困难	建筑物有小损（烟囱顶部及平屋摇动）	20.8~24.4	75~88	41~47
10	9.0	12.5	汽船航行颇危险	陆上少见，见时可使树木拔起或使建筑物损坏严重	24.5~28.4	89~102	48~55
11	11.5	16.0	汽船遇之极危险	陆上很少见，有则必有广泛损坏	28.5~32.6	103~117	56~63
12	14.0	—	海浪滔天	陆上绝少见，摧毁力极大	32.7~36.9	118~133	64~71
13	—	—	—	—	37.0~41.4	134~149	72~80
14	—	—	—	—	41.5~46.1	150~166	81~89
15	—	—	—	—	46.2~50.9	167~183	90~99
16	—	—	—	—	51.0~56.0	184~201	100~108
17	—	—	—	—	56.1~61.2	202~220	109~118

附件 C.3　天气过程检索纸质档案（样例）

编号	过程起止时间	强度	是否合成	是否打印	是否录入excel档案	是否上传	制作人签字	审核人签字
35	035—2016061608—061908	特强	是	是	是	是		

* 1 knot=1.852 km/h=0.514 m/s。

附件 C.4　天气过程电子检索档案(样例)

序号	时间	强度	影响系统	实况描述	灾情	服务材料	制图	签发
35	035—2016061608—061908	特强	北疆各地、天山山区、哈密北部、南疆西部山区、哈密北部出现降雨,其中伊犁河谷、博州、塔城北部和北疆沿天山一带、天山山区部分地区以及阿勒泰西部、哈密北部的局部地区出现中到大雨,伊犁河谷的大部分地区、博州、塔城北部、天山山区等地局部出现暴雨到大暴雨,全疆共有270个站达到暴雨,116个站达大暴雨,最大降水量为伊宁麻扎乡博尔博松站达165.7 mm,上述部分地区4~5级西北风,十三间房瞬间风力达9级	500 hPa欧亚范围内中高纬度以经向环流为主,里海—咸海至乌拉尔山为高压脊控制,西西伯利亚为平均槽区,前期受伊朗副热带高压影响全疆出现高温天气,热力条件好。随着乌拉尔高压脊脊顶东北伸,推动西西伯利亚的低涡南压,低涡底部不断分裂短波槽与中纬度锋区弱波动结合并东移,造成此次天气过程	气象灾情快报期号—标题(气象灾情快报2016年第28期—伊犁州、博州温泉县、阿勒泰富蕴县洪水灾情伊宁县因灾死亡2人失踪1人)	服务材料(气象信息快报以外的全部服务材料),服务材料名称,期号—标题 [重要气象情报201606—15日至20日伊犁河谷天山山区及两侧将有频繁降雨;气预警信号201616(暴雨蓝色预警);预警信号201617(暴雨蓝色预警)]		